高等学校风景园林教材
TEXTOOKS FOR LANDSCAPE ARCHITECTURE

风景园林建筑快速设计

Landscape Architecture Rapid Design

（修订版）

曾洪立　郑小东 著

图书在版编目（CIP）数据

风景园林建筑快速设计 / 曾洪立，郑小东著．-- 2 版．-- 北京 : 中国林业出版社，2015.5

ISBN 978-7-5038-7987-6

Ⅰ．①风… Ⅱ．①曾… ②郑… Ⅲ．①园林设计Ⅳ．① TU986.2

中国版本图书馆 CIP 数据核字（2015）第 112489 号

中国林业出版社

责任编辑：李　顺　　段植林

出版咨询：（010）83143569

出　版：中国林业出版社（100009 北京西城区德内大街刘海胡同 7 号）

网　站：http://lycb.forestry.gov.cn/

印　刷：北京博海升彩色印刷有限公司

发　行：中国林业出版社

电　话：（010）83143500

版　次：2015 年 8 月第 1 版

印　次：2015 年 8 月第 1 次

开　本：889mm×1194mm　1 / 12

印　张：15

字　数：330 千字

定　价：68 .00 元

前 言

古代兵家培养将士，素有“养兵千日，用兵一时”的说法，其含义一方面指要重视平时的勤学苦练和积累，另一方面强调了进行实战应用的短暂和快速的特性。以设计单位的招聘考试、研究生考试为前提的快速设计训练是对设计人才培养训练成果的一种有效的实践检验方式，既考察了平时的素质学习内容，又能检验出被测试者的应变能力，因此，快速设计的培训环节是综合能力的体现，既要表现出设计创作的灵动性，还要有实践的可行性，只不过它更加强调时效性。在当前设计形势迅速发展的情况下，时效性的重要地位表现得相当突出，所谓“快题不快”讲的就是这个道理。

对于园林、风景园林专业的学生和设计人员来讲，风景园林建筑快速设计应当是一项基本功，是必须具有的业务素质和能力，既是应试的内容，也是工作中的重要环节。为了更为形象和有效地让大家了解园林建筑快速设计的内容和形式，我们编著了这本书，供大家参考。

相对风景园林建筑设计有其特殊性，本次修订增加了许多优秀的实例，对上一版进行了修改替换。希望本书能够帮助大家掌握风景园林建筑基本设计和快速表达技能方面有所帮助。

随着人们生活中水平的迅速提高，对具有园林氛围的环境要求也是日渐强烈和细致周全，因此，风景园林建筑的功能内涵也在逐渐扩大，应用领域也迅速扩展，逐渐从单纯的服务于欣赏风景向旅游、居住、游乐、休闲、展览、标识等更多的与人们生活接近的类型发展，建筑形式、结构和材料也更加多样化，这些在快速设计的训练当中也能反映出来。

北京林业大学孟兆祯院士百忙之中校阅了本书的第一章，提出了两个关键点：“景以境出”的设计基本原则，“境”指的是边界、境界、所在地，包括了物质的和精神的两方面内容；“工欲善其事必先利其器”中的“器”指的就是基本功和工具。

本书选用的学生作品实例主要来源于北京林业大学园林学院历届同学，由曾洪立、郑小东老师参与指导，很多同学的设计作品被收录其中，有的同学的作品还不止一份，设计实例的作者有：齐岱蔚、朱甜甜、钟春玮、邓炀、程嘉鑫、魏晓玉、张诗阳、游田、魏轩、冯潇慧、王月洋、李景、杨忆妍、张聪颖、张新霓、刘沁炜、纪茜、李砚然、徐玲玲、刘博新、马健、张磊、黎鹏志、邓慧娴、程璐、陈卓群、王昱、公超、徐伟等同学，在此，向提供设计作品的他（她）们表达诚挚的感谢。

在图纸资料的整理过程中，还得到北京林业大学园林学院2004级同学潘尧阳、侍文君、戈小宇、王长宏等同学的帮助，他（她）们运用非凡的图纸拍摄和计算机图像处理技能将许多多年前完成的设计图纸（其中有很多画在草图纸上的作品）能够较为完美地再现于书本之上，王昱、魏轩、刘梦、李沁峰对第三章文字做了深入细致的编辑整理工作，在此也深深地表示感谢。

本书主要编著人员完成情况如下：

曾洪立　第一章、第二章、第三章、第四章

郑小东　第二章、第三章

曾洪立

2015年6月

北京林业大学园林学院

目 录 CONTENTS

第一章　简介

一、风景园林建筑的特点

风景园林建筑有别于其他类型的建筑，其主要特点是：位于风景环境当中，是园林环境的重要组成要素，它除了有为游人提供观赏风景、遮风避雨、驻足休息、林泉起居等活动场所的功能之外，还与其周围的地形、植物和人文相互结合，组成风景画面，有时还起到构图中心的作用，成为具有较高的审美价值，并且适合欣赏的独立景观。

风景园林建筑与风景环境的关系讲求自然和谐，包括形式、内容和原则。无论在世界上的任何地方，人们对风景环境的欣赏、利用，以及园林建筑的选址、立意和建造使用，都直接地反映了人们对待自然的态度和处理人与自然的关系时所采用的方式方法。

风景园林建筑要切合使用人的行为习惯，表现出以人的审美需求为主体的基本特征，建筑的尺度接近于人体比例，满足人在使用上的生理与心理需要，具有很强的实用性、灵活性和通用性。有时利用天然的构筑物，如岩洞、悬挑的崖壁、树穴等，根据欣赏风景的使用需求稍加改动建设，就可以建成园林建筑，继续为人们所利用。

风景园林建筑还受自然条件的影响，气候、地形、水文、生物、材料的影响，讲求随形就势、因地制宜，促进园林建筑的结构体系、空间造型、工艺手段和地方风格的形成。

风景园林建筑随着社会组织结构的发展变化，适用的范围日渐宽广，不仅出现在郊野的风景名胜区、城市的园林绿地内，还扩展到人文气息非常浓厚的广场、街道、居住区、庭院、宗教设施、娱乐场、遗产迹地、商贸市集、河湖滨海等处，成为进行社会生活活动的重要场所和反映道德精神的载体。

从狭义上讲，风景园林建筑指位于园林之中的供人休憩、聚会、游览的厅、堂、轩、榭、亭、廊、楼、阁、桥等建筑类型，从广义上讲，其涉及到现代风景环境中的构筑物、小品、展示建筑、小型商业建筑、别墅、馆舍、茶室、码头、入口、观景台、接待室等多种类型和形式，在风景环境中起到点景、观景、障景、框景、借景等景观作用，还有引导、指示、标识路线景点的作用，以及提供居住、展示、服务、宣传、集散、接待等场地的作用。园林建筑结构类型有砖结构、砖混结构、钢筋混凝土结构、钢结构、木结构、膜结构等多种；建设材料应用了泥土、石、砖、金属、玻璃、塑料、布、植物、水、纳米材料等等。可以说，随着社会的发展，当今的园林建筑包含范围已经深入扩展到人们日常的生产生活中，园林建筑与普通建筑的含义差别之处，关键在于具有风景园林环境的美学艺术修养，基于广大建筑使用者的审美意识和观念的提高而得以发展。

由于与自然环境及人的生活紧密结合，风景园林建筑在建筑布局、空间组织等方面表现得十分自由和灵活，在不同的历史时代反映着被服务群体不断发展和变化着的要求和愿望，而且，中国风景园林建筑与西方现代建筑的基本设计精神和处理手法有许多共同之处。

二、风景园林建筑快速设计

1. 定义

风景园林建筑快速设计是指在较短时间内完成融合于风景环境中的建筑方案设计，并运用一定手法进行表现。时间的长短根据需求及设计者而有所不同，有 2 小时、3 小时、5 小时、8 小时，也有一两天，或者一个星期的，但无论如何，相对于一般设计的长期反复地推敲、修改、完善的过程而言，快速设计突出的是“快”的特点。

2. 适用范围

一般情况下，除了各种形式的考试采用快速设计的方式外，为了完成某些时限很短的实际设计任务或者仅仅是提供一些方案设想作参考，风景园林建筑设计师没有充足的时间或者没有必要来按部就班地进行深入完整方案的探讨，往往要采取非常规的设计手段，拿出具有相当水准的设计来，而此时采用的就是快速设计的方式。可以说，快速设计也是艺术创作形式的一种，同时也是在有限时间内展现多种设计方案的简便方法。

3. 参加人

对于参加的人来讲，快速设计更加需要参加人具有多种综合能力和敏捷的思维，可以将精力高度集中起来，承受高强度的设计劳动量，并投入到高速度的设计过程，在较短的时间内完成任务。

风景园林建筑设计创作是一项多方案比较的研究决策过程，大多经历了由模糊到清晰、由不确定到确定、由多种到一种的不断选择、辨析的过程，图纸的表达也存在着逐渐肯定、不断完善的特点。在图纸绘制的过程中，设计者的头脑也在迅速地对平时搜集的信息进行加工和发掘，从而及时地将信息转换成象形的式样，以专业的方式绘制在纸上，同时纸上出现的形象又反馈给大脑，进而刺激新的形象信息产生。正是这样一种循环反复的过程不断地使创作思维得到锻炼，使设计水平和设计素质修养获得提高。在快速设计过程中，这一锻炼得到高强度的充分发挥，促进设计方案的迅速形成。

4. 主要内容

同一般的设计过程一样，快速设计也包含了审题立意、构思方案、表现制作三大步骤。其设计过程同样也是集思想创作、手工绘图和文字表达能力于一体的工作过程，主要成果包括方案设计的总平面图、各层平面图（或各标高平面图）、主要立面图和剖面图、节点详图、效果表现图、设计说明，要求全部绘制在规定的图幅内（A1，A2，A3），作图的要求除了按规范手工制图外，没有其他过多的限制。

5. 评价标准

由于报考园林专业的风景园林专业建筑快速设计考试通常只有 3 小时的考试时间，并且这种设计方式有其自身的特点，因此，评判的标准就有其独特而明确的要求。虽然每次的评判人和评判对象都有所不同，但是一些基本的、共性的和专业的标准要求是必需的。

首先，考试最为重要的方面是以选择培养人才为目的，考察设计者的综合素质与专业修养。风景园林建筑快速设计方案本身的优劣说明了应试者对这一专门方向的掌握程度，而通过设计功底的展现，图纸、文字、排版布局等一系列表现技能的运用，体现出个人的设计素质和修养。因此考生只要在考试时放松心态，集中精力，发挥出平时训练的最好水平，就能够顺利完成。由于时间紧迫，方案表达要抓住设计的主要方面，而一些次要的方面可以适当简略，临场时不经意的微小笔误也有可能出现，但要尽量避免。

其次，符合设计任务的要求，满足设计条件。设计条件一方面指的是属于法规、规范的经济技术准则，另一方面是指立地自然条件，如地形坡度的允许做法，排水沟渠的设置等，还包括人文建设环境，比如如何与现有的人工构筑物、环境氛围相协调等。

再者，达到风景园林建筑设计本身的基本要求——构思精巧、功能布局合理、空间新颖多样、结构技术可行。

最后，设计方案的艺术表现力要强。风景园林建筑快速设计的成果就是设计图纸和说明文字，方案本身和图面的表达既要全面深入，富有新意和耐人寻味，还要能够夺人耳目，给人深刻印象。也就是说，表达方式要具有艺术性，营造画面外的艺术环境氛围，具有撼动人心的魅力。

6. 注意事项

设计方案要全面而有特色，有一些因素是不能忽视的，更不能因小失大。

首先，一定要按照考试任务书要求的全套内容完成方案设计，并且尽可能不缺项、不少项；其次，图纸绘制要合乎行业规范的表达方式，设计方案立意明确、功能完善、交通便捷、空间流畅、结构合理、材料新颖、比例恰当、合乎规范是判断一个方案优劣的重要因素；再者，重视某些细节，特别是能够代表方案特色的部分，不仅包括要深入刻画设计方案中的详细设计部分，还包括在排版构图、表现效果上都要予以强调；第三，保持图面整洁；最后，着重强调手工绘制方案图纸的艺术水准，包括对线条质量、色彩搭配、色相层次等等非设计主要内容都应当予以适当精心处理。以上这些都对提高风景园林建筑快速设计方案的水平有着极其重要的作用。

7. 设计过程

准备工作

“工欲善其事必先利其器”，参加园林建筑快速设计考试时，“器”指的就是基本功和工具，以及运用这些技能和工具的心态。

基本功——包括建筑和园林环境的设计方案表达的基本功和设计的基本功，表达的基本功具体体现在平立剖面制图、透视画法、文字表述上。设计的基本功具体体现在设计方案的基本功能完备、空间合理、尺度恰当、建筑造型富有观赏性，并且与环境协调等方面。

工具——快速设计可以采用尺规工具，也可以采用手工绘制进行表现制图，都要符合尺度与比例，因此，应试者除了要准备常用的丁字尺、三角板、比例尺、圆规、模板外，就是要选择一种或几种自己平时擅长的表现方式和笔具。表现方式有铅笔（黑白和彩色）表现、炭笔（碳条和粉笔）表现、墨线笔（钢笔 / 针管笔 / 绘图笔）表现、淡彩（水彩 + 钢笔 / 铅笔 / 炭笔）、渲染（水彩 / 水粉）、马克笔几种，通常大家常用的是铅笔、墨线笔、淡彩和马克笔。无论选用那种方式和工具，最终的目的是要快速地将图纸绘出，平时练习和考场上的熟练使用是关键。

审题分析

测试的内容通常以任务书的形式列出，对园林建筑各方面的要求和需要限制因素都已经清晰地列出，认真阅读设计任务书，正确理解题目的意义，确定哪些该做和那些不该做，这是把握设计方向的关键一步。文字当中要注意对环境条件的描述，有很多设计条件是贯彻在设计方案始终的，比如大环境的气候环境、人文背景、结构、形式、建筑高度的掌控等。对设计方案的具体内容要求，如图纸类型等，也都用文字说明。无论任务书篇幅长短，一定要抓住实际要求的主要方面和具体的要求，才能够不偏离设计方向。

用地的地形条件通过地图的方式附在任务书中，包括了用地范围、环境交通、地形地貌、建设状况、朝向、景观条件、比例尺等抽象的信息，需要进行具象的还原，为设计方案提供理性的分析依据。

分析结论主要包括的内容有：项目所在地区的自然人文特点，可保留和利用的地形地物，建筑群体布局的形式，选用的材料和结构，建筑色彩、高度，周边建筑物对方案设计的影响，以及周围环境的关系，道路交通设施的分配等。

构思立意

确定任务书的要求后，设计者根据要求制定出合适的构思意向方案，构思中要切记：①立意符合主题，方案中要解决的是设计要求的核心问题，离题、跑题、有偏差都为不妥；②形势和内容与环境协调；③建筑风格突出特色；④易于短时间进行表达。此段时间控制在大约 15~20 分钟为宜。

草案形成

这一阶段要在结构合理、细节深化、人体行为的尺度和比例恰当方面作进一步的调整，

绘制效果图初稿，并初步将各图草稿按照设计意图在绘图纸上进行排版布局，留出说明文字和特色标识（如果有的话）的位置。草案阶段越深入完善越好，“不厌其细”可以使后续的工作更加快捷，此段用时约为 30~40 分钟。

正稿绘制

在绘制正稿之前，先要确定一个图纸布局（谋划草案时就要有初步的打算），用精心的构图来衬托高超的设计构思，布置立面和剖面图时要将图纸上下摆放，不要出现围着平面图转圈的现象。正稿还可以直接在淡铅笔绘制的草案上用墨线或深色的铅笔线绘制，可以节约一定的时间。绘制当中常出现的问题也是最基本的问题，如基本的制图规范、空间布局、人体尺度等。每一张图纸常出现的问题有以下几种情况。

总平面图——缺失，范围太小和内容不全。内容要包括建筑本身的屋顶俯视图和阴影（可以补充对建筑的理解）、内外交通的道路位置宽度、铺装中硬、软质材料的范围、绿地（乔木、灌木和草坪的位置）、水面、岩石、等高线及标高、特殊地形、停车场等。（图 1–1）

各层平面图——缺层、楼梯错误、功能分区混杂、空间布局不适合功能需要、缺少外环境陪衬（尤其是出入口部位）。各层平面布局应当从环境设计和体型设计两方面入手，环境设计要侧重考虑欣赏景观，体型设计首先要考虑形成景观，坡屋顶的建筑常常在园林环境中被采用。在平面图中加入家具设备布置会更加体现设计尺度的合理性（图 1–2，图 1–3）。

绘制正稿花费的时间最长，因为在绘制的过程中，还要将很多不尽成熟的内容进行深化，因而要花费约 90 分钟时间，其中透视效果图大约要占用 30 分钟左右。

立面图——形象平淡、没有细部。立面是正确反映建筑功能特征的重要方面，对于风景园林建筑设计来讲更注重立面的观赏性，整体造型在与环境相结合的基础上，更加充分地结合地形进行设计是创造建筑特色和减少环境破坏的重要措施。立面的形成受到功能内容、空间组合、结构形式、细部处理、装饰构架的影响很多。在立面上表现出光影效果、虚实空间的对比、开门和窗的特色、细部节点和墙面材质的搭配组合对增加立面的生动性有较大的作用（图 1–5）。

剖面——结构不合理、形式与功能要求不符、高度尺寸偏差太多。剖面更多地反映出建筑内部的空间使用和地形利用情况，也极大地影响了建筑外部的形象。剖切的位置要能够表现内部空间的精彩变化，剖到楼梯踏步最好。

效果图——透视不准确、极其草率、没有细部，配景比例失调。风景园林建筑快速设计的效果图对于设计意境的表达最为重要，无论绘画的风格是清淡雅致、婉约工丽，还是潇洒奔放，都不能忽视建筑形体的物质形态特征和环境的表达。画好效果图同样贵在平时的熟能生巧。园林环境的配景以人、树、石为主，画法以简练概括、富于层次表达为先，位置应得当，要以烘托主景为首，切忌喧宾夺主，填充画幅（图 1–4）。

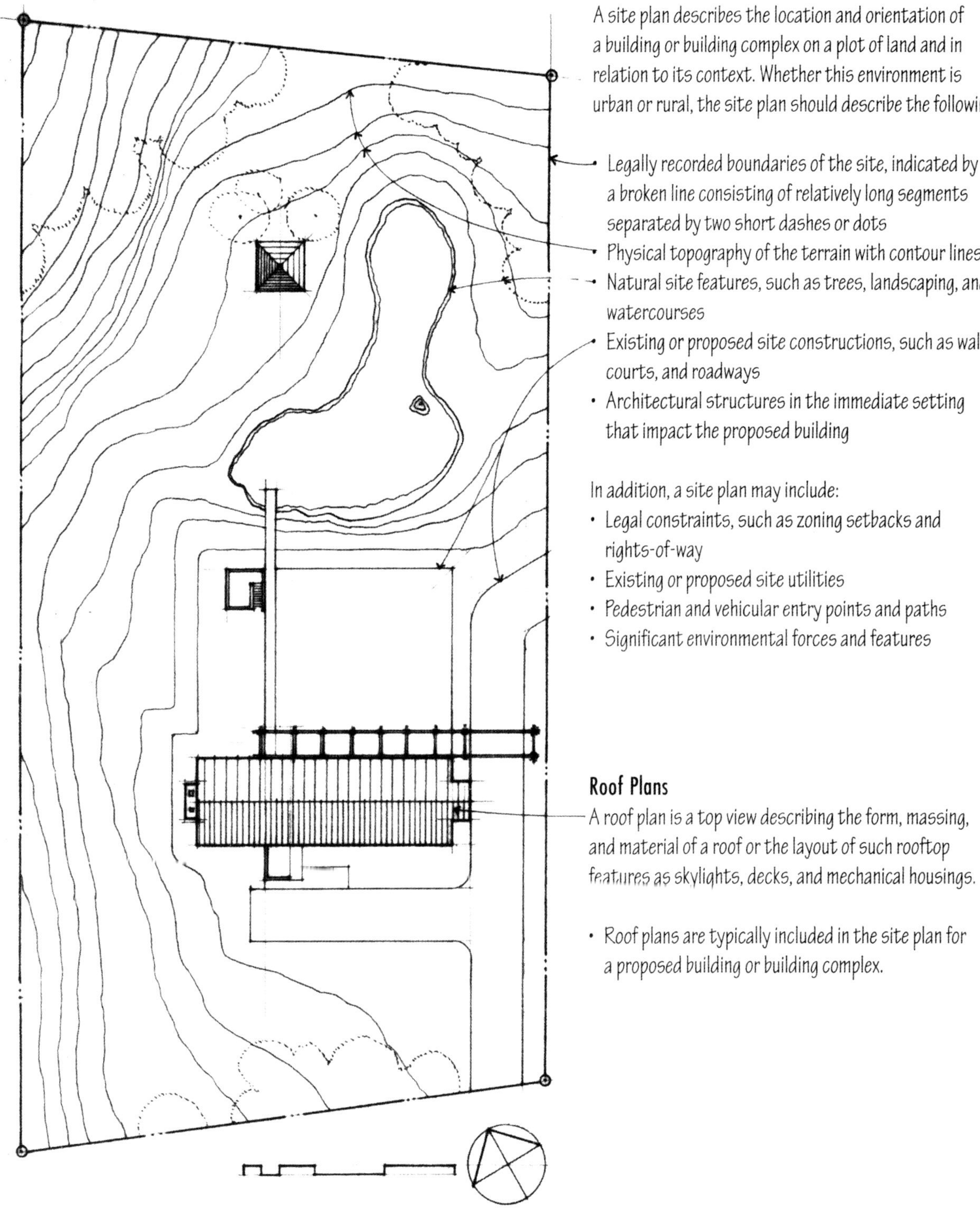

图 1-1 总平面图的内容 引自《ARCHITECTUREAL GRAPHICS, Fourth Edition》

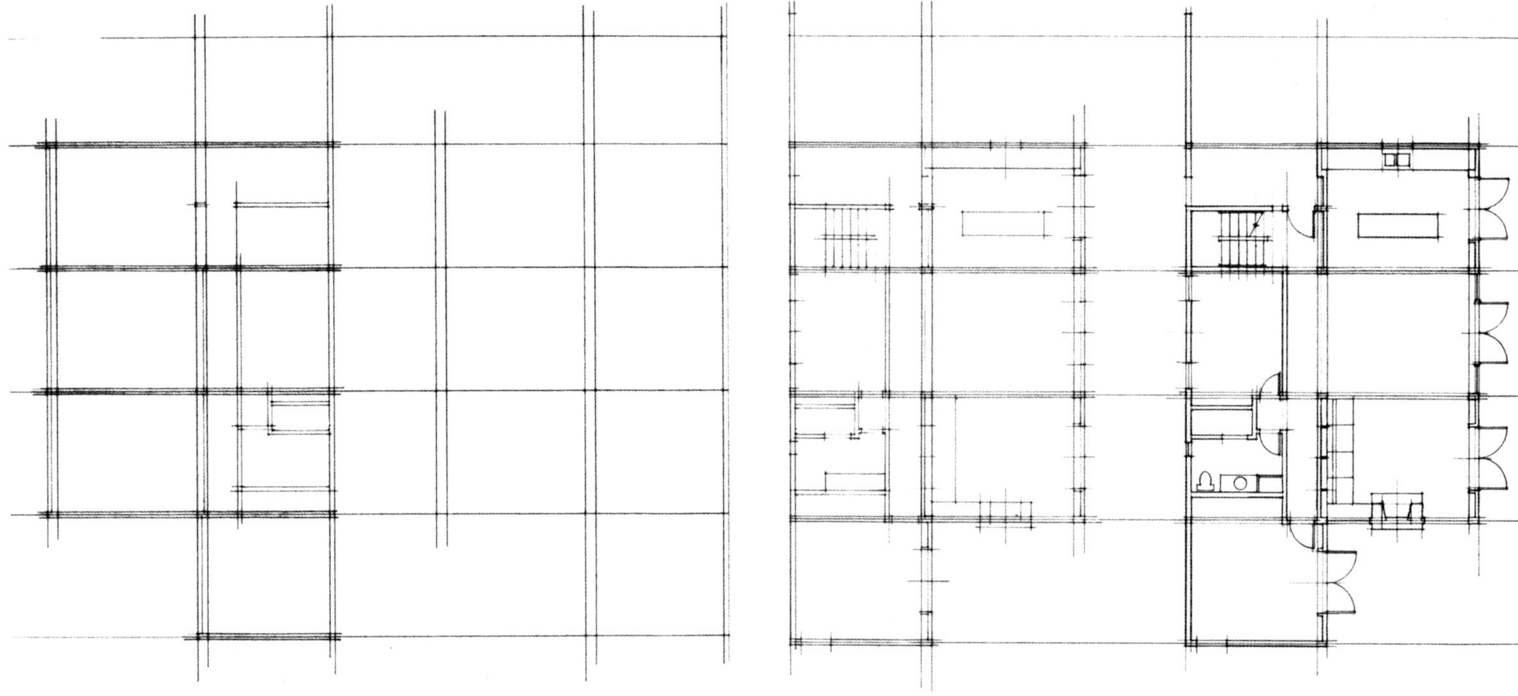

图 1-2　平面图的初步确定　引自《ARCHITECTUREAL GRAPHICS, Fourth Edition》

图 1-3　平面图的深入表达　引自《ARCHITECTUREAL GRAPHICS, Fourth Edition》

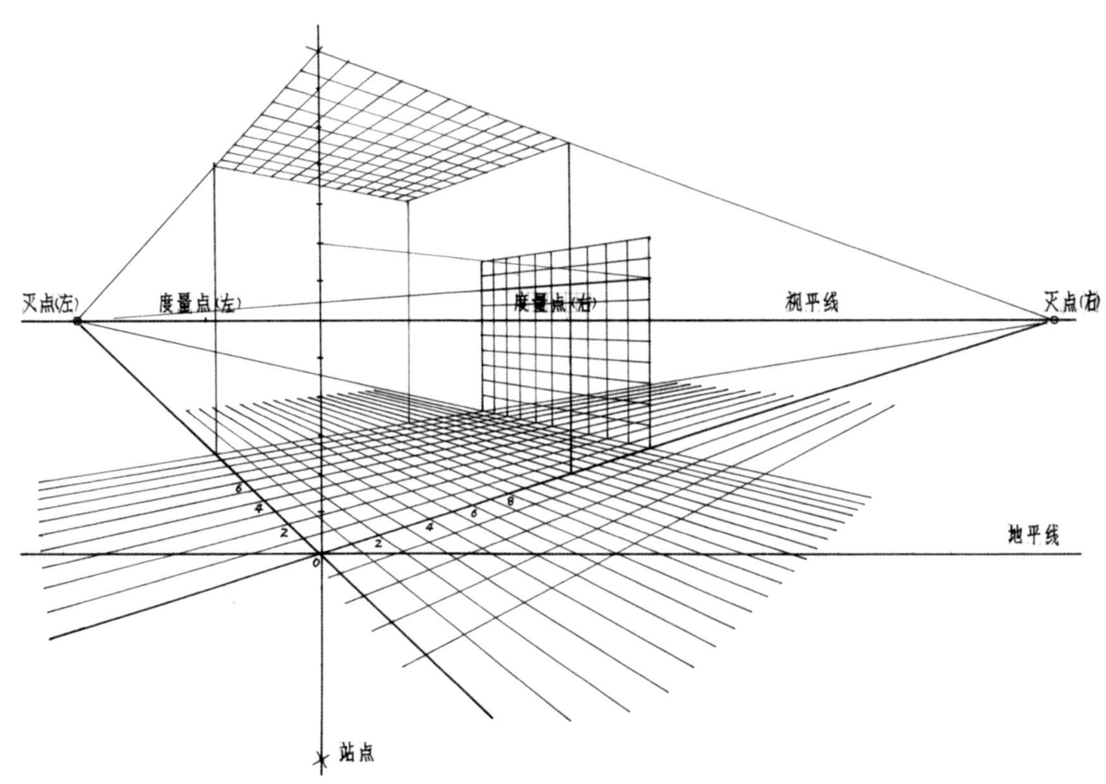

图 1-4　绘制透视效果图的简单原理。（来源：自绘）
（注意视点的选择，充分展示欲表现的对象，并注意远近、高低、大小的变化，保证透视的准确性。）

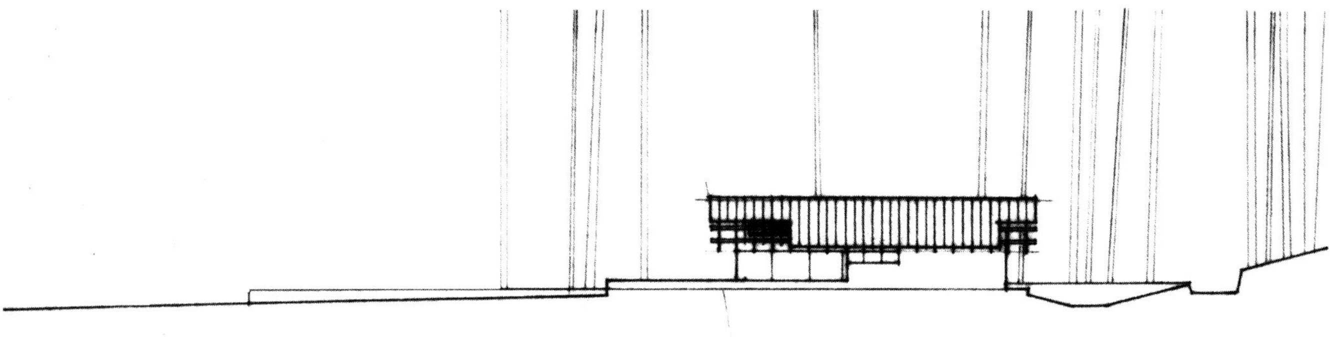

Scale & Detail

Architectural drawings are typically executed at a reduced scale to fit onto a certain size sheet of paper, vellum, or illustration board. Even digital printers and plotters have paper size limitations. The scale of a drawing determines how much detail can be included in the graphic image. Conversely, how much detail is desirable determines how large or small the scale of a drawing should be.

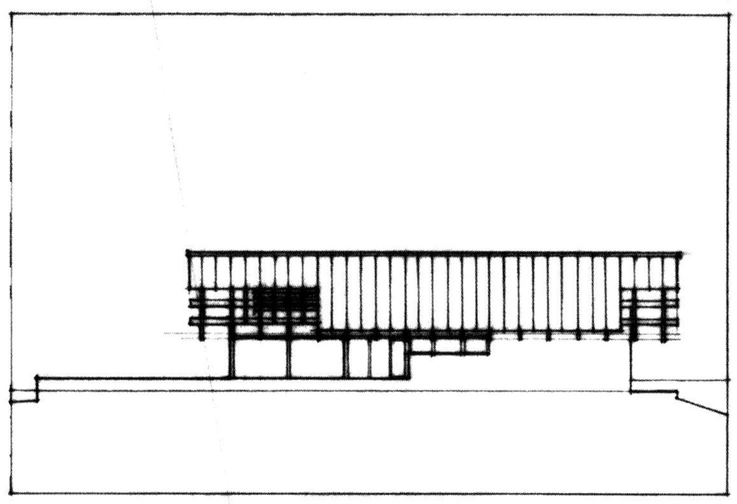

Digital Scale

Resizing or rescaling a set of digital data is fairly easy to accomplish. Printing or plotting a small-scale drawing that contains too much data, however, can result in an image that is too dense to read.

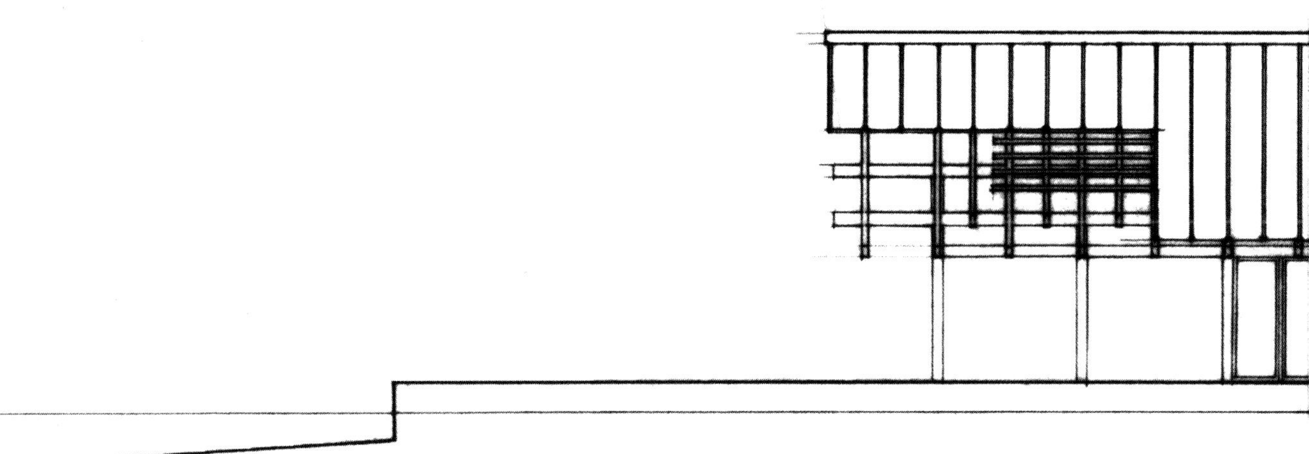

图 1–5 立面图的比例和细节（引自《ARCHITECTUREAL GRAPHICS, Fourth Edition》）

说明编制

说明书要简单明了，言简意赅，一般为200~500字。内容是对方案设计进行概括性的描述，尤其要突出方案设计的特色。对于一些从图纸中就可以一目了然的环节不必再次重复，而是要将未能通过图纸表达出来的重要环节进行说明，将相关的设计指标列出，将使评判者又能从数量方面加强理解。用不到15分钟的时间完成此阶段的工作，因为在之前的设计绘图过程中，已经将具体的内容在头脑中反复熟练多次了。

结尾收拾

在测试结束前要留出15~20分钟的时间对整个方案的每一个环节进行检查和校验。一旦发现严重的错误，如与主题不符、选址不在规定用地范围内、结构不成立等，将要在尽可能的情况下进行修改补救。如果发现一些小问题，如没有配景、忘记画剖切符号、指北针、比例、图名，没有说明书，图框没打，文字数字误写等，还可以有时间补充和修改，争取提交一份相对完美的答卷。

总之，在风景园林环境中进行建筑设计应注意以下要点：

总平面环境设计中，要体现出建筑所处的优美环境，表现内容尽可能全面，山、水、树、木、园都应包括在内。

建筑设计宜组合灵活，造型小巧多变，可塑造成小品的感觉，能与周边环境相协调。

设计时，要注意营造出整体的环境氛围，让建筑与环境都充分表达出来。

注：

1. 华东建筑设计院编．中华人民共和国行业标准——博物馆建筑设计规范 JGJ 66-91. 1991.8.1

2. 中华人民共和国建设部编．中华人民共和国行业标准——住宅设计规范 GB 50096—1999(2003年版). 1999.6.1.

参考文献

[1] 余卓群主编．博览建筑设计手册．北京：中国建筑工业出版社，2001.4

[2] 王晓俊等编著．风景园林建筑设计．南京：东南大学出版社，2003.12

[3] 黎志涛编．快速建筑设计100例．南京：江苏科学技术出版社，2001.8

[4] 邓雪娴编．餐饮建筑设计．北京：中国建筑工业出版社，1999

[5] 胡绍学著．建筑创作与技法研究．北京：中国建筑工业出版社，1997

[6] Francis D. K. Ching. ARCHITECTUREAL GRAPHICS, Fourth Edition. John Willy & Sons, Inc, New York, 2003

[7] Le Corbusier & P. Jeanneret. Le CorbusierŒuvre Complète Volumn 3.1934-38. Publiée par Max Bill architecte Zurich Textes par Le Corbusier，1995，p133

[8] Edited by Cappellato. Mario Bota, Light and Gravity, Architecture 1993-2003. Prestel Publishing Ltd, Munich, Berlin, London, New York 2004

第二章　园林建筑快速设计题型介绍——环境特征

环境特征是建筑设计中不可忽视的元素，建筑所依托的环境在很大程度上影响了建筑的功能分布及造型特点。建筑周边的环境是进行快速设计时需要考虑的重要环节，但是很多学生往往忽视了这一重要信息，不管周边地段环境是山地，还是平地，周边是历史建筑，还是城市街道，或者是风景优美的公园，什么都不考虑，上来就直接做。山地当平地做，历史建筑权当不存在，只是按照自己头脑中原有的思路，将一个与环境毫无联系的设计方案直接放在纸面上就可以了。这是不正确的，很多题目往往就是把考点放在了这些特殊的环境上面，所以要特别注意分析周边环境。本章从山地环境、滨水环境、历史环境、风景园林环境 4 种角度介绍一些典型环境的处理及表现方法。

山地环境

1. 基本特征

山地环境对建筑设计有着较大的影响。无论是选址还是建造，保证基地和建筑的安全稳固是首先要考虑的问题。在山地环境中，建筑的平面功能可以根据地形变化而做出不同的功能分区，但要注意满足无障碍设计要求。建筑造型设计时，要考虑的不仅仅是建筑本身的设计，而且是要结合整个山地环境的设计。在山地环境中，建筑应当作为山体形态的一个有机构成元素，努力成为山地自然地貌的一种延续，使建筑与环境和谐对话。

山地建筑不同于平地建筑，不能单纯地套用平地建筑的设计理念、设计思维和设计手法。山地地形变化虽然在一定程度上限制了建筑设计，但也提供了创作的机会。山地地形高低错落，在设计时应当充分利用这些变化，做出丰富多变的空间设计，运用多样的设计方法。要因地制宜地利用建筑所处的山形地貌，不去破坏原有的地形、地貌和自然景观，使建筑有机的融入环境之中。

山地的坡面有缓、陡之分，建筑基础与山地之间的位置关系有分离、嵌入和衔接 3 种状态的不同，分离的情况下一般采用的是底层架空的形式，衔接的结合方式常常通过挡土墙的处理将建筑与山体分隔开，嵌入的状态是为了保持建设基地表面的原始或自然状态而经常运用的处理方式。但在大多数情况下，在山地建屋经常随机地灵活运用各种手段，根据各方面的实际情况综合处理，而不拘泥于任何一种状态形式。

2. 设计要点

在进行山地环境的建筑设计时应注意以下要点：

在总平面环境设计中，要正确认识等高线，明白其代表的山的走势，然后选择合适的地段做建筑设计。尽量将建筑放在等高线较疏松的地段（相对平坦地段），为建筑留出环境设计空间。

平面设计中，注意根据建筑功能空间的特点，营造舒适的主要使用空间，在一些辅助空间处理高差问题，但要注意满足无障碍设计的要求。

剖面设计中，要体现出建筑结合地形设计，表达出建筑内部及周边环境的高差变化，地形、建筑结构等要表达正确。

总平面和剖面能更好地反映出山地地形特点，并且能充分展示出设计者利用山地地形环境，营造出建筑与环境和谐共生的气氛。

3. 类型分析

通过以下例释，列举几种典型的园林建筑设计处理方式，尽可能较全面地反映建筑与山地之间的结合关系。

(1) 保持原始地形的方式

The Private house in Jardin Vitória–Régia (Marcos Acayaba, architect)

住宅建在陡峭而且表面非常不平坦的自然山地上，设计方案尽可能地减少与复杂地面的接触，只将 4 个支撑点落在陡坡上，其他

部分呈到三角形，向上空展开，提供了可向三面观看的开阔视野。主要材料为截面方形的木材，依靠钢质构件加强节点和整体的稳定性。入口设在靠山体一侧。

整栋建筑以一种果断、简洁的处理态度展开了与自然的对话，其形象给人以极其挺拔、伟岸的艺术感受。

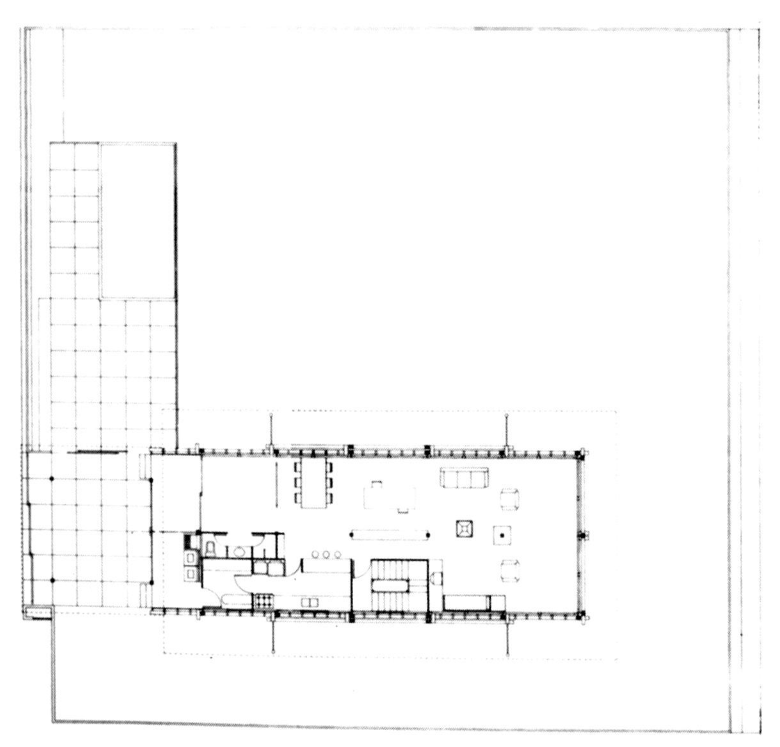

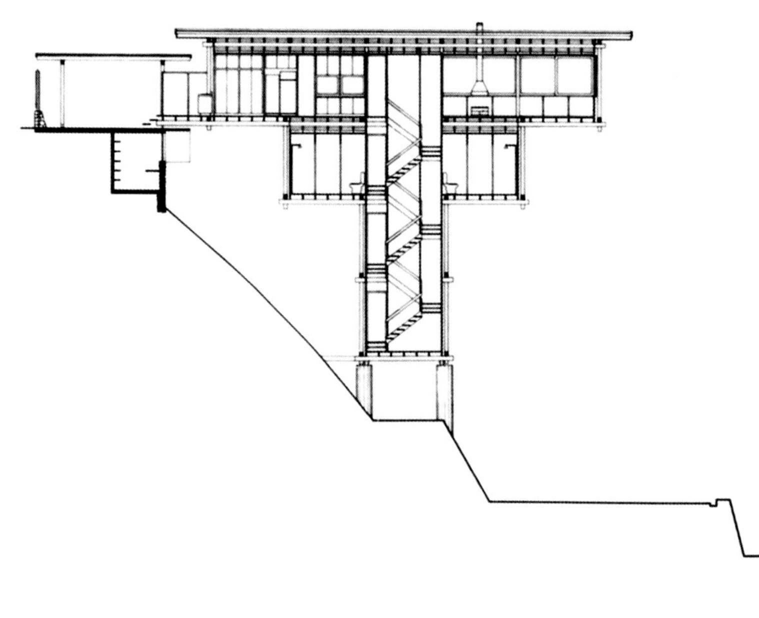

图 2–1　平面图和剖面图（引自：Latin American Houses; E. Browne/A. Petrina/H. Segawa/A.Toca/S.Trujillo; GG/M é xico; 1994, p30）

(2) 阶梯式坡面处理方式

桂林芦笛岩接待室

在尽可能不破坏山体自然表面的情况下，将山体坡面依照建筑层高局部改动，建成多层平台，并将接待室各层基础部分设在平台上，还将原有的坚固岩石引入建筑的支撑体系，在建筑内部保留局部的山石。这种方式既节省了建设投入，又保持了基地原貌，再加之建筑造型采用了桂林地区的传统民居形式，突出了园林建筑的地域特征。

画中游

“画中游”建筑组群位于皇家园林颐和园万寿山南坡的西侧，所在基址山地表面的坡度角约为20°~25°。在开辟的不同标高的台地上，各单体建筑依山而建，且相互之间少有遮挡。主体建筑“画中游”楼阁高高地挺立在山前，为两层的重檐八角形，它所立基于其上的陡坡前后高差4m，底层的柱子立于高低不同的山石上，因而柱子用材长短不一。阁两侧的爬山廊随山势而升起，分别连接东侧“爱山”和西侧“借秋”两楼。“画中游”阁后的假山也是依托在天然裸露的岩石上堆叠而成的，它与阁、游廊和楼共同构成上下左右穿插贯通的立体交通，使得山地建筑别有情趣。无论在建筑群的哪一点，都能够欣赏昆明湖的美景。

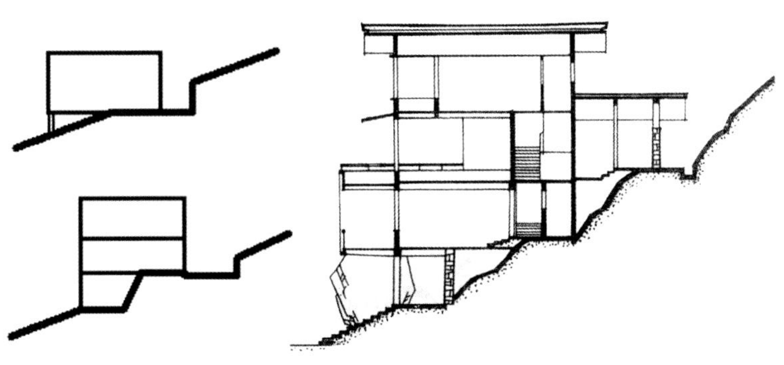

图2-2　芦笛岩接待室剖面（引自：刘管平、杜汝俭，园林建筑设计，中国建筑工业出版社，1999，p381~p382）

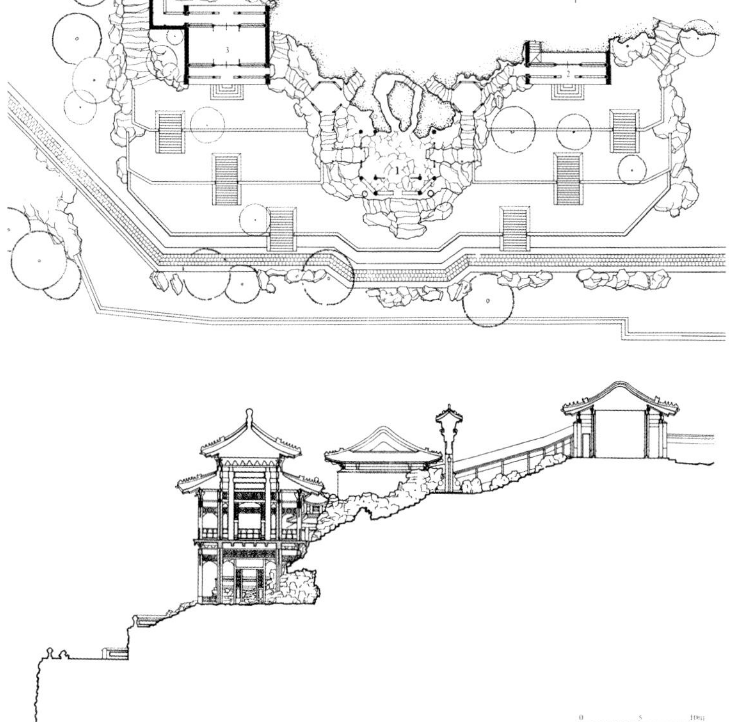

图2-3　平面图和剖面图（引自：清华大学建筑学院，颐和园，中国建筑工业出版社，1999，p381~p382）

Private house in Dois Irmãos (Acácio Gil Borsói and Janete Ferreira da Costa, architects Roberto Burle Marx, landscape architect)

建筑靠山体一侧利用挡土墙作为建筑外墙，并依照山体坡度逐层推进，建筑内部采用竖向楼梯满足交通功能。为丰富室内空间的变化，还进行了错层式处理。顶层屋面上设置可供活动的观景平台，室内开敞空间的落地大玻璃窗将周围的景色收入人的视线。钢质杆件、玻璃窗和现浇混凝土工艺的结合使得建设过程适应了坡地的建设环境。

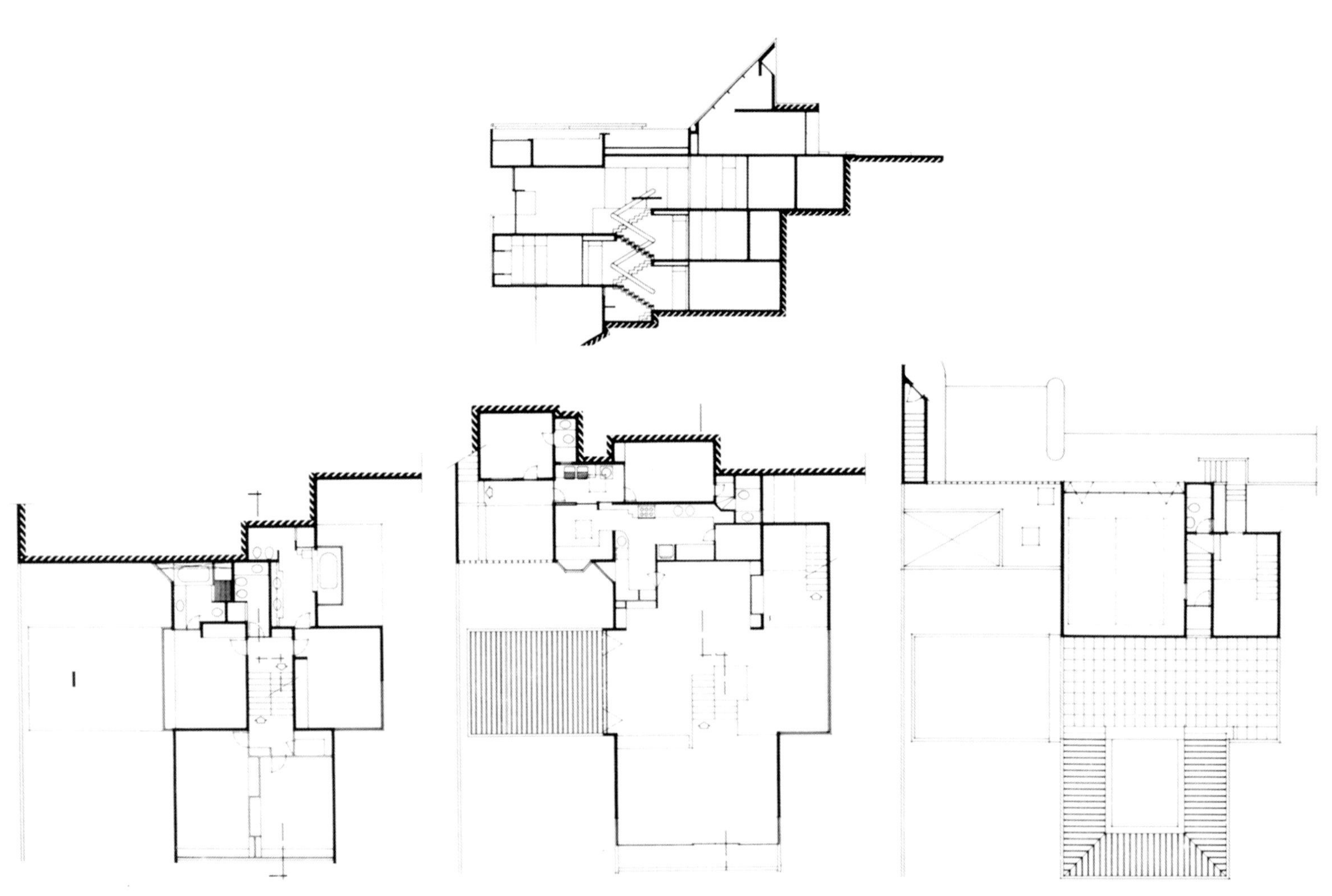

图 2-4　剖面图和各层平面图（引自：Latin American Houses; E. Browne/A. Petrina/H. Segawa/A.Toca/S.Trujillo; GG/M é xico;1994, p40）

Yazbek house (Jaime Ortiz Monasterio, architect)

尽管这栋建筑也是结合建筑分层对原始山地作了阶梯式坡面处理，但是它的处理方式更加彻底地人工化：首先，大片的坡面被改建为巨大的六角形柱体挡土墙，并且用作上层圆形游泳池的主要承重结构设施；其次，为了支撑与游泳池水平连接的平台，还辅助设置了两个内部中空的柱体结构，由它们放射状的柱头结构所支撑的木质屋面也是上层建筑的活动平台，而柱体的内部则被用来安排垂直交通设施；再者，通过两道主要的挡土墙，建筑的服务空间和大部分使用空间被分隔开，这两道墙是用当地粗犷的石材垒成的。

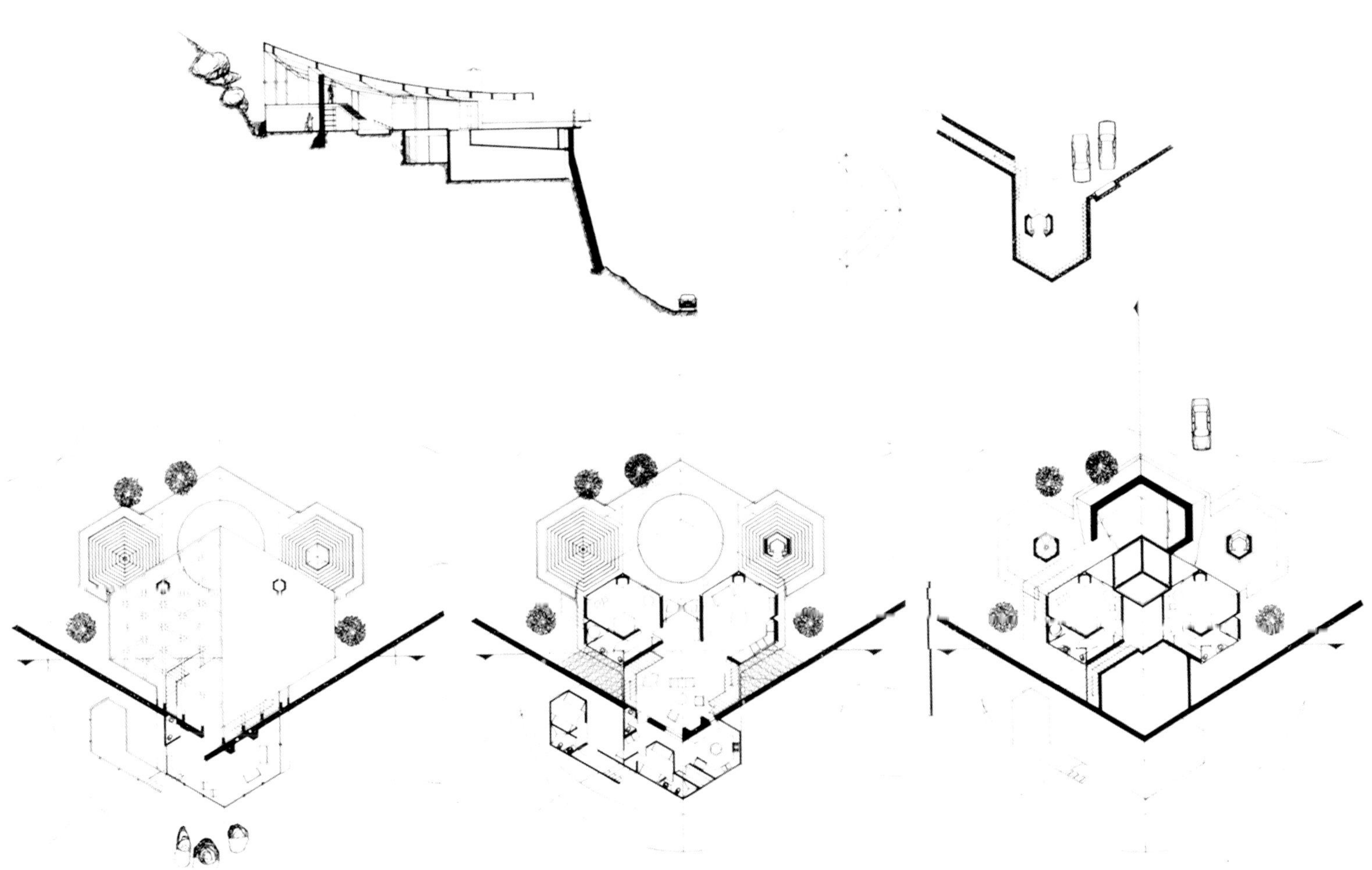

图 2-5　各层平面图和剖面图（含六角形柱体剖面，引自：Latin American Houses; E. Browne/A. Petrina/H. Segawa/A.Toca/S.Trujillo；GG/M é xico; 1994, p106）

(3) 缓坡式坡面处理方式

Red house（安东，中国，建筑师）

利用简单的几何形体，自然且简单地使用材料，混凝土、水泥红砖、木、竹子和玻璃，此幢建筑将自然的坡地用矩形围墙圈入建筑庭院中，并与建筑的其他部分相互融合，使之成为建筑独享的自然庭园景观，而对于原始的山地形态却少有改变。不仅如此，在完全进入建筑之前，一座悬臂屋架在人们头顶上，人们首先要穿过悬臂屋下面的通道（通道的坡度顺应地形而建），然后由侧门进入建筑，再回转身来，才能到达主要的建筑空间而感受到豁然开朗的景象。以上这两种手法在中国传统园林营建当中被称作“借景”和“欲扬先抑”，在这里被建筑师应用于现代建筑之中，确是恰到好处，使建筑成为长城公社中最受公众喜爱的作品之一。

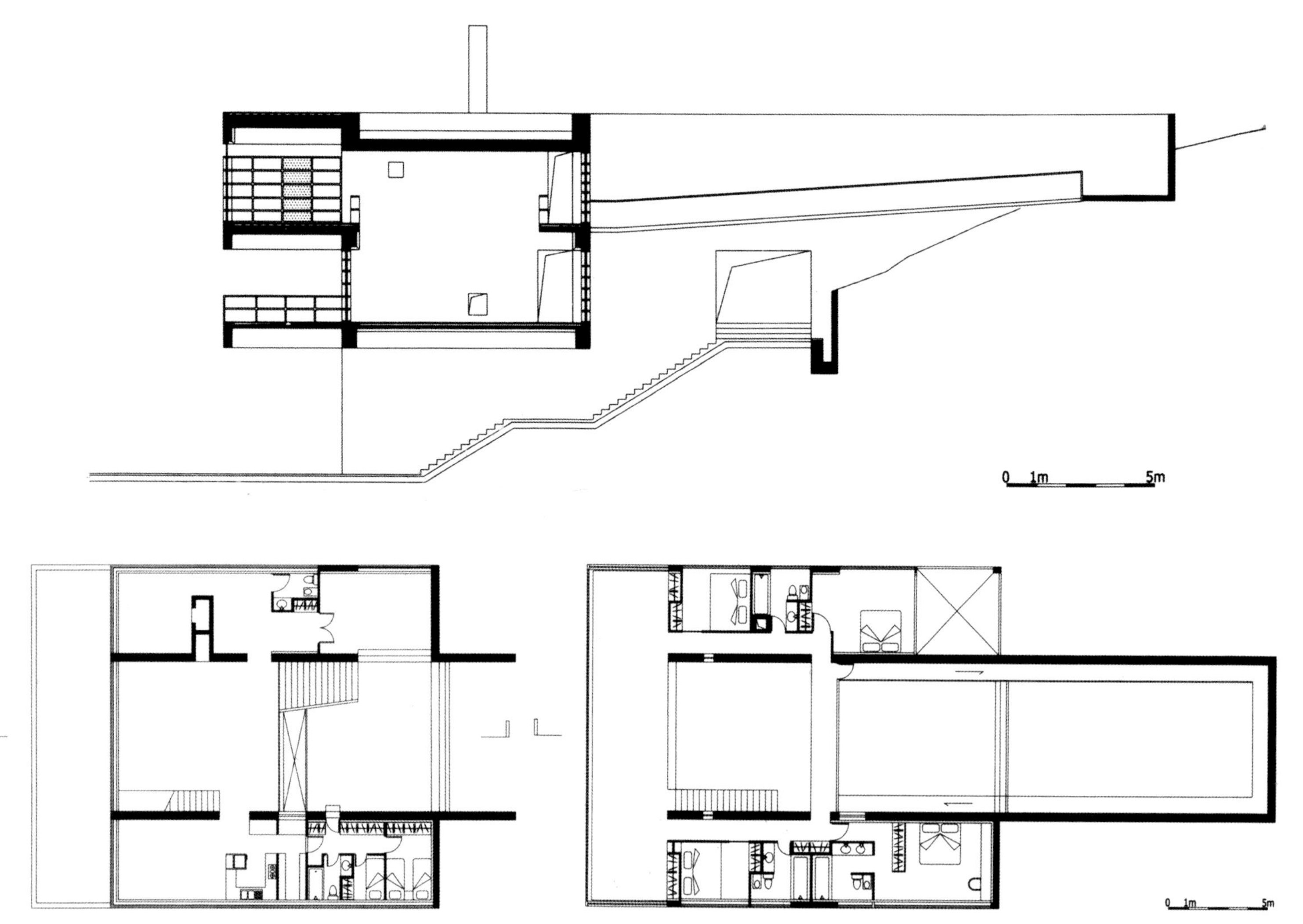

图 2-6 剖面图和平面图（引自：长城脚下的公社，天津社会科学院出版社，2002）

Private house in calle Licanray (Luis Izquierdo, Antonia Lehmann, architects)

整个建筑位于山的一侧，占地 1000m^2，是南侧和北侧山地环境当中的一座地标。它前面的缓坡则被设计成入口前漫长的台阶甬道，这个甬道相对狭长，人们进入其中完全不能了解内部建筑的任何情况。不仅如此，甬道的上空和两侧大部分被屋顶花园和不同水平标高的平台覆盖，使得甬道内的空间更加神秘，建筑的前庭空间也因为屋顶和平台上的绿色植物而与周围的自然山体相互融合，显得不是实际上占地那么大。不同水平标高的地面划分为卧室空间与起居室、餐厅、厨房等服务性空间的分隔提供了天然的条件。

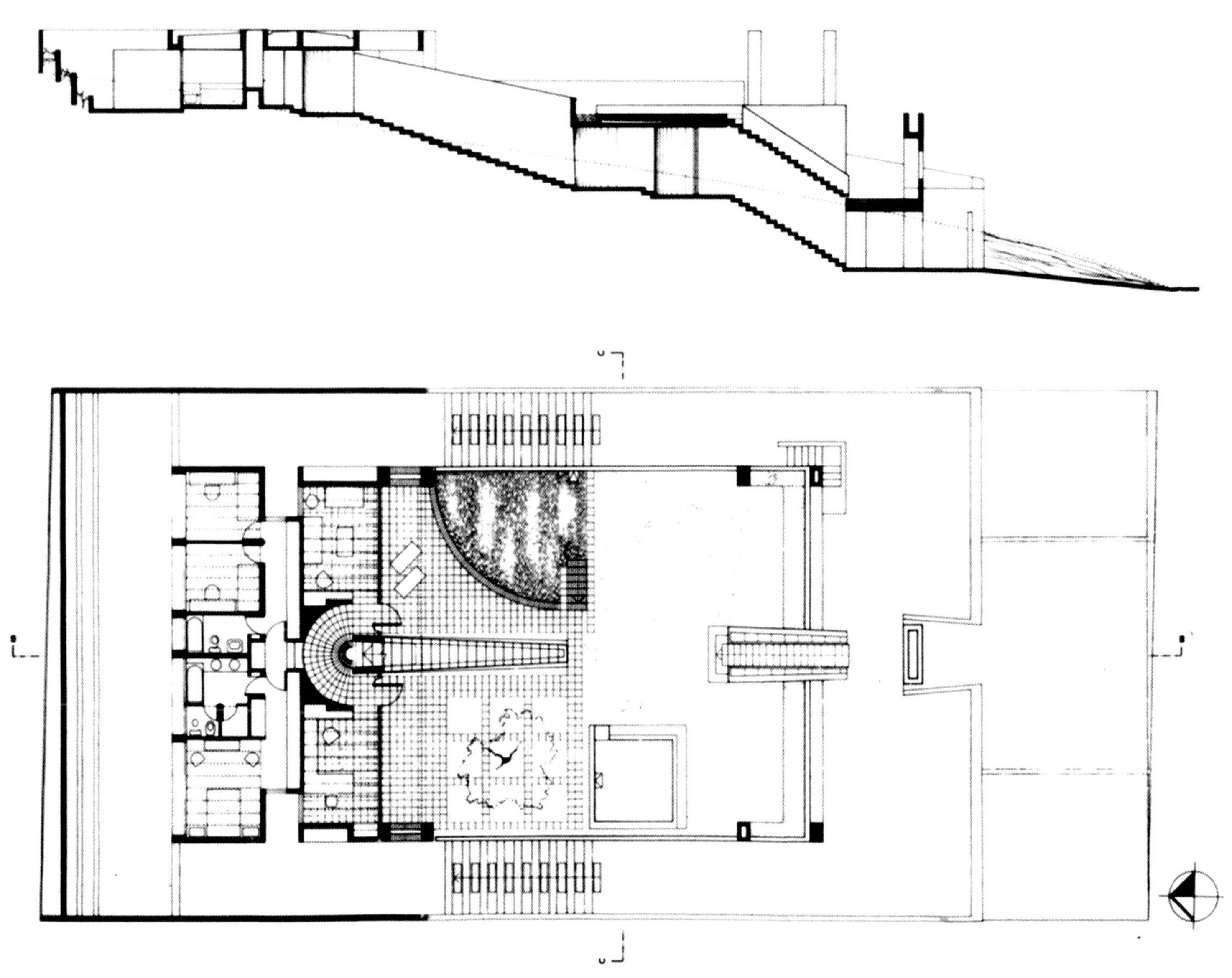

图 2-7　剖面图和平面图（引自：Latin American Houses; E. Browne/A. Petrina/H. Segawa/A.Toca/S.Trujillo; GG/M é xico; 1994, p64）

濠濮间

北海濠濮间为顺应高低起伏的土山地势，利用曲尺形的爬山廊连接建于山体表面不同高程上的三幢建筑，爬山廊的走势随山势而起伏逶迤。四幢建筑均为一层，但分别为不同的朝向，其中三幢为硬山卷棚式屋面，分别位于山脚、山顶和山腰处，主体建筑濠濮间虽然也坐落于山麓，却是卷棚歇山式屋顶，面阔三间带周围廊，体量较大，其北侧为一湖面，建筑临水而立，跨湖有曲桥、石牌坊相连，别具一番风雅。建筑组群与树木山石相结合，整体轮廓格外丰富。

图 2-8　平面图和东立面图（引自：彭一刚，中国古典园林分析，中国建筑工业出版社，1986，图 49）

(4) 高驾于地形之上的处理方式

House in Southern Highlands (Harry Seidler & Associates)

这座建筑建在山顶上的一块巨大岩石平台上，参照岩石面的高度，建筑设计成两层。

屋面使用弧形钢结构框架建成，如鸟的双翼般伸展，向外悬挑的结构框架使一侧鸟翼之下的开敞起居空间分外突出，另一侧鸟翼之下的卧室空间地面高于起居室，四壁围合，相对更加私密。

平面上连续的毛石墙随着岩石地面高低起伏，蜿蜒伸展，成为分隔车库、游泳池和房子之间的屏障。室内由毛石砌筑的壁炉同样起到了分隔空间的作用。

因为周围是远离城市的荒山秃岭，所以在建筑下面建有一个大型储水罐，用来收集雨水，还有一处废水处理设施，将经过处理的水用于灌溉。

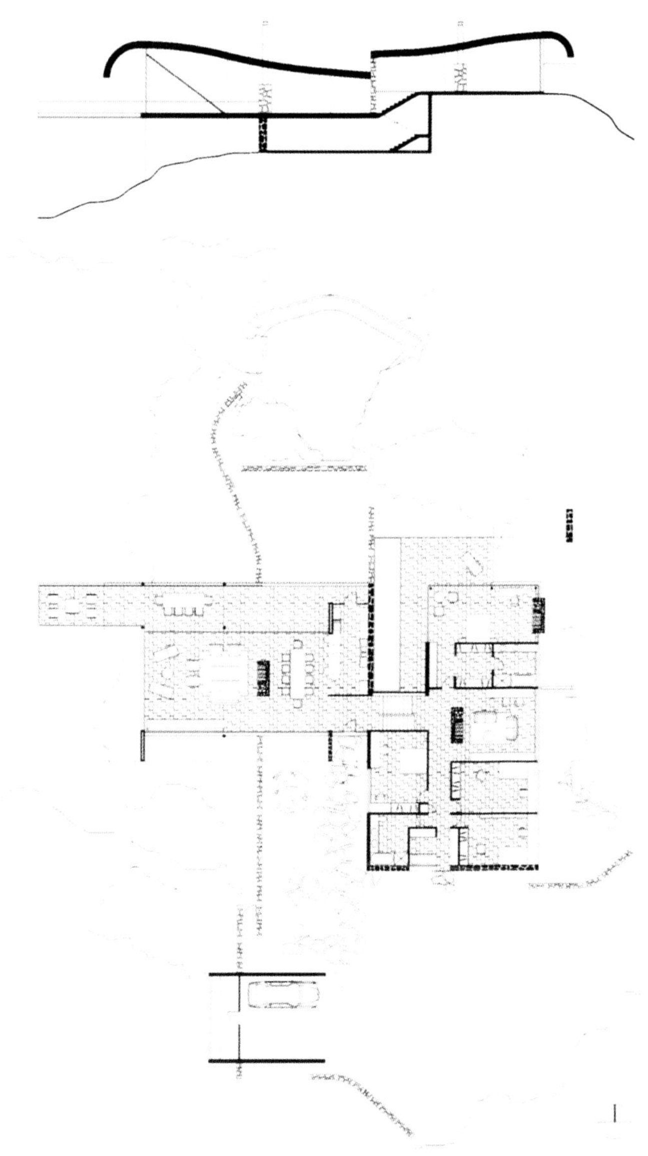

图 2-9　剖面图和平面图（引自：CA-contemporary architecture; The Images Publishing Group Pty Ltd; ACN; 2003, p197）

竹屋（隈研吾，日本，建筑师）

竹屋是一座“架”在半山腰上的建筑，完全依靠框架结构支撑。它的基地有凸起的山脊，也有凹陷的山坳地，在几近完全保持坡地原始形态的情况下，将建筑凌驾其上，要求要有精准的地质勘查和坚实精确的支撑结构作为必需的建设工作，才能减少日后的灾患。设计师从长城那绵延不断、波浪起伏的山脊特质获得灵感，将人们在其中进行居住活动的墙体作为象征，建在起伏的地形上，并使用东方文化中特有的竹材料作表现主体，视竹子的密度与直径的不同来建成各种不同的分隔空间，犹如“长城”墙的化身，连结和区分多样的文化。因而，这座建筑也被称作“墙”而非“房屋”。

位于竹屋核心部位的“茶室”有十多平方米，悬于水上，极具禅意。

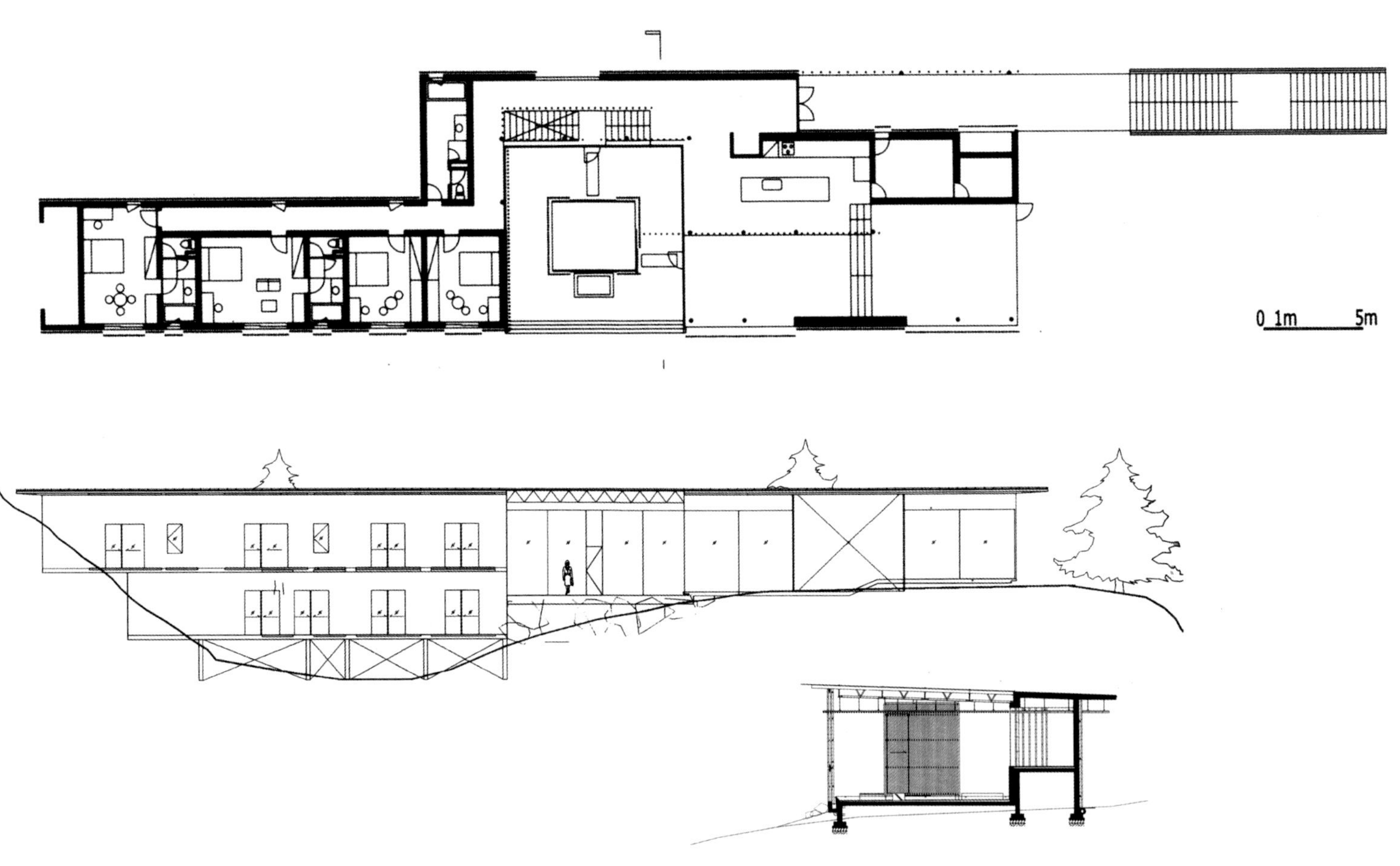

图 2-10 剖面图和平面图（引自：长城脚下的公社；天津社会科学院出版社；1986）

陕西省米脂县姜耀祖窑洞庄园

庄园修建于陡峭的峁顶上，顺应地势将坡地挖建成三层平台，利用围和的山体建成三套窑洞庭院，庭院之间以陡峭的蹬道、月洞门、垂花门连接，空间明暗、收放变化自如，加之以窑洞建筑形式和传统城堡的造型，实显古朴苍劲的中国西北地区民居建筑的意境。

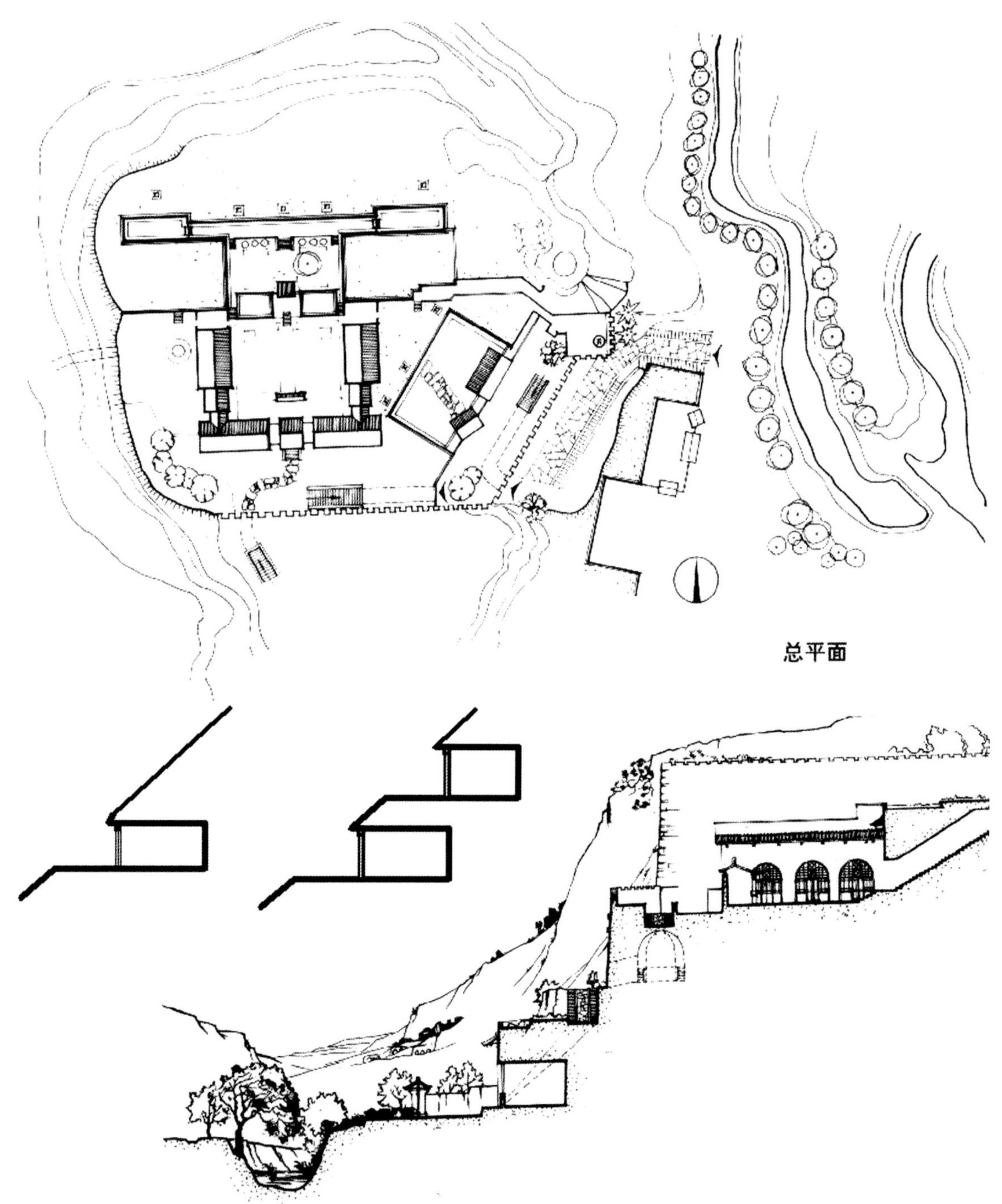

图 2-11　总平面图和剖面图（引自：汪之力，张祖刚编．中国传统民居建筑．山东科学技术出版社；1994；p56）

4、实例

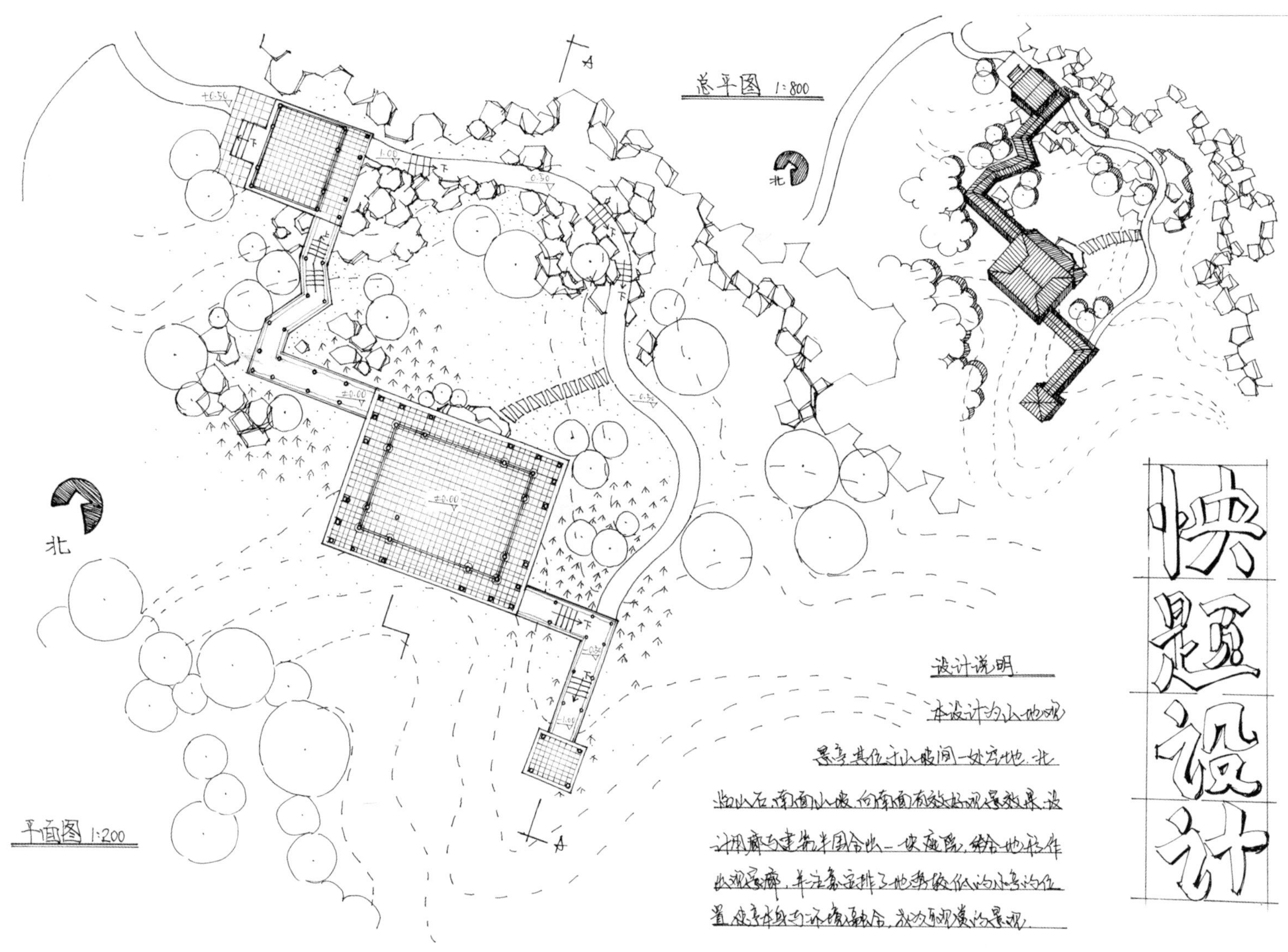

实例 2-1a 北京林业大学・魏轩・景观亭快速设计・6 小时・A3 图纸

优点： 建筑设计时充分考虑了地形的高程变化，使建筑与场地相契合。

山石、植物与建筑进行了巧妙地组合，丰富了建筑的立面效果，使室外景观的空间变化多样。

缺点： 平面图中建筑基底标高标注不全。总平面图中廊的屋顶瓦陇分布不合理，阴影的表现不符合光影规律。

剖切符号错误。

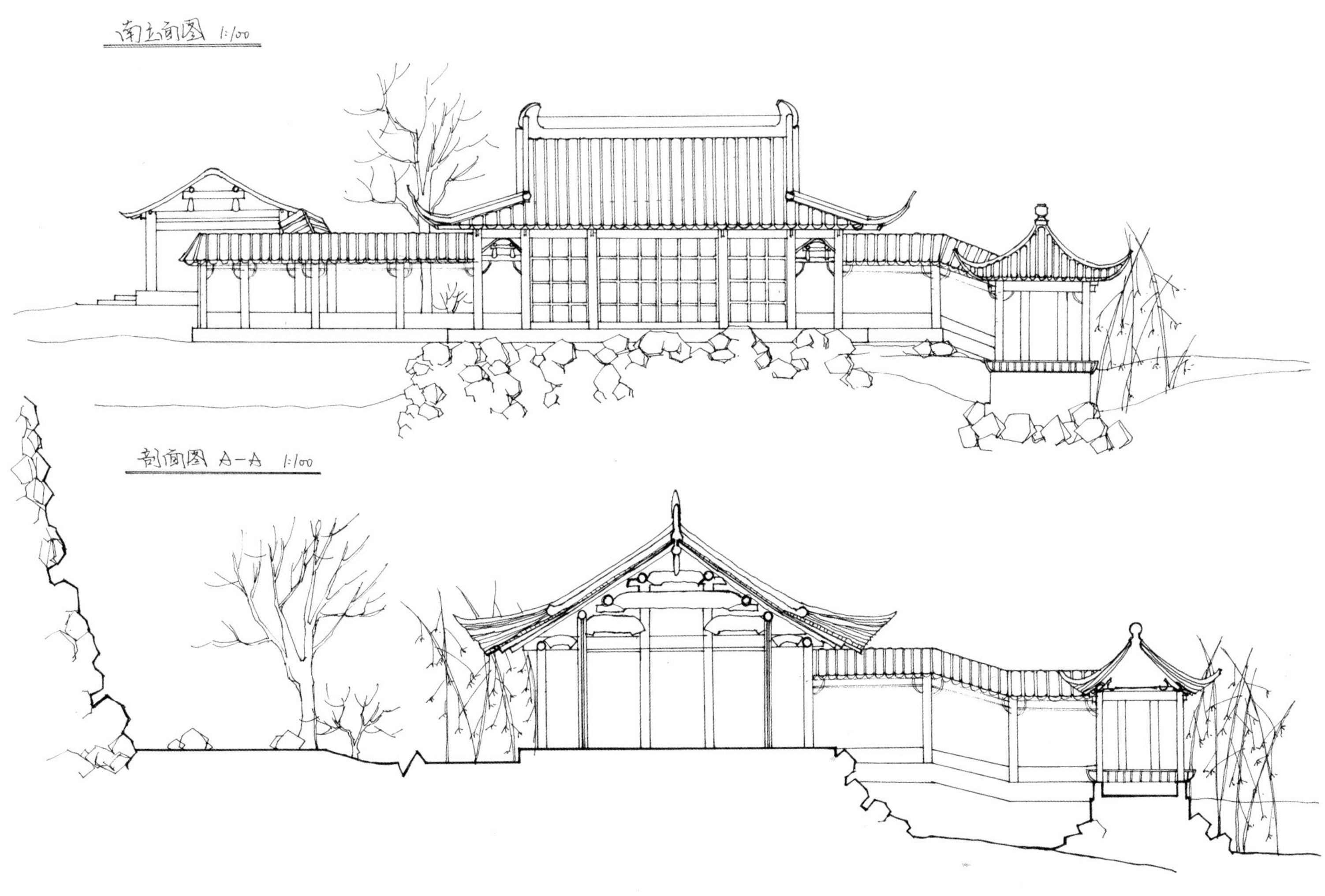

实例 2-1b　北京林业大学・魏轩・景观亭快速设计・6 小时・A3 图纸

优点： 对古建亭廊的布局有一定的把握，剖面图能较好的表现古建的结构。

排版合理，绘图准确细致。

缺点： 剖面图应适当标注建筑各项标高。攒尖建筑顶部剖面表述不正确。

剖、立面图中配景简单，在明暗、材质表达上不利于突出建筑主体的形象。

实例 2-1c　北京林业大学 · 魏轩 · 景观亭快速设计 · 6 小时 · A3 图纸

优点： 效果图很好地表现出建筑屋顶的结构，亭廊建筑之间、建筑与山石植物之间的关系。

缺点： 地形表述与平面图不符。

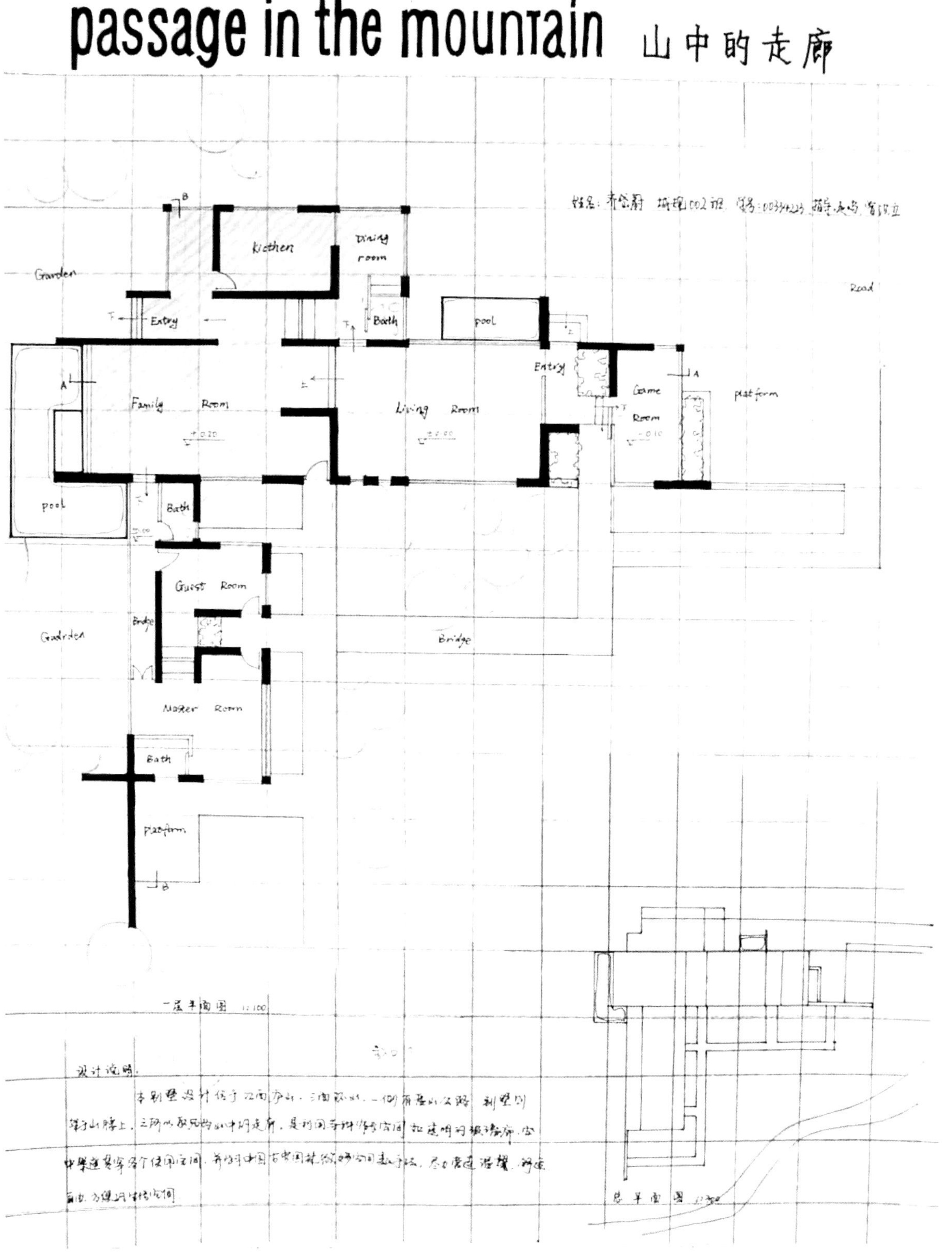

实例 2-2　北京林业大学风景园林 00-2 班・齐岱蔚・别墅课程设计 -1・A1 图纸

优点：设计构思简洁，较好地解决了住所与山地环境的关系，并将中国园林当中处理空间的欲扬先抑、步移景异、院落围合、层层递进的手法灵活地应用于设计中；入口道路顺等高线置于一侧，使其平缓而不干扰其他使用空间。

缺点：作为课程设计，室内外环境的表达不够深入，但其简单的风格可以作为快速设计的借鉴；总平面图上没有指北针，道路、等高线的表示不够完整；作为参照的方格网在图面中太明显。

设计说明：

本别墅设计位于江西庐山。三面环山，一侧有盘山公路，别墅则建于山脖上。是利用各种窄长空间如透明的玻璃廊、空中架道贯穿各个使用空间。并学习中国古典园林微妙空间变化方法，尽力营造温馨、舒适、自由、方便的生活空间。

实例 2-2　北京林业大学风景园林 00-2 班 · 齐岱蔚 · 别墅课程设计 -2 · A1 图纸

优点：将需要安静的工作室单独设在二层，位置恰当。

缺点：二层平面与一层平面的衔接未标注；楼梯的位置和表示方法均有严重的错误；设计的结构不足以支撑悬挑的幅度。

居住条件分析：

1. 日照：本设计私密空间与公共空间是完全隔离开的，用起居室作过渡。根据各个居室功能的不同分：南日照：game room、living room 与 master room。侧面照：桥至楼间、起居室与玻璃廊子（平光，防直射，引景）导东向采光：工作间、guest room、dinning room 等，依采光多少而依次排序。

2. 通风：一般南北、东向风向。由于东西风向较强，西面上方开窗，东面下方开窗，S 形通光向，并利于收揽下部山谷的景色。

3. 交通：外部交通由建筑东侧上入平台。内部交通主要依靠内部“L”形空间构形与外部的架空步道，可以避免突然间客访带来的行动不便。

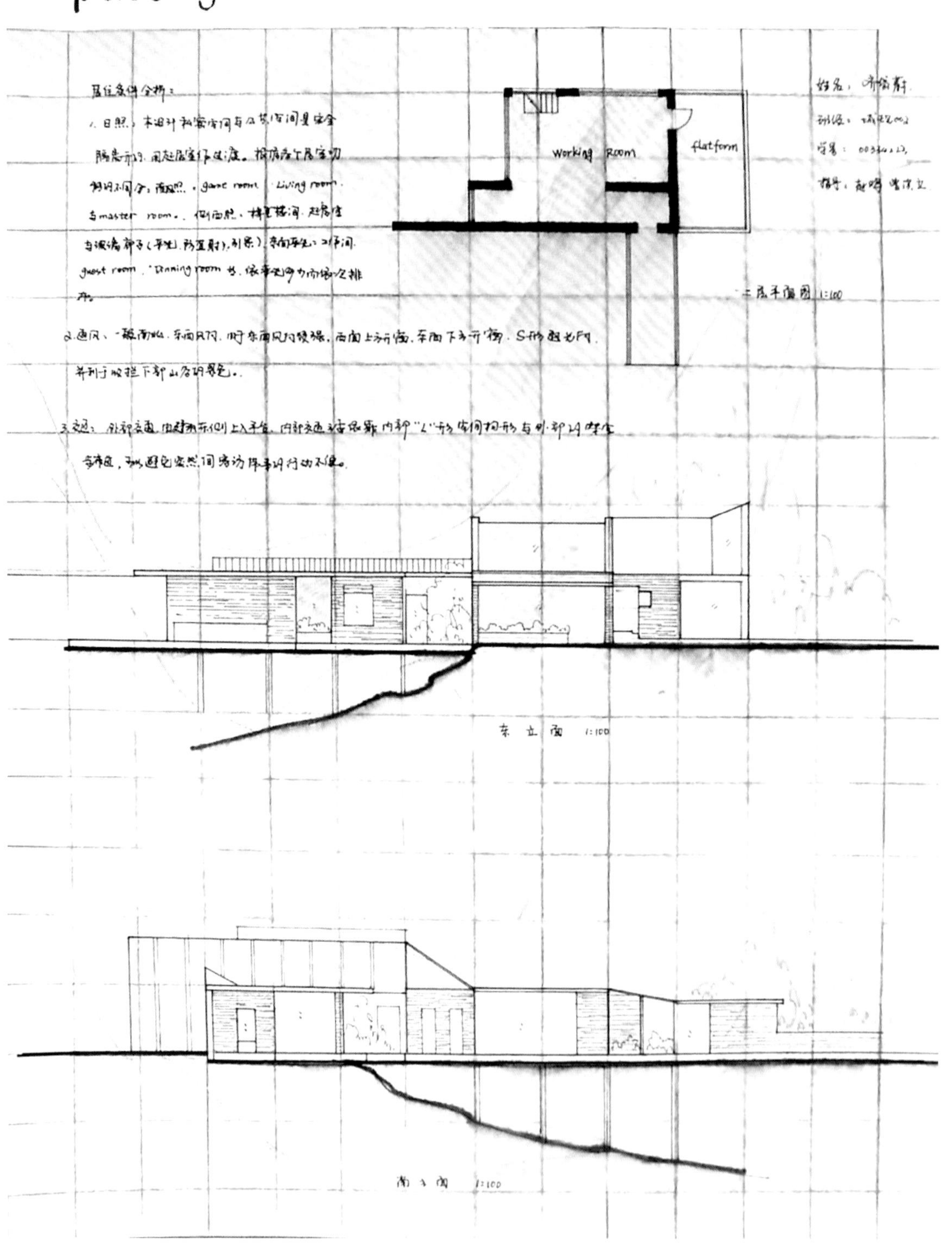

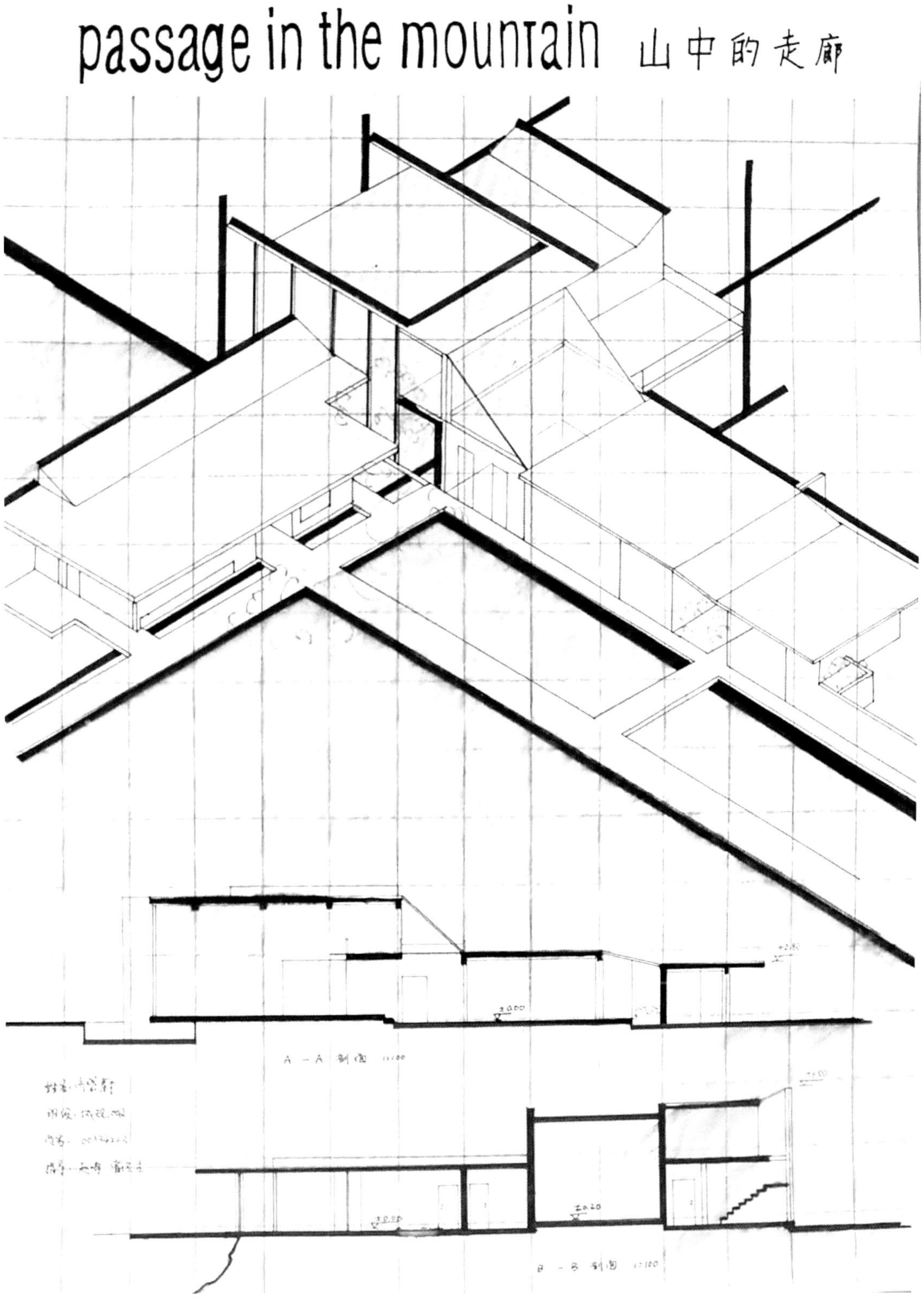

passage in the mountain 山中的走廊

实例 2-2

北京林业大学风景园林 00-2 班 · 齐岱蔚 · 别墅课程设计 -3 · A1 图纸

评价：在山地建筑设计图中，剖面图首先应反映出建筑结合地形设计之处，表现出建筑与地形的呼应关系。

其次，在剖面图中应表达出建筑内部及周边环境的地形高差变化，体现山地特色。剖面图要正确表达建筑结构梁架，屋顶及地面关系等。

再者，剖透视图的画法可以表现出建筑内外两部分的效果，同时也应当符合剖面和透视两类图纸的制作规范；透视图中加粗的线条表意不明。

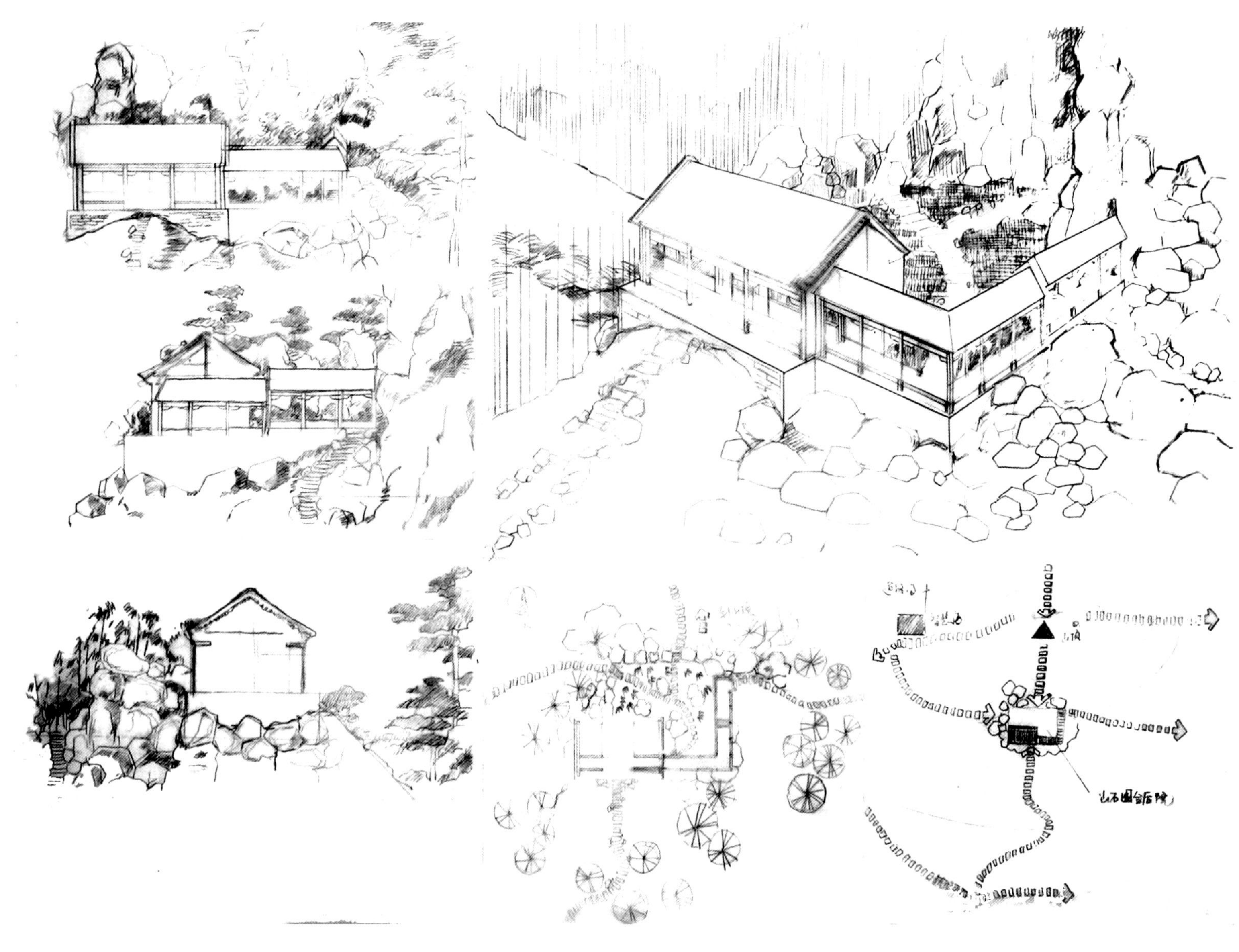

实例 2-3　北京林业大学城规 01-3 班 · 张磊 · 观景建筑设计 · 3 小时 · A1 图纸

评价：历史环境中设计建筑，要考虑周边环境、建筑形式等多种问题，才能与传统建筑呼应可以取得较为协调统一的效果。

优点：该设计采用传统建筑形式，与周边环境结合，在建筑和山脚之间密切结合水面设计，整体气氛较好；建筑形式与传统建筑呼应，反映了尊重历史的设计观念；根据地形走势，将廊子分设在两个不通标高的平台上，与周围山石较好的结合；绘制了道路设计图，较为清晰地表明了建筑与周边地形的关系；表现大胆，明暗突出，效果强烈。

缺点：平面图较小；缺少图名、比例；缺少必要的标注，如标高等。

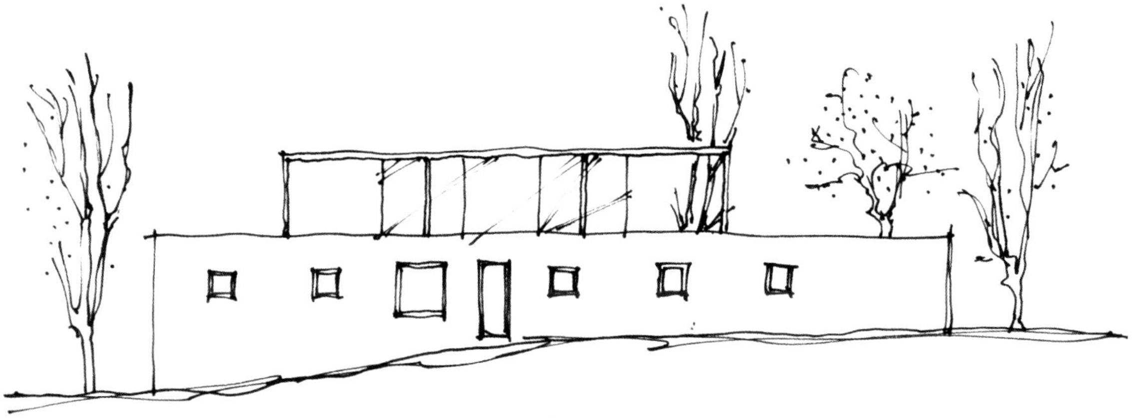

北立面

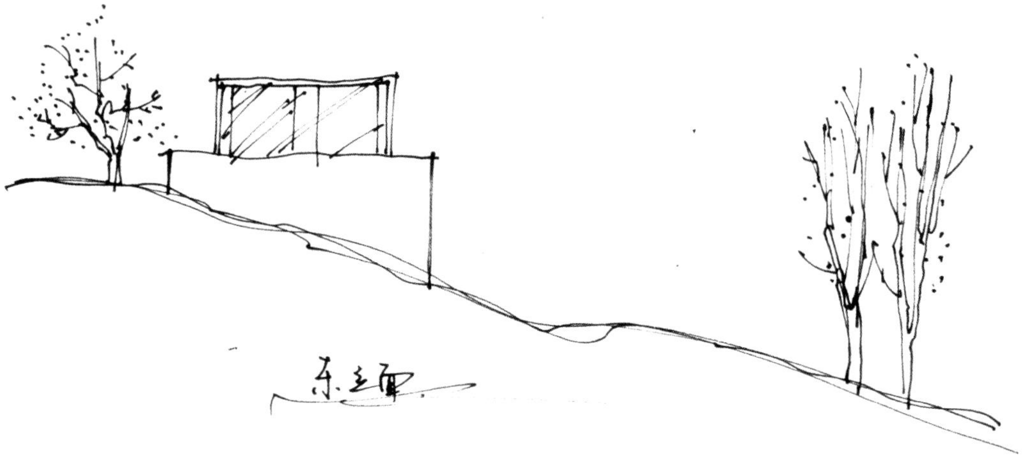

东立面

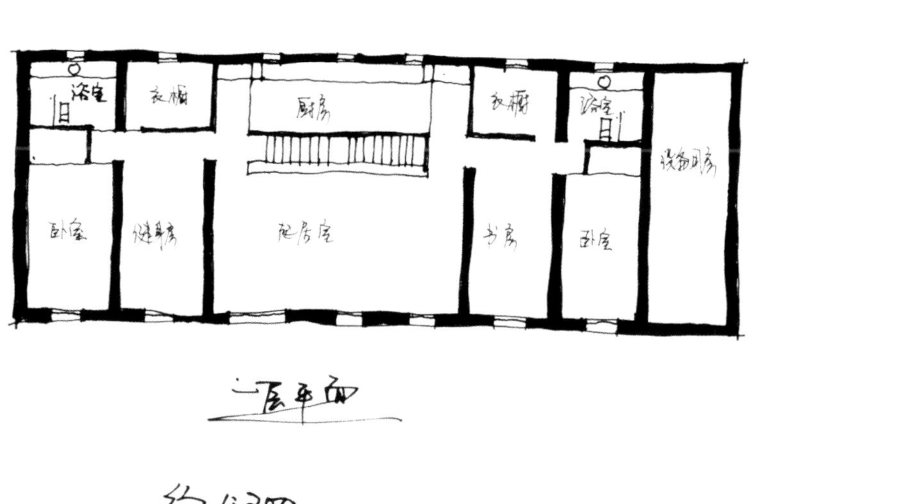

实例 2-4

北京林业大学园林 03-3 班 · 陈卓群 · 布莱斯小屋练习 -1

有机建筑把建筑看成是从环境当中自然生长出来的。在设计时，运用简洁的混凝土建筑几何形体衬托出自然山体，求得建筑与环境在形式上的对比一体。

实例 2–4　北京林业大学园林 03–3 班・陈卓群・布莱斯小屋练习 –2

从表现来看，上图近景运用坡地、道路、植物而构成；利用透视关系将视线与构图引入中景的建筑，进行重点刻画，将材质略作表达，快速涂抹出明暗面；远景由山体构成，用寥寥几笔勾勒出山的起伏变化。近景由乔、灌木组成，与建筑的几何线型和明暗形成对比与呼应；前景的落叶树木处理成线描的色调，坡地处理成由自由线条界定的块状色调；中景的建筑通过鲜明的黑白对比，形成画面中明暗对比最强烈的部分，突出其作为主体的效果，形成视觉中心。

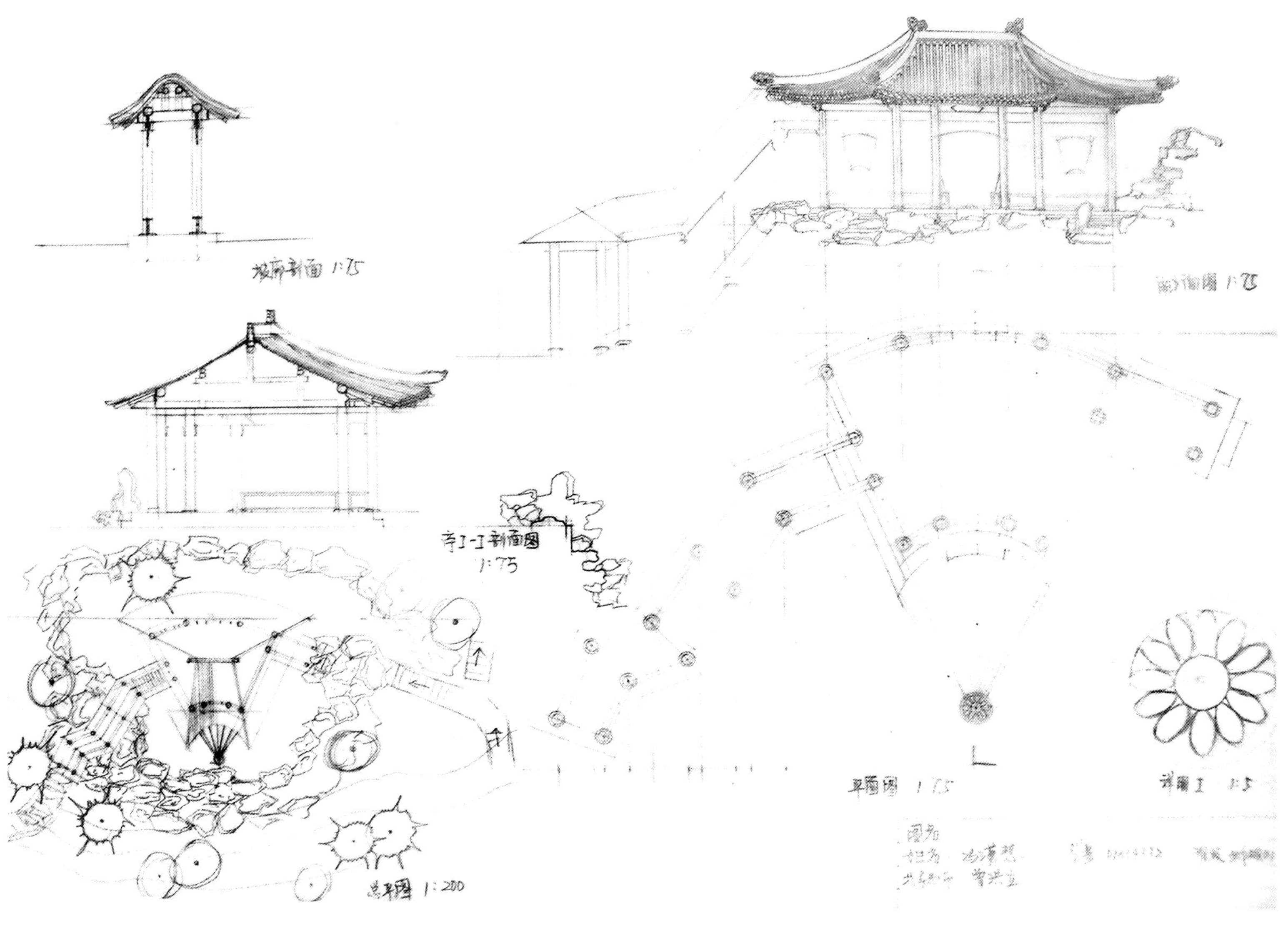

实例 2-5　北京林业大学城规 01-3 班·冯潇慧·观景建筑设计 -1·3 小时·A3 图纸

优点：该设计借鉴山体地形，用一组亭廊组合勾勒出山的轮廓与起伏变化，充分利用了廊间变化的灵活性，创造出不断转变方向的视觉效果；同时，亭的造型也依照传统形式有所改变创新。

缺点：对古建的结构与构造原理还须准进一步准确掌握；总平面图中屋顶平面图和柱网平面图混杂在一起，没有明确的标识区分；

平面图表达不清晰，没有标注相对高程；南立面图表现不均衡，左侧廊子需补充，右侧廊架没有表现完全；

详图所指不清，没有索引符号；剖面图中的地面线应加粗。

实例 2–5 北京林业大学城规 01–3 班 · 冯潇慧 · 观景建筑设计 –2 · A3 图纸

优点：初次快题设计，整体效果框架较清晰，能够有这样的奔放表现，是基于平时的练习和平和的心态。

缺点：画面层次不够丰富，透视准确性还比较差；配景树木的画法表达过于僵硬，山体的表现效果不佳，二者都可以简化，以烘托主体建筑。

滨水环境

1. 基本特征

滨水环境自古以来就被当做是人类生活的主要区域，无论是历史上的先民，还是现代的百姓，都喜欢择水而居，临水而作。滨水环境是人们居住、游憩、交通等活动的重要场所。因此，滨水建筑的环境也要为人们的各种行为提供相应的设计。

水与凝重敦厚的山相比显得轻柔婉转，妩媚动人，别有情调，能使园林产生很多生动活泼的景观。观鱼垂钓，赏荷观景，都是令人神清气爽的活动。因此，更多的人钟情于水，想与水亲近，滨水建筑在一定程度上满足了人们的需求。当然，有山有水的环境更是令人欣喜，水体与山体形成了对比，构成了相互呼应的风景线。

2. 设计要点

在进行滨水环境的建筑设计时应注意以下要点：

体现滨水的特点，建筑与水面要有交融，充分利用水体的优雅环境。

立面、剖面中要体现建筑对于滨水环境的利用，如有平台等深入水面，为人们提供与水亲近的休憩空间。

滨水建筑在近水的一面，应当设计得开敞些，便于满足人们对水的需求。

3. 实例

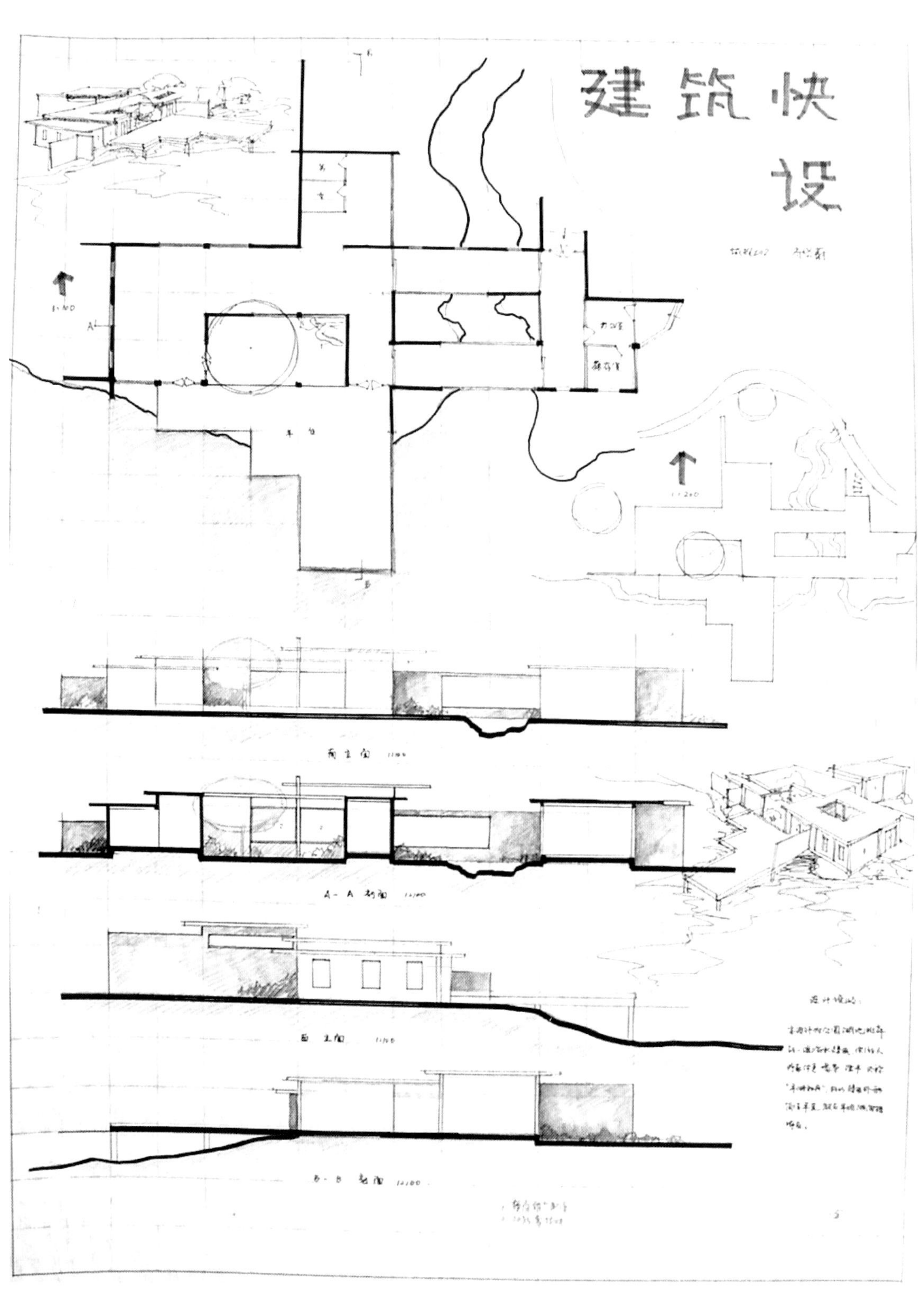

实例 2–6　北京林业大学风景园林 00–2 班 · 齐岱蔚 · 茶室设计 ·3 小时 · A1 图纸

优点： 充分利用溪流、水岸和陆地围合成具有不同特征元素的空间院落——水院和绿院，以及架空于水面上的平台，实现建筑与环境的融合；通过高低错落的屋顶和梁架变化弥补平屋顶存在的单调感；简单的色彩搭配和铅笔色调的运用使画面清晰而生动；随手勾画的效果图显示了较为熟练扎实的设计和表现基本功。

缺点： 办公室穿行严重，且与储藏室的穿套关系不佳；

总平面图的环境关系（道路、地形、植被等）以及建筑屋顶的不同高度还需深入刻画；

平台上需设安全护栏或警示栏；

剖切符号表达有误；剖面图局部与透视不符；缺少主要景观视点的透视图。

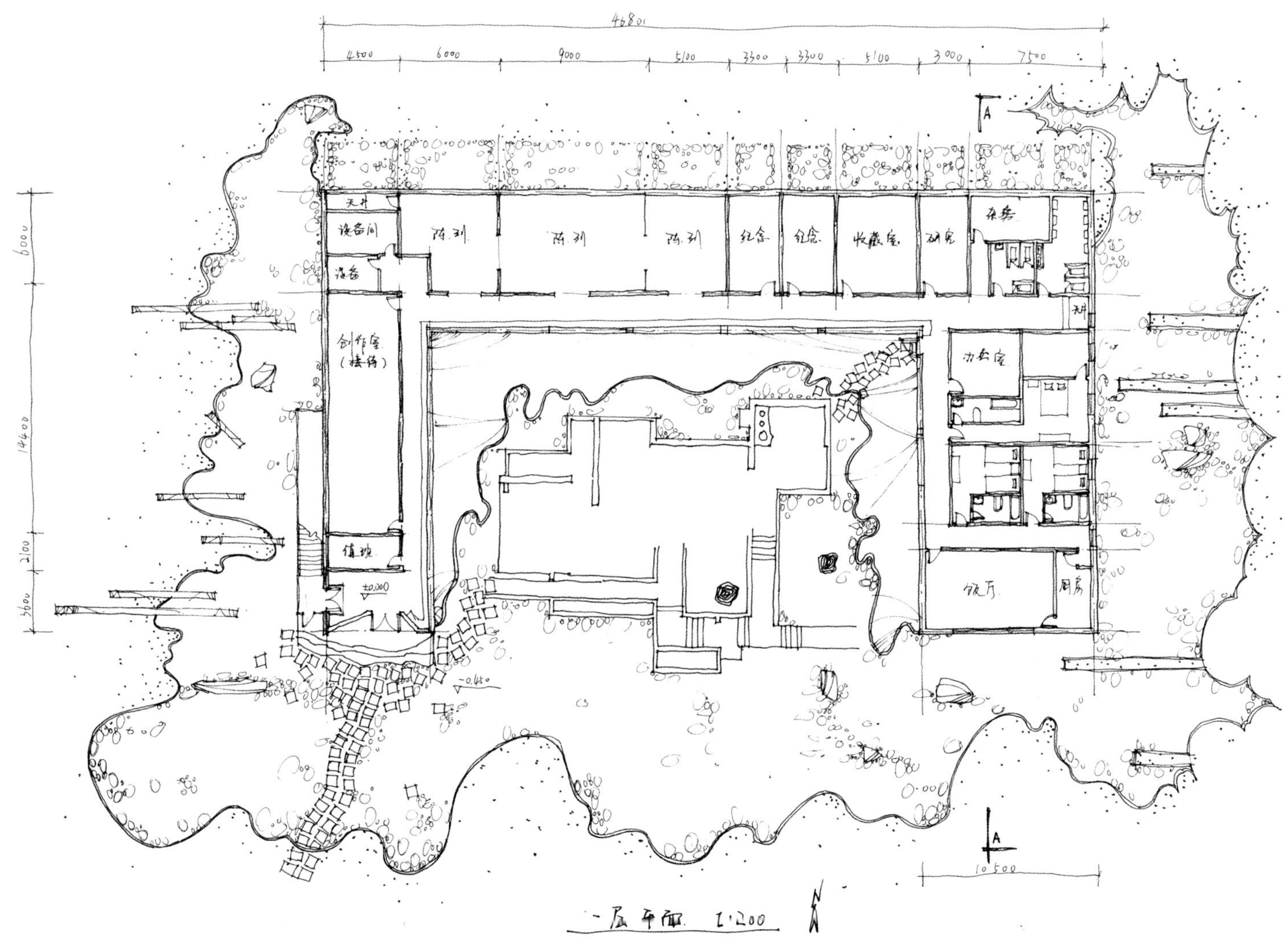

实例 2–7a　北京林业大学·陈卓群·双溪纪念馆设计·A3 图纸·3 小时

优点： 画面排版均衡，构图饱满、有张力。平面设计动静分区明确，建筑造型简洁、有型，与周围环境的结合收放自如。环形的建筑外轮廓半围合室外空间，且中庭景观小品的平面设计与建筑平面设计语言协调一致，丰富了建筑空间感的变化。建筑外围结合相同元素的景观墙，使建筑总体存在感更强烈。

缺点： 缺少总平面图。

建筑入口只有一个，而流线过长，则会导致人流出入不方便。

办公室和一个客房为黑房间，且饭厅放在客房正对面，且在流线最尾端，设计欠缺。

实例2-7b 北京林业大学·陈卓群·双溪纪念馆设计· A3图纸· 3 小时

优点： 画面图幅结构完整，排版紧凑、匀称，手绘线条潇洒、富有灵性，建筑外部描写主次有序，采用富有地方特色的坡屋顶，与周围如诗歌般的风景和谐结合。近景树的细致刻画不仅丰富了图面内容，并且作为效果图的边框进行收尾。整体画面富有诗意，风格潇洒不羁。

缺点： 对周围环境的描写过多，建筑本身的空间感表现的较弱。

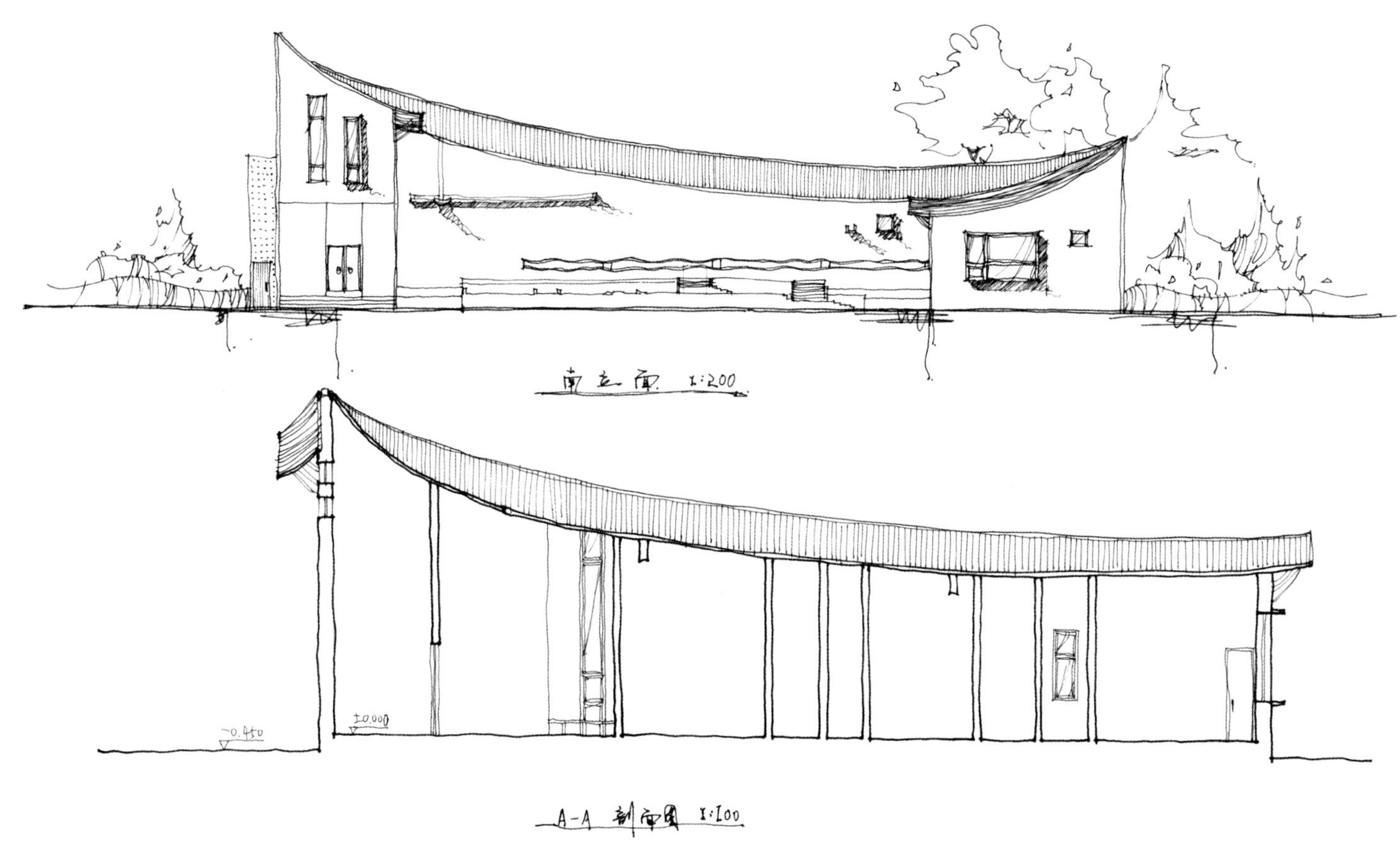

实例2-7c　北京林业大学·陈卓群·双溪纪念馆设计·A3图纸·3 小时

优点：画面排版合理有序、匀称紧凑。建筑立面造型独特、缓慢庞大的坡屋顶富有古典气质。屋顶的曲面打破了规矩的方盒子形体，立面墙体的开窗运用大小不一的矩形，将统一与变化的设计手法表现得淋漓尽致，显示了深厚的设计功底与艺术鉴赏能力。

缺点：立面没有标高。

剖面图标高不完整。

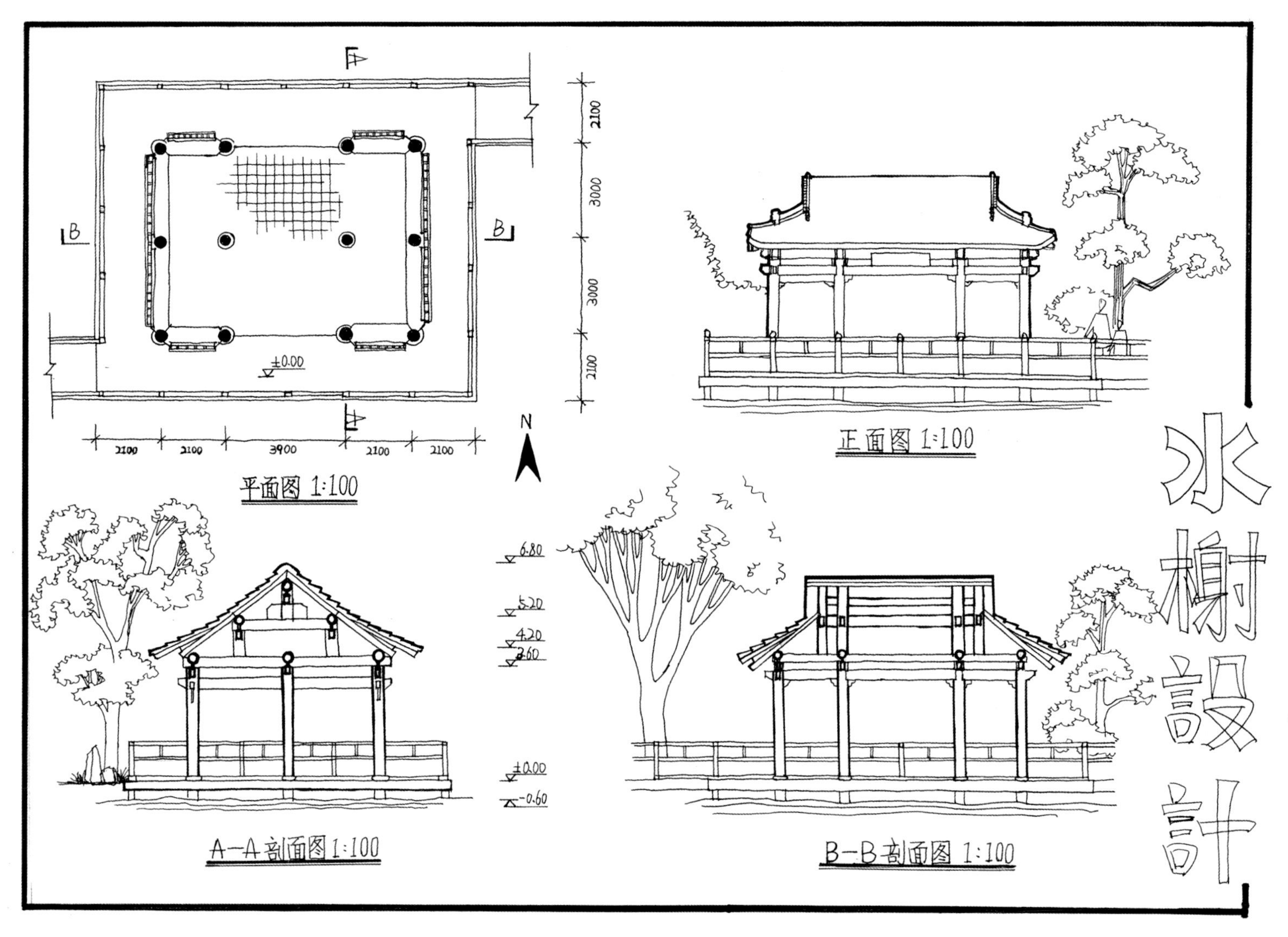

实例 2–8a 北京林业大学·苗静一·水榭快速设计· 4 小时·A3 图纸

优点： 建筑设计时充分考虑了现有地形条件，使建筑与场地相契合。对北方歇山建筑的构造有一定的了解，剖面图能较好的表现古建的结构。排版合理，绘图准确细致。

缺点： 平面图中建筑基底高度设计不合理，室外地坪标注不正确。剖面图与正立面图局部不相符。

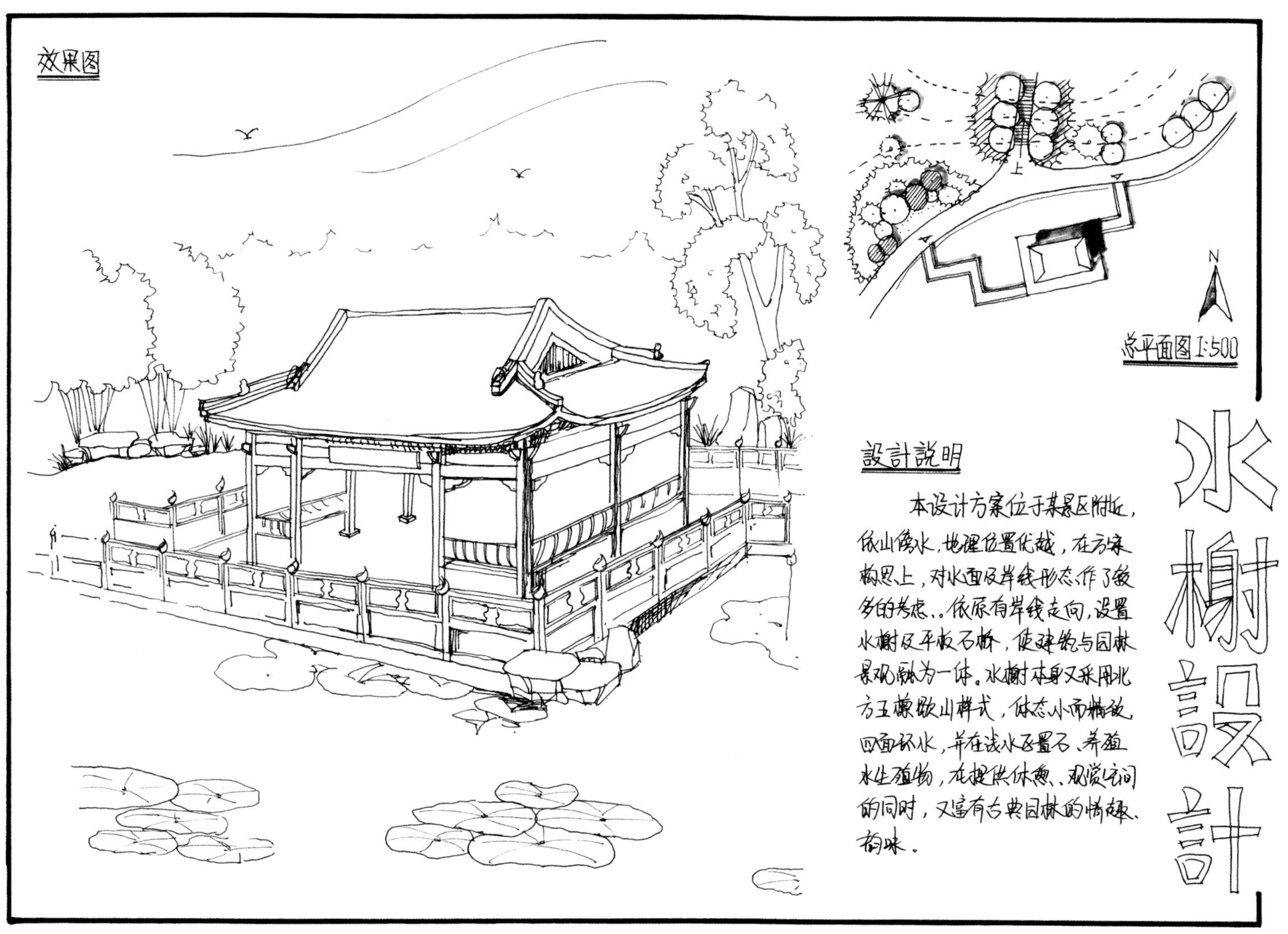

实例 2-8b　北京林业大学 · 苗静一 · 水榭快速设计 ·　4 小时 · A3 图纸

优点： 设计结合原有地形现状条件，很好的利用桥与建筑的搭配造景。效果图能能较好的表现古建的结构，对古建水榭的结构有一定的把握。

缺点： 效果图局部透视错误，水体没有很好的表达效果，配景简单，明暗、虚实变化不突出。字迹潦草。

历史环境

1. 基本特征

历史环境指周边有历史建筑的地段，或有古迹等需要保留景物的地段，或有古树、保护性树木的地段，或有名胜古迹的地段。常有的历史环境是邻近地段中有文物建筑、名人故居或保护树木等，或者是在一块历史文化保护区的范围内进行新建筑的设计。那么，在这些环境中，一定要注意保护和协调的设计原则。在历史环境中做建筑，首先要保护原有历史建筑、古迹、古树等元素。其次，新建建筑要与原有建筑等相协调、相适应。

2. 设计要点

在历史环境中做建筑设计时应注意以下要点：

应注意按照有关政策、技术原则和人们的情感意愿，保护或利用、改造历史环境中的原有建筑、植被、假山、水体等重要古迹内容，所设计的新建筑要能够与原环境相互协调。

新建筑的形式最好采用与历史建筑相一致的风格，即使是应用新的技术和材料，也要在设计元素中求得与老建筑的一致，借鉴老建筑在空间、人文设计方面的精髓，选用老建筑的样式，如坡屋顶、柱式、开间、装修等，作为新建筑设计的摹本或母题、标志等，使新老建筑之间得以“神似”和“形似”，其中以“神似”为上品。

历史环境与新设计的建筑及其环境之间要相互呼应，不能将历史环境撇在一边，不理不睬，无视其的存在，但是又不能因为新建筑的建设而侵占历史古迹的用地，破坏老建筑的建筑体等。游览路径、视线关系、造型、结构、构件等都是在此方面可以应用的设计手段。在下面的快速设计实例中，列举了几种处理二者关系的适宜或不适宜的设计处理方式，仅供参考。

3. 实例

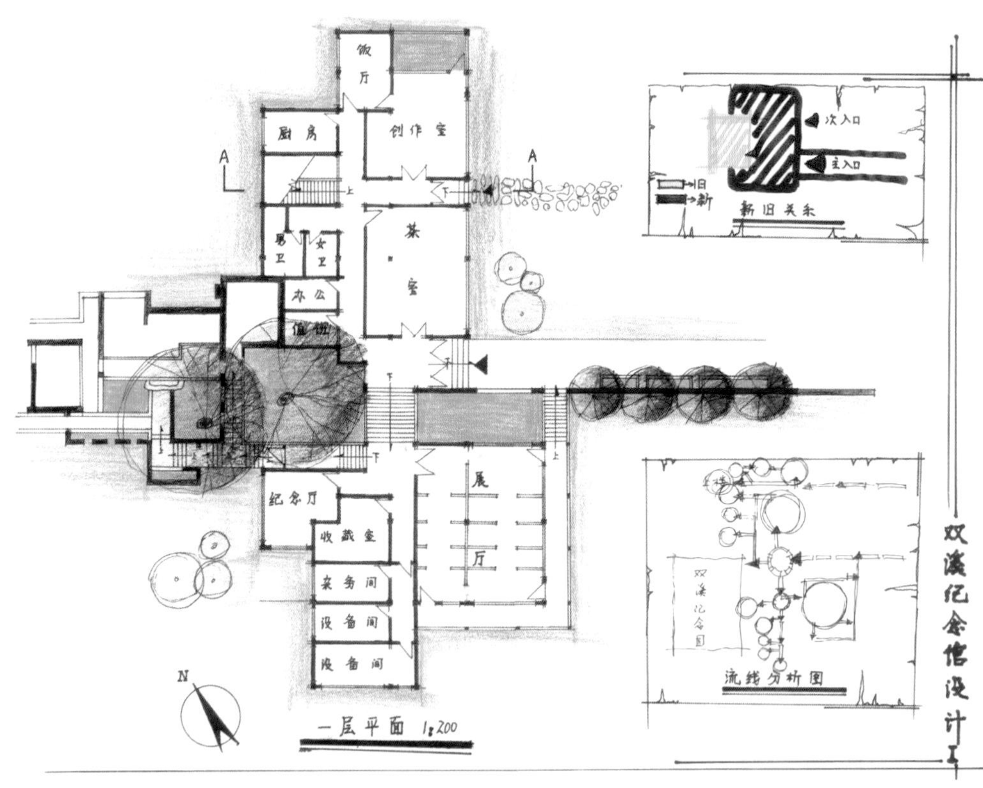

实例 2-9a 北京林业大学园林 03-5 班 · 钟春玮 · “双溪”纪念馆设计 -1 · 3 小时 · A3 图纸

优点： 设计和表达的思路很清晰，图纸表现的基础训练很扎实。

缺点： 新建建筑与旧建筑局部粘连在一起，不但相互之间的协调关系却没有建立起来，还将作为遗迹的墙体重新垒砌起来，据为己用，破坏了古迹的原貌；平面承重结构体系还需要进一步调整至合理和清晰表达；功能分区含混，办公人员活动区与游客活动区混杂，造成交通流线的交叉；入口区与主要的展示功能空间的联系应该更紧密，主次入口距离较近，且无遮挡分隔的考虑；

纪念厅和创作室的内部空间使用不便；

卫生间、办公室没有开窗，缺少自然的通风与采光。

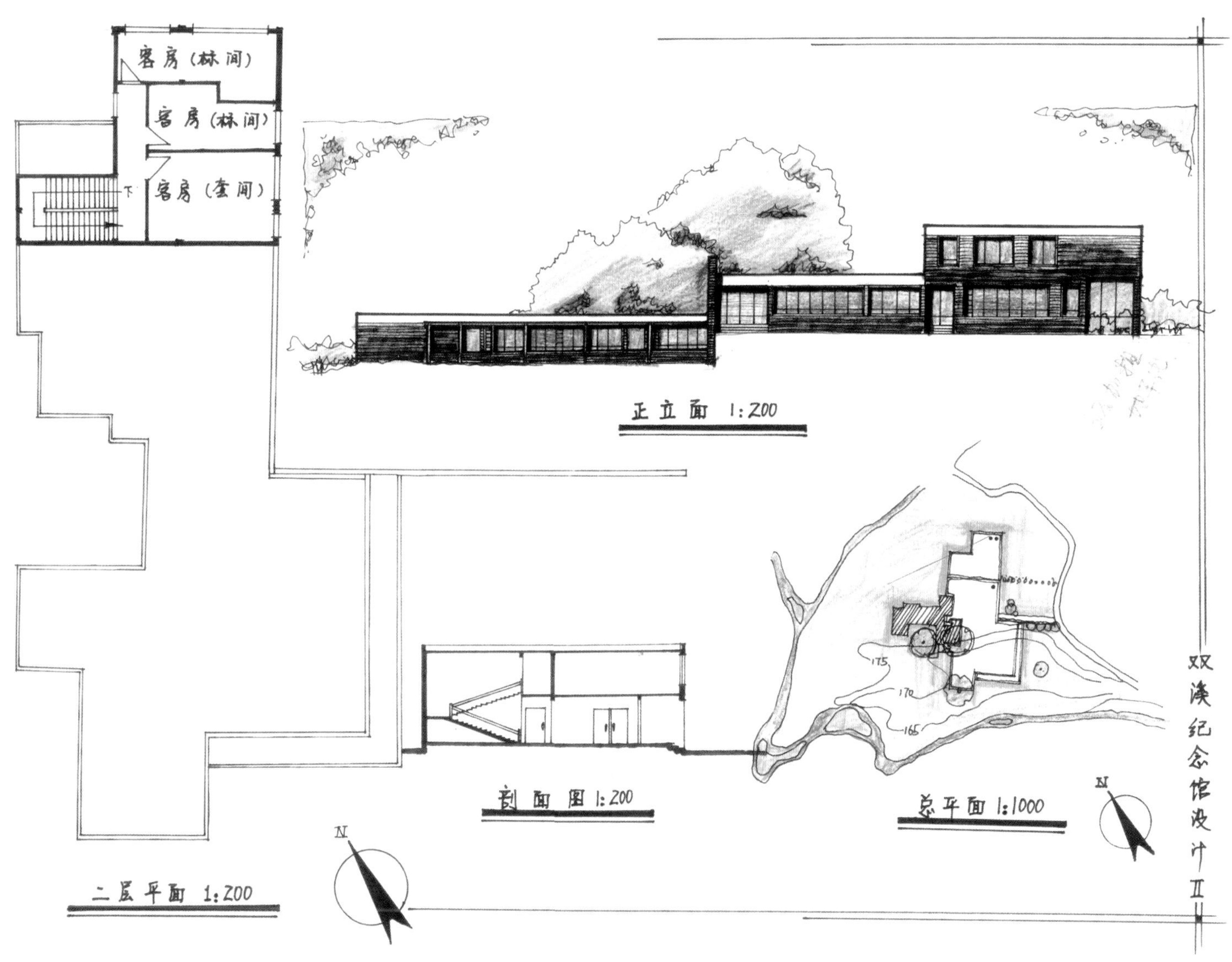

实例 2–9b　北京林业大学园林 03–5 班 · 钟春玮 · “双溪”纪念馆设计 –2 · A3 图纸

优点： 根据地形特点，在高处设置二层建筑，加强地形的效果；

总平面图对于新旧建筑表现清晰；

图纸表达干净，图面布局灵活，色彩搭配简洁；

一二层平面对位关系清楚。

缺点： 客房的形状不便于使用，内部应加入室内家具布置；如果设计卫生间，应清晰地表达出其位置，可能会与一层建筑功能冲突；

平、立面与造型设计与历史环境的气质氛围相去甚远，缺少与传统建筑的联系；

立面图中的地面线不明显，配景欠佳。

实例 2-9c 北京林业大学园林 03-5 班 · 钟春玮 · “双溪”纪念馆设计 -3 · A3 图纸

优点： 表现图笔法较熟练；

近中远景搭配合理：近景通过树木组成框景，服务于中景建筑；中景建筑通过马克笔的颜色与运笔方式体现材质特点；

远景植物通过排线与饱和度较低的色块来表达，山体通过简单线条勾画出来；

利用线条与标题文字进行构图，实现整体画面的均衡。

缺点： 近景需要更多详细的表现，过高，与中景建筑脱离；

建筑明暗面区别不够明显，且色彩偏于暗淡，可以增加明快的受光面亮色和绿色系的配景色；

描绘远景山体的线条不够流畅，与建筑的构图关系不自然；

图纸边框过于繁复，有喧宾夺主之嫌。

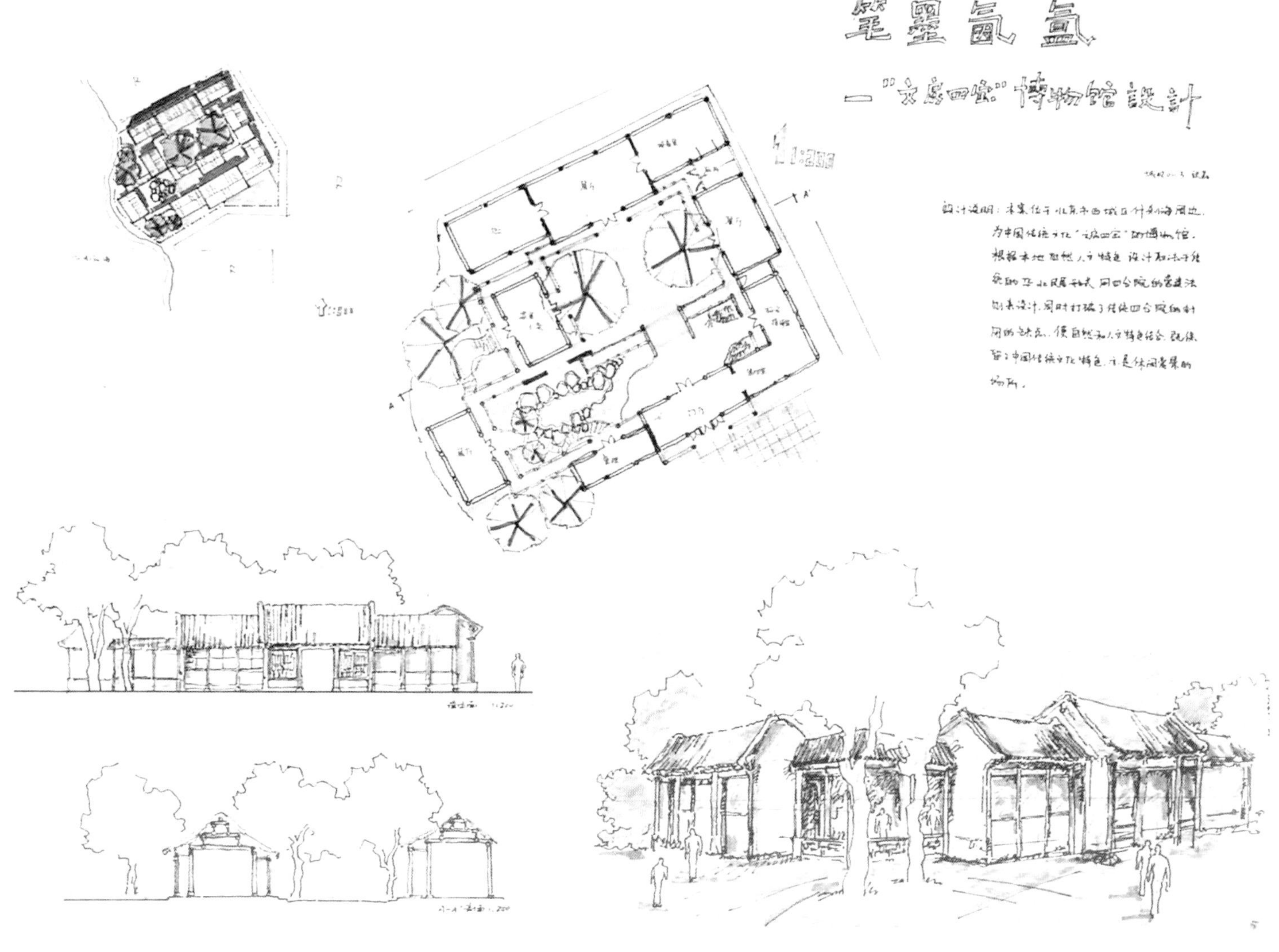

实例 2-10　北京林业大学城规 01-3 班 · 张磊 · 文房四宝博物馆 · 3 小时 · A1 图纸

优点： 为了与历史环境协调，选择了纯粹的四合院民居建筑形式，并采用中轴非对称格局和园林式前院体现小型文化博物馆的氛围——"笔墨氤氲"；功能分布基本合理，流线较为通畅。该学生也是初次尝试大规模建筑快速设计（1500~1800 m^2）。

缺点： 在尺度、比例和岸线的设计处理上还需有意识地加强训练；

采光未根据展品性质作特殊处理，设计考虑不足；

通往厕所的道路表达有误；

未设置或未在总平面图标明主次出入口，造成功能上的认知混乱；

图名、比例标注不全；

整体图面具备一定的表现能力，但构图较松散、欠饱满。

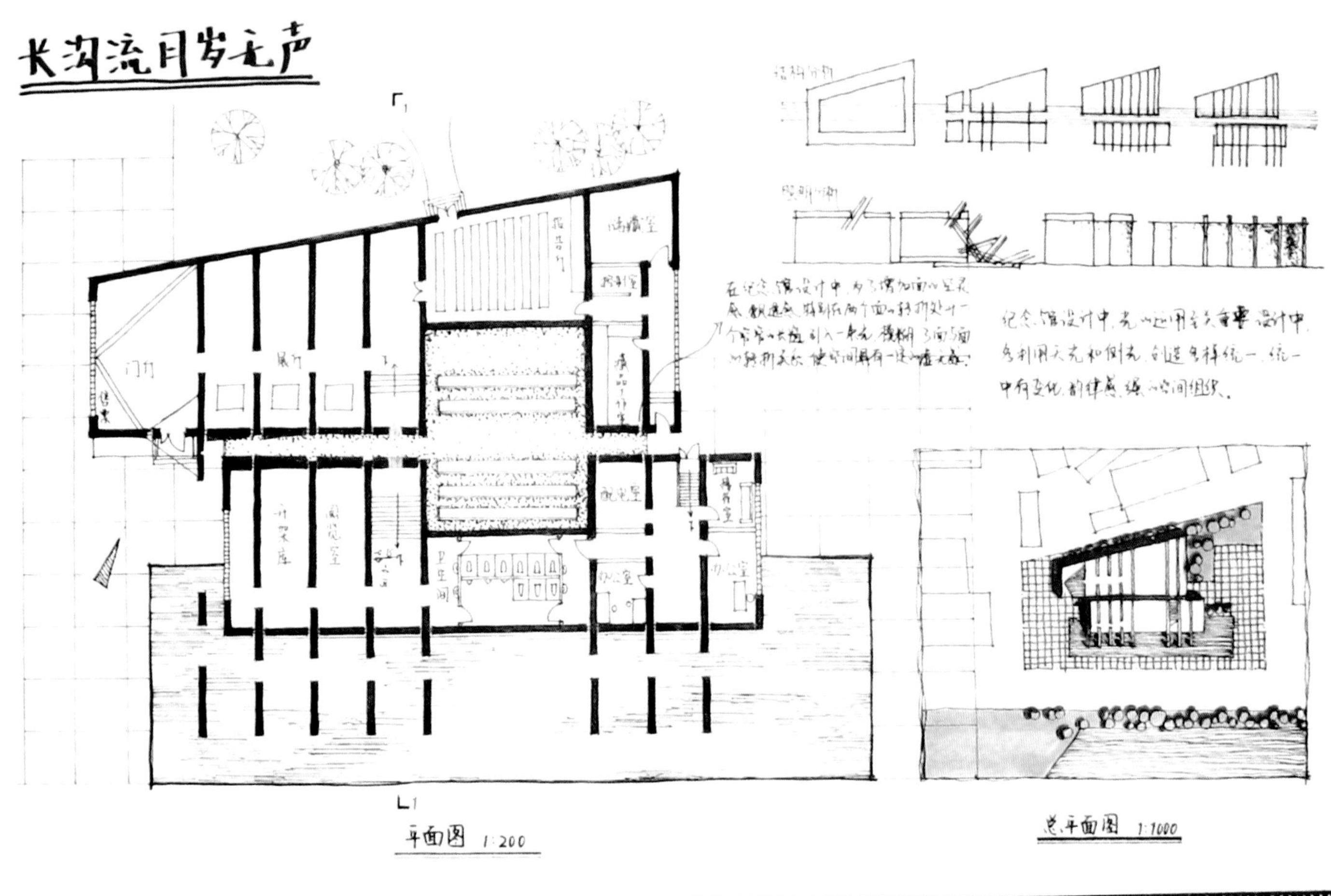

实例 2–11a 北京林业大学城规 05–2 班 · 李慧 · 中国无声电影纪念馆 –1 · 4 小时 · A3 图纸

优点： 展览的空间不仅突出无声，更采用无光的室内环境来烘托，气氛强烈；功能分区较为合理明确，并结合了建筑的形态；造型设计突出了体块组合的特征和动势，模拟胶片的序列形态，以隐喻的手法标明无声电影的特征；采用中心庭院的方式使得建筑“虚心”而灵动开来。

缺点： “长沟流”的语言表达与主题没有切实的联系，题名的艺术性和意义含蓄程度都欠佳，应去除；

基本知识、概念、表达法有所欠缺。

阅览室、办公室等功能空间要求有充足的南向自然采光；

遗漏了指北针的方向标记；

出入口的数量不符合设计规范，并且出口选点严重影响其他房间的使用；

庭院被孤立于建筑当中，不仅黑暗，而且缺少相互之间的联系。

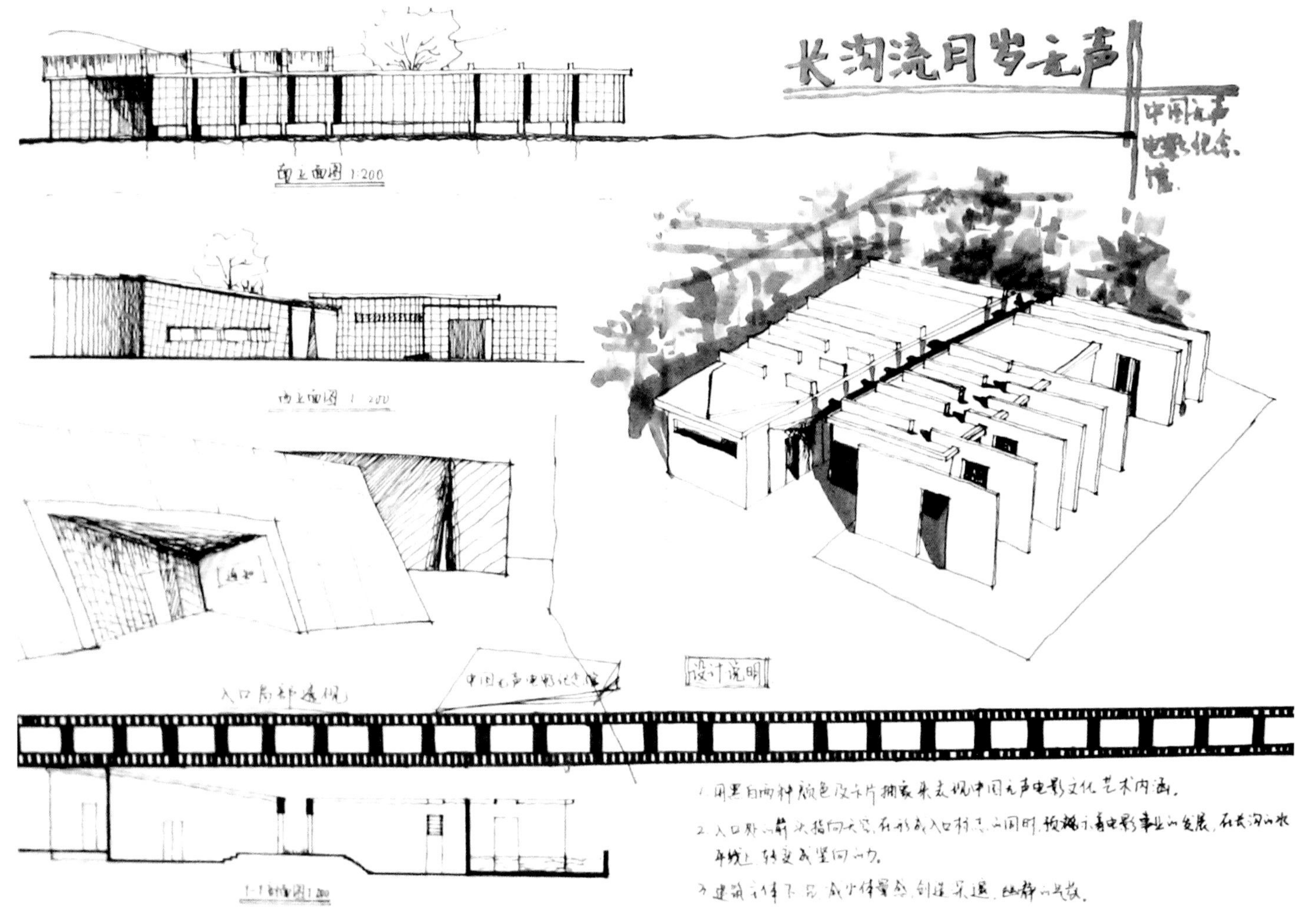

实例 2–11b　北京林业大学城规 05–2 班・李慧・中国无声电影纪念馆设计 –2・4 小时・A3 图纸

优点： 建筑体型设计与结构相融合，注重各个立面的变化，南立面简洁有层次变化，较好。

缺点： 过度强调片状墙体，以至于减少了水池的面积，极大地削弱了水在活跃建筑空间中的活跃作用和与环境的过渡衔接作用；两体块之间的交接地带在空间的处理上应有助于加强体块之间的联系，两端还可做强化点缀；剖面图应表示出所有被剖到部位的信息，如屋顶、池边等；胶片的形象不仅夸张，而且耗费时间，应精简化；效果图应与平、立面内容相符，绘制内容还应表达更大范围的环境特征，更丰富景观的层次和内容。

参考文献：

1. 卢济威、王海松著 . 山地建筑设计 . 北京：中国建筑工业出版社，2001

2. 王晓俊等编著 . 园林建筑设计 . 南京：东南大学出版社，2003.12

第三章　风景园林建筑快速设计题型介绍——功能分类

一、茶室（冰室）

1. 概念及基本特征

茶室是在景园中为游人提供茶饮、供游人休息的场所，游人可在内停留较长时间，为赏景、会客等提供条件。随着餐饮种类的丰富，茶室还可以提供其他饮料、冰品、咖啡等，或兼有简单的餐饮功能。

茶室是一类重要的园林建筑，一般在园林中直接服务于游人，因而建筑物的选址和设计与园内的景色有着密切的联系。一般选址在交通人流集中活动的景点附近，以方便顾客到达，但也要与各景点保持适当距离，避免抢景、压景和园内其他游人的干扰。除此之外，还应远离各种污染源，并满足有关卫生防护标准的要求。茶室与一般的园林建筑一样在景园中要造型优美，体宜得当，做到建筑既可成景，又可被观赏。

2. 设计要点及规范

茶室的组成可概括分为“服务区”和“被服务区”两部分。服务区是直接面向顾客、供顾客直接使用的空间，包括门厅、营业厅、卫生间、小卖等。门厅是室内外空间的过度区域，缓冲人流，在北方冬季有防寒作用。被服务区主要供内部工作人员使用，是由加工制备用房与办公、生活用房组成。其中加工制备部分又可根据经营性质、协作组合关系等实际需要选择设置下列部分：食品加工间、备餐间、操作间（洗涤消毒、食具存放）和各类库房等。生活用房可设更衣室、卫生间、休息间等供内部工作人员使用。“服务区”与“被服务区”的关键衔接点是付货柜台。

各组成部分关系图见图 1–1。

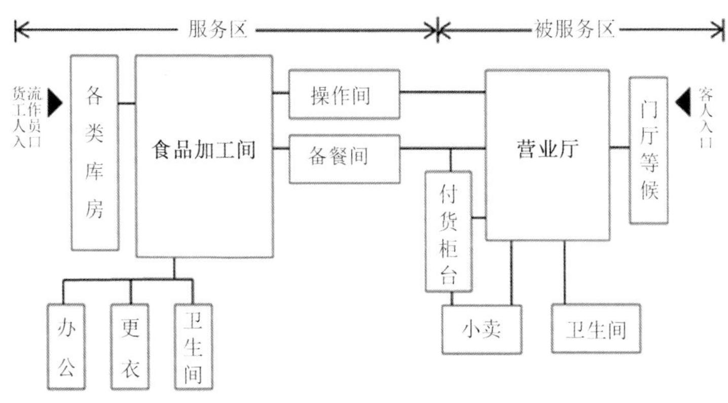

图 1–1 茶室功能流线关系图（绘图：李沁峰）

茶室的营业厅宜设于建筑底层或靠近出入口处的地方，以求交通流线方便，出入快捷。小茶间可设于楼上或底层一隅，以减少无关人员对其的干扰、获得幽静的环境。较高级的茶室还可设置风格适宜的茶庭小院，方便客人游览或在室内欣赏庭院景致。设置露天茶座也是丰富饮茶空间的一种有效手段，客人在休闲饮茶的同时可以近距地离观赏景色。对于一般茶室，建筑前宜有适当的停车场。场地应包括小轿车和自行车的停放空间。

设计时应考虑交通流线的组织，营业厅的客人入口与服务区出入口的位置决定着客人流线和服务流线的相互影响程度，应保持一定的间隔距离，最好是分设在营业厅的两端，避免在设计流线中客人流线与服务流线重合。营业厅的餐座排列应保证客人流线和服务流线的通畅，通过餐座之间的通道导引客人的行进路线和决定服务流线的路径。

茶室的营业厅与服务区之间关系紧密，应有直接的出入口相连接，上菜通道（传菜出口）应与残食回收通道（回收餐具入口）分别设置，既能保证二者流线互不影响，又满足洁、污的分离的基本要求。

茶室的后院是内部工作人员装卸、运送货物的场所，要设置在隐蔽处、避免暴露在游人视域内，大小应满足小货车停放的要求。

被服务区内房间的设计要点如下：

（1）结合外部景观，将营业厅布局在有好的景观的朝向；

（2）要有良好的通风条件和景观视线；

（3）内部布置合理，通畅，避免各流线间的干扰；

（4）桌椅布置符合人体工程学；

（5）房间净高不小于 3.0m，设空调营业用房不低于 2.4m，异形顶最低处不低于 2.4m；

（6）单侧采光的营业厅，其进深不宜超过 6.6m；

（7）楼台或阳台不应遮挡底层日照；

（8）营业厅应在良好景观视线内与茶庭相对应。

服务区内房间的设计原则如下：

根据《饮食建筑设计规范（JGJ 64–89）》的规定，

（1）主要用房加工间净高不低于 3.0m；

（2）各加工间均应处理好通风排气，并应防止厨房油烟气味污染餐厅；

（3）热加工间应采用机械排风，也可设置出屋面的排风竖井或设有挡风板的天窗等有效自然通风措施；

（4）卫生间位置应隐蔽，其前室入口不应靠近餐厅或与餐厅相对；

（5）100 座及 100 座以上餐馆、食堂（茶室）中的餐厅与厨房（包括辅助部分）的面积比（简称餐厨比）应满足——餐馆的餐厨比宜为 1:1.1；食堂餐厨比宜为 1:1。对于茶室这类园林建筑，餐饮设施相对来说比较简单，餐厨比不宜超过 1:0.8。

（6）客座大于等于 100 座时，卫生间设男大便器一个，女大便器一个。客座大于 100 座时，每 100 座，卫生间增设男大便器一个或小便器一个，女大便器一个。客座小于等于 50 座时，设洗手盆一个，客座大于 50 座时，每 100 座增设一个洗手盆。

茶室的建筑空间宜为多种空间形态的组合，避免单一的布置产生的单调乏味的感觉，可以借用墙体、屏障、家具等进行空间围合或分隔，使空间形态各异、相互流通、相互因借，以增加趣味性。

茶室的店面有吸引顾客、传达信息、促进营销等功能。它涉及到店前的场地大小、立面形象、入口空间、食品展示、外卖窗口、停车场、绿化等因素，在设计时，应融合周围的自然环境，不能过于突兀，也可参考周边地区民俗风采、历史文脉特征、建筑风格流派、新的流行时尚等元素融入进去，形成独特风格。建筑的外立面可以适当加入柱廊、悬挑雨棚等形式以丰富造型，也可结合周围环境统一设计。

茶室的建筑设计还要正确反映茶室的经营内容，形式要服从功能，不能因为单纯追求形式美而影响使用。

3. 茶庭设计要点

茶庭是客人向茶室内空间过度的区域，应具有安静、私密性强的功能和内敛、含蓄的特征，可通过庭院的孔门花窗、小桥流水、回廊等元素，分隔空间界面，突出空间美。茶庭的分类布局按风格可分为以下三类：

规则式庭院——为几何图形构图，包括对称式和非对称式，对称式庭院秩序井然、庄重大气，非对称式庭院则显得活泼、动感。

自然式庭院——模仿纯天然的自然景观之美，在景观营造上，不采用有明显人工痕迹的结构和材料，而采用天然木材或因地取材。

混合式庭院——兼有规则式和自然式庭院特点。

茶庭设计时应与建筑的整体风格布局和谐、统一，可通过借景、对景、框景等设计手法与建筑内部空间互为延伸，相互交融，相互贯通，自然过渡。在视觉上要保持景观尺度的平衡，从多视角进行观赏，使各部分的位置、形状、比例和质感在视觉上达到体宜得当、平衡融洽。茶庭设计时还应该兼顾表达饮茶人的情趣特征和文化修为。

从功能上讲，园林中游人量随季节变化较大，应注意利用室外空间来调整人流。如：园林冬季游人少，室内部分可以满足需求，而春夏季节人流变大，可多加利用茶庭空间。

1.4、实例

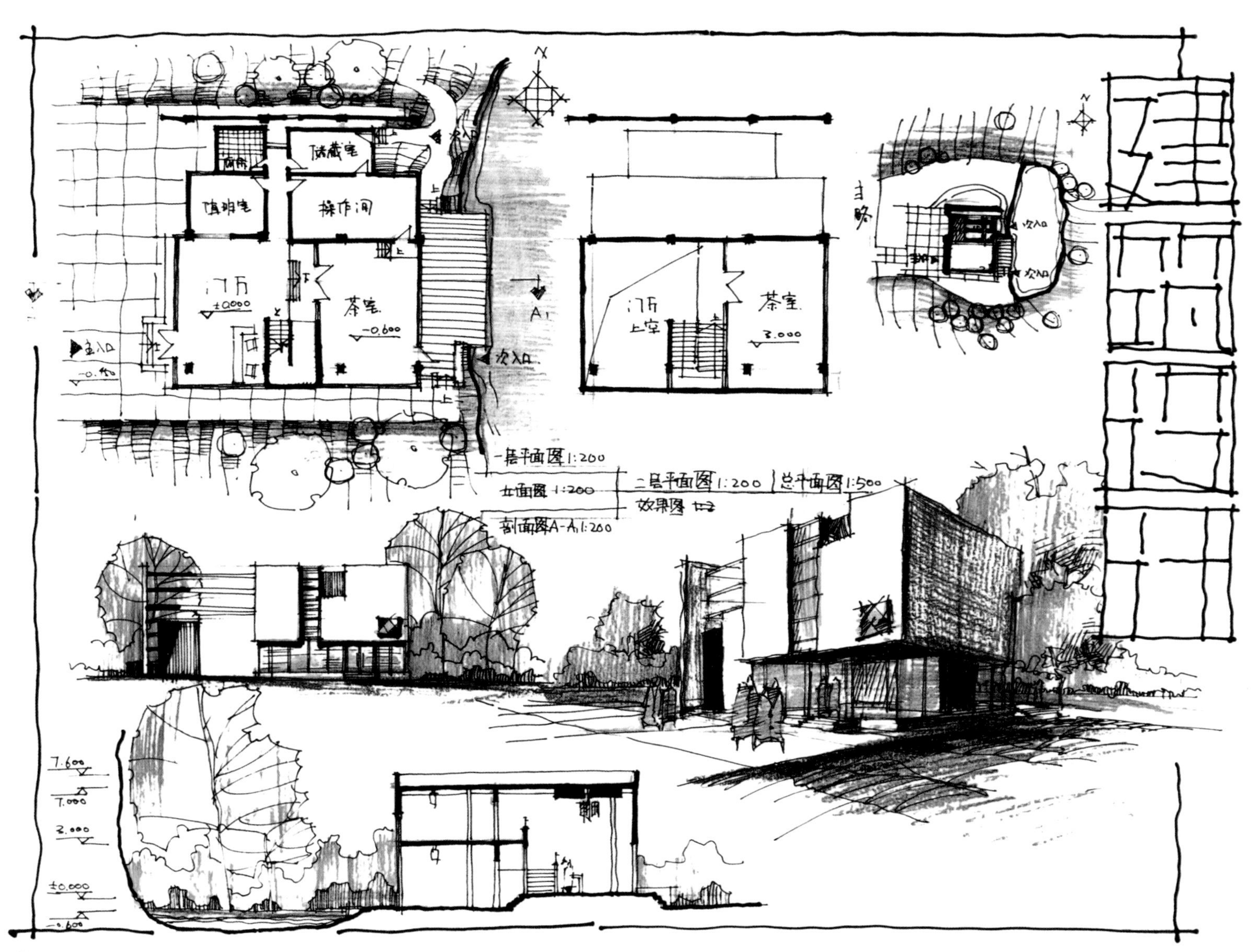

实例 3–1　北京林业大学・王昱・茶室设计・A3 图纸・3 小时

优点：在这样一个体量比较小的茶室建筑里，营业厅有南向采光，同时兼顾与东侧庭院的室内外互为对景。画面排版紧凑，构图均匀。建筑配景表现生动，线条流畅。储藏室考虑了货流的出入，设置了对外的出入口。立面上大量采用玻璃幕墙的形式，与混凝土石墙相搭配，使建筑立面造型虚实对比强烈，层次感强，达到了很好的视觉效果。

缺点：联系操作间与营业厅的台阶不利于顺畅的出入，应采取平缓的方式。厕所布置在建筑的服务区内，致使使用卫生间的客流与工作人员的流线相互干扰。门厅面积大而空旷，喧宾夺主，可以适当缩小。储藏室有两个出入口分布在对角线位置，只是交通面积占据过多。

实例 3–2a　北京林业大学园林·许晓明·茶室建筑设计·A3 图纸·3.5 小时

优点： 建筑设计感强，富于变化，与周边环境和地形结合较好。

平面设计中，建筑周边栽植了多样的树木，且林木空间疏密有致，表现出茶室周围幽静的环境特征。

营业厅的窗户数量较多，造型丰富，不仅满足了良好采光，还具有通透的视野，起到良好的观景作用。

建筑围合出茶庭空间，在茶庭一侧设置柱廊，丰富了庭院的空间形态。

缺点： 建筑入口隐蔽，入口前集散广场尺度偏大，视野空旷，可以适当设停车位；门厅空间相对局促，各交通流线相互交叉影响，空间秩序混乱。

亲水平台大而空泛，缺少由建筑到水面之间过度景观的设置，可适当布置植物、景观小品等元素。

水岸线表达不规范，没有图名、比例尺、指北针、室内外标高、房间名称等注释。

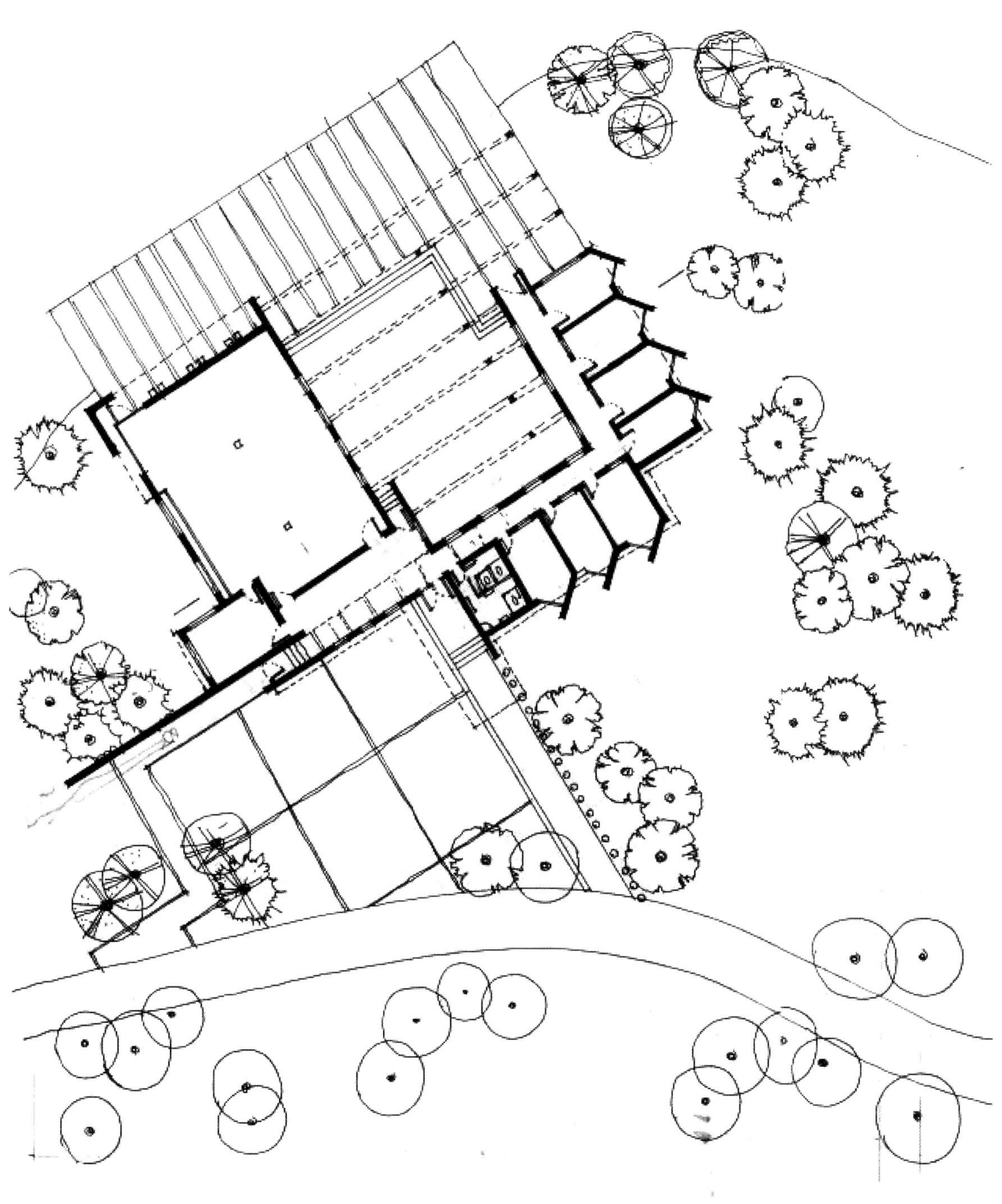

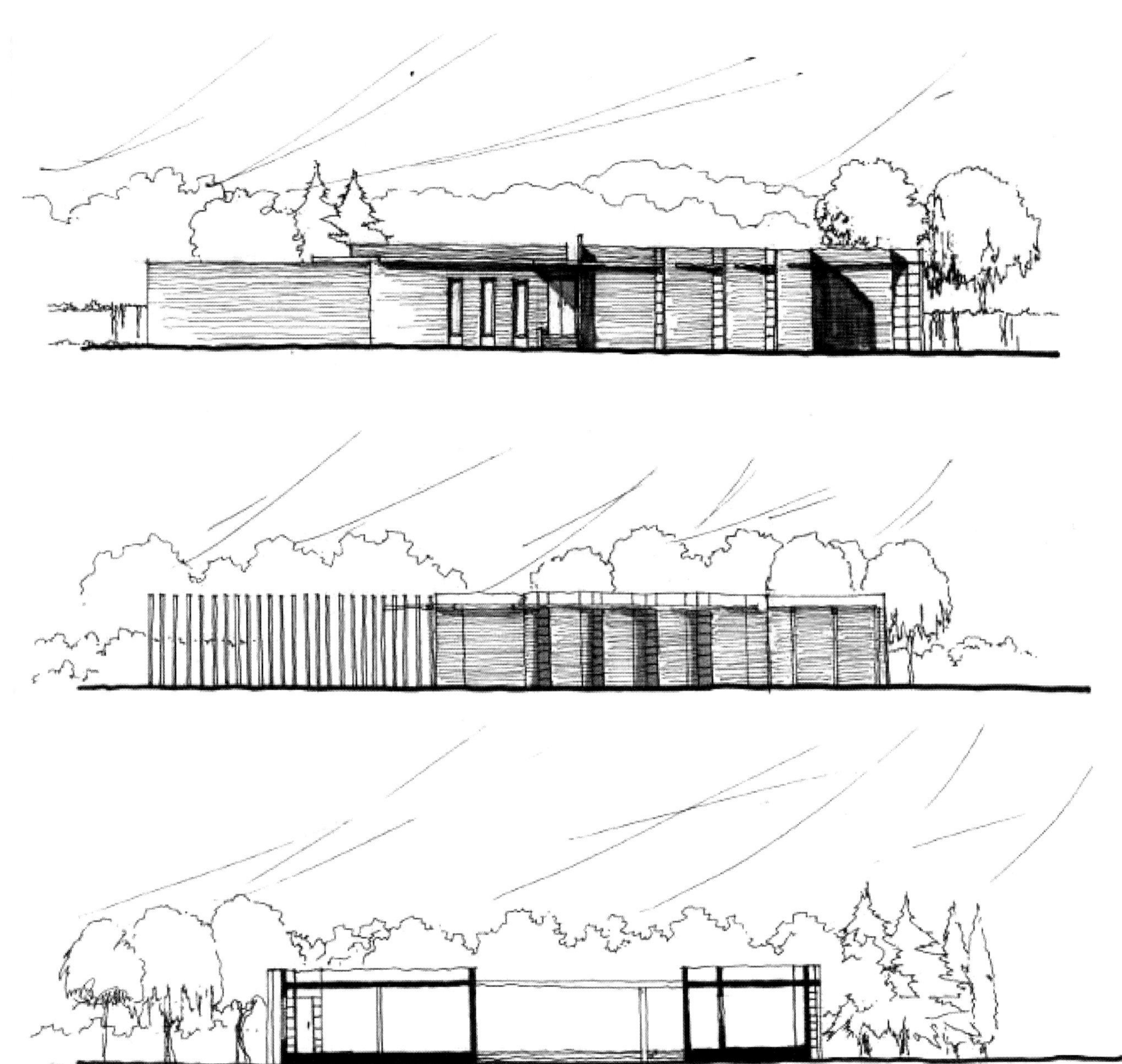

实例 3–2b 北京林业大学·许晓明·茶室建筑设计·A3 图纸·3.5 小时

优点： 立面设计简洁而有节奏，竖向设计对比巧妙，使画面富有秩序感；

立柱、廊架等元素的使用丰富了建筑的立面造型，运用线条来表现材质，通过阴影突出建筑的体量关系，较为清晰地说明了设计意图；

配景植物、天空线条流畅，使图面富于变化，又统一协调。

缺点： 剖面图地面表达有误；没有标注指图名、标高、比例尺等；剖面图右侧建筑部分的屋面应为一体，左侧建筑部分的室内梁架未标明。

实例 3-2c 北京林业大学·许晓明·茶室建筑设计· A3 图纸 · 3.5 小时

优点： 线条流畅，色彩搭配简洁，透视相对准确。

缺点： 前景树树干与建筑边界有融合，上色时应多留意，建筑前地面空旷，铺装尺度偏大，可以加人物丰富画面；左侧树干表现手法欠成熟；

建筑的背景植物颜色大面积加重且缺乏变化，没能充分突出建筑主体，使图面显得过于紧张；

建筑右侧表达不清晰，局部与平面图不吻合，建筑屋顶表现含混，体量关系不清楚。

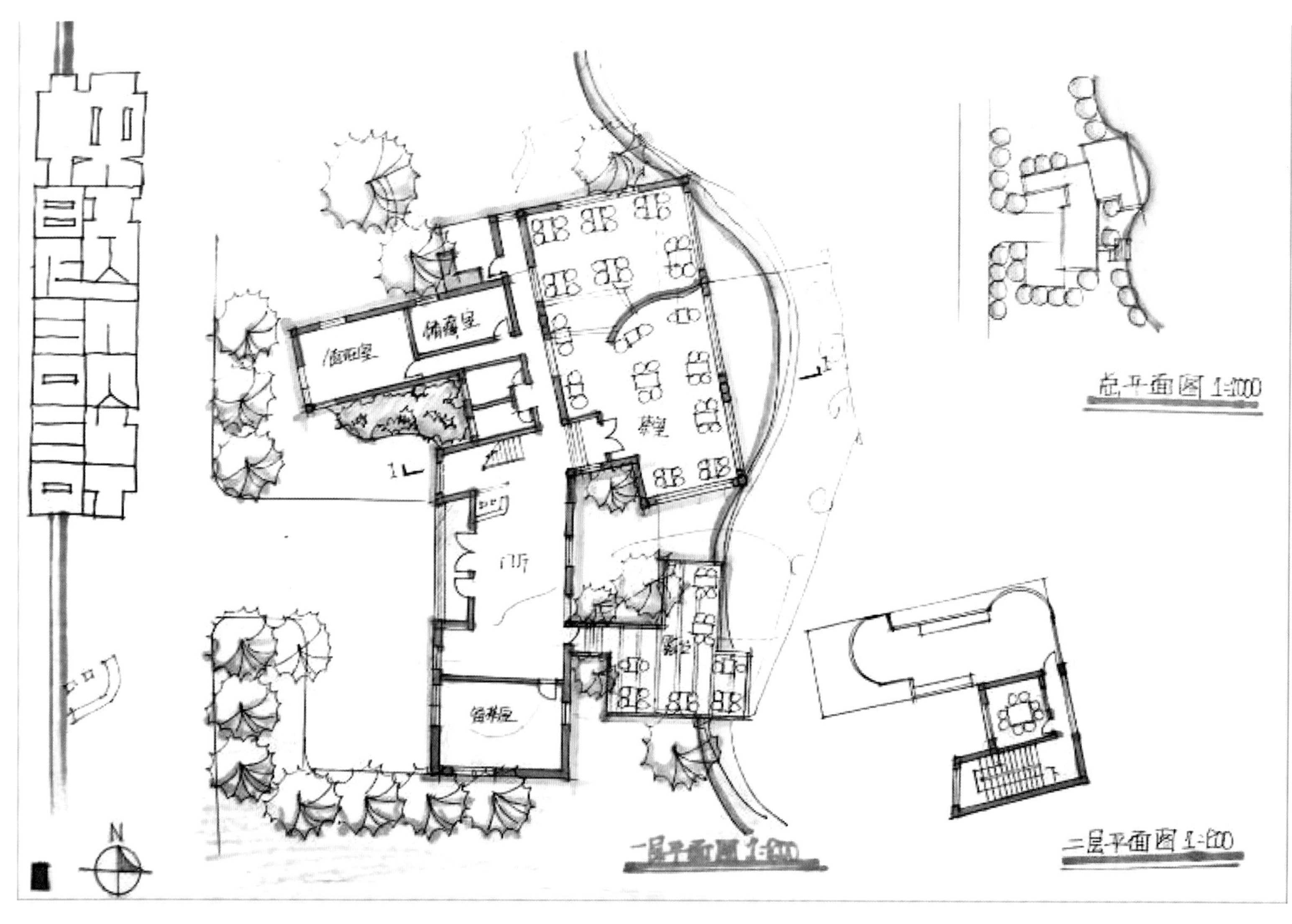

实例 3-3a 北京林业大学 · 徐玲玲 · 茶室设计 · 3 小时 · A3 图纸

优点： 有一定的建筑周边环境设计，植物画法富有特色，门厅与道路连接畅通，入口设有停车空间。

建筑与原址环境结合较好，茶室对着水面好的朝向，亲水平台伸入水中，同时设置露天茶座，建筑二层的设计了露天平台，进一步增加了建筑与环境的交融。

建筑室内茶室部分做了一定的桌椅布局设计，隔断的设置丰富了茶室内部空间，值得赞赏。

建筑的虚实关系较好，建筑整体舒展，形体收放有致；有一定的图面表现与构图能力。

缺点： 功能分区不明确，备茶室与储藏室、值班室距离过远，设计不合理，会造成使用不便与交通混行。

服务入口与周边道路的情况没有交代清楚，没有方便小货车装卸货物的空间，入口向北走廊浪费空间。

卫生间未画出室内布置，未标出必要的地面标高，总平面图与平面图不吻合。

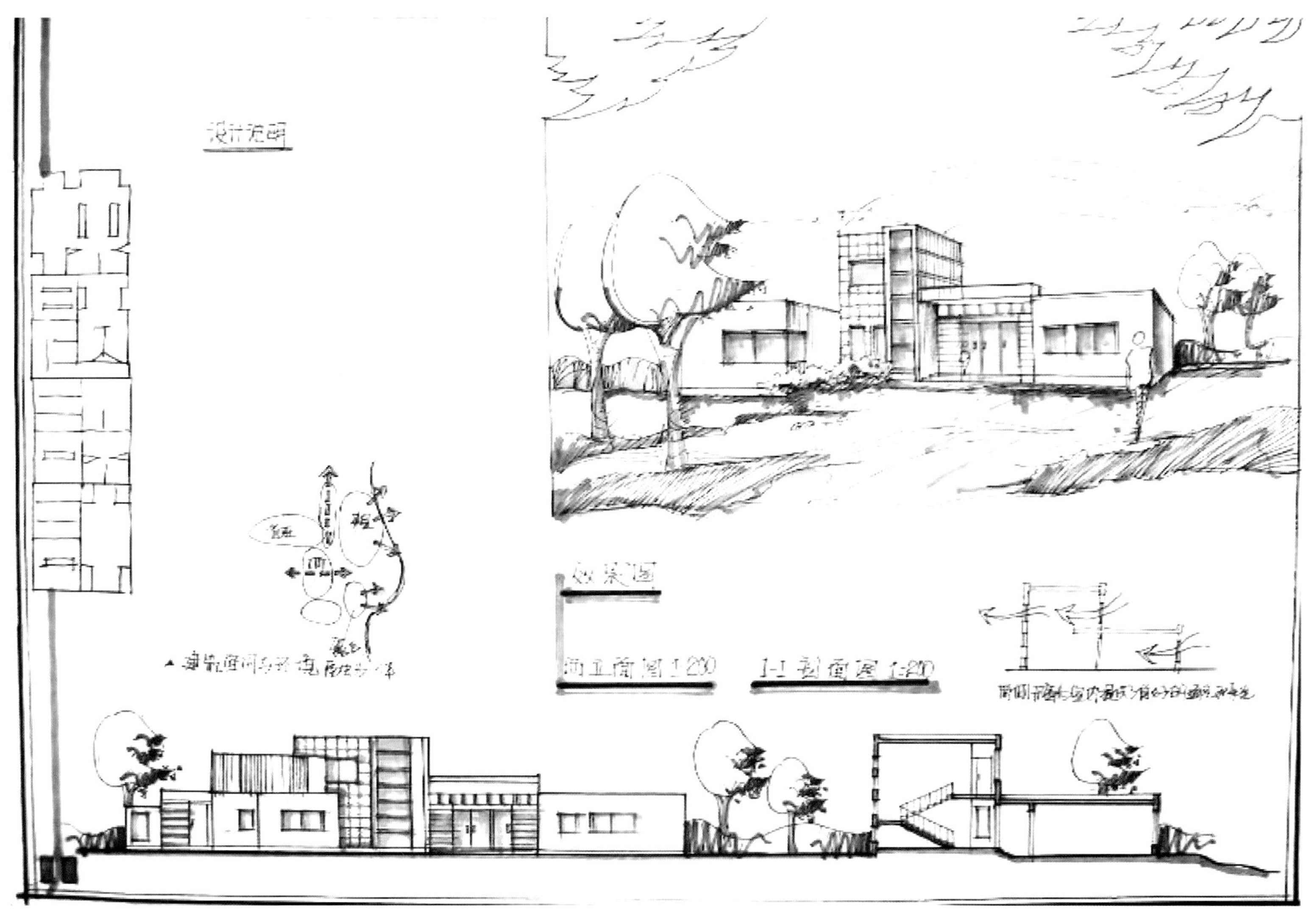

实例 3–3b　北京林业大学·徐玲玲·茶室设计·3 小时·A3 图纸

优点： 通过建筑与环境的分析，较好地表达了二者间的关系，同时从通风分析图中可以看出作者对于餐饮建筑规范和建筑通风有一定的了解。

效果图表现言简意赅，通过对近中远景的对比，使得图面具有层次感。

剖面图较详尽，表现出了室内地面的高低变化，地面线与屋顶线、看线与剖切线之间区分明显。

立面平面的对应性较准确；配景具有动感，对于烘托整体氛围效果较好。

整体构图较为合理，简洁明了，有一定的秩序性。

缺点： 立面图与效果图没有十分吻合，且建筑立面造型运用材质过多，马克笔色彩不搭，给人以杂乱之感，比例划分尚待推敲；剖面图局部梁柱体系表达有误，根据前图 1–1 剖切线，楼梯剖面有误。

设计说明未完成。

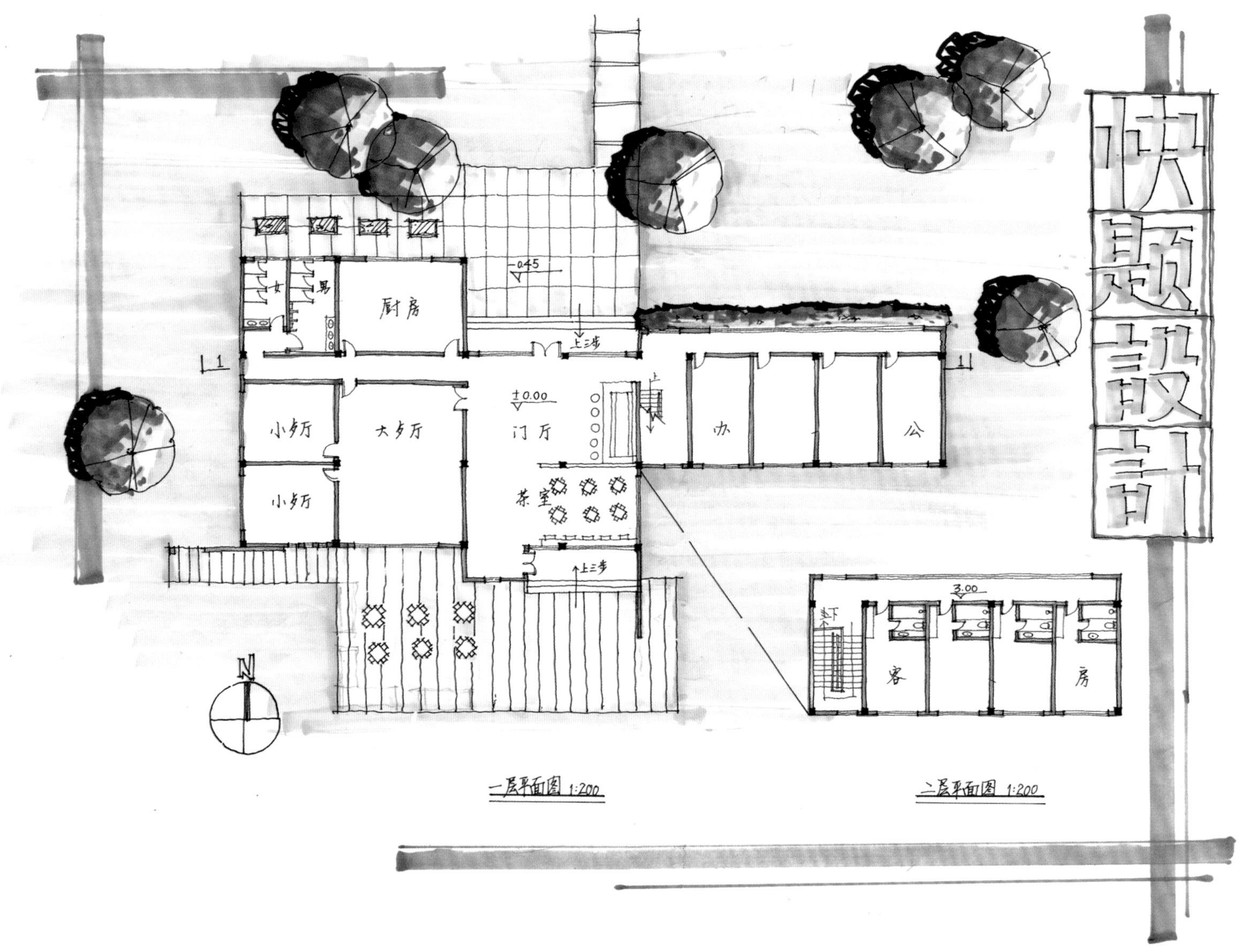

实例 3-4a 北京林业大学 · 邓慧娴 · 茶餐室设计 · 3 小时 · A3 图纸

优点： 画面简洁干净，版面布局合理紧凑，建筑物与周围环境有一定的表达。设有露天茶座，使建筑物内外互动，观景效果更佳。

平面的对应性较准确；配景具有动感，对于烘托整体氛围效果较好。

茶餐室设计与建筑的整体风格布局和谐、统一，通过借景、对景等设计手法与建筑内部空间互为延伸，相互交融，相互贯通，自然过渡。在视觉上保持景观尺度的平衡，从多视角进行观赏，使各部分的位置、形状、

缺点： 厨房服务人员和办公人员等没有单独的出入口，厨房进货或清货等功能受干扰；

建筑物与周围道路环境关系不明确；

没有设计说明。

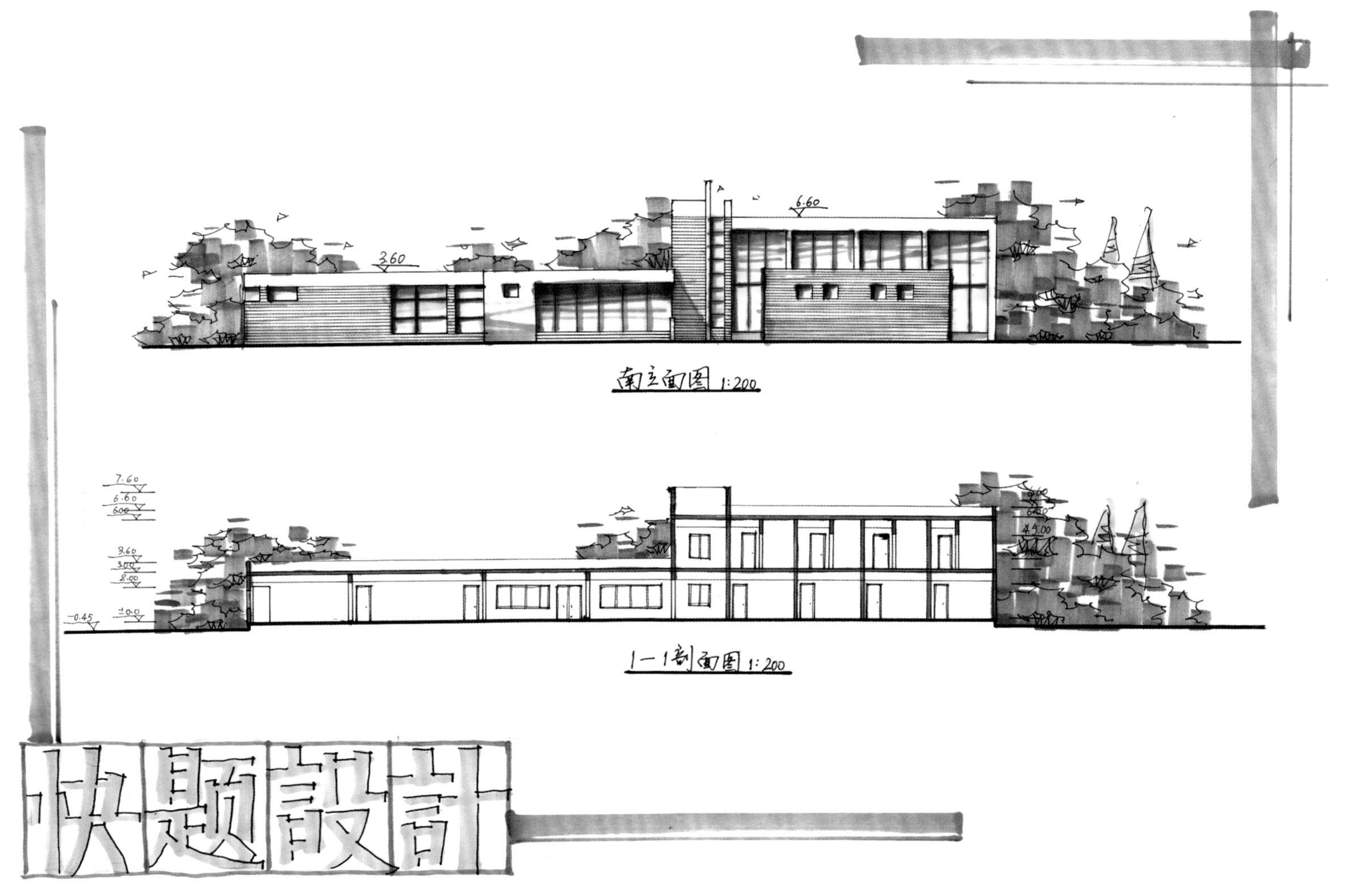

实例 3–4b　北京林业大学·邓慧娴·茶餐室设计·3 小时·A3 图纸

优点： 版面构图均衡，视觉效果清新亮丽，画面精致简洁，让人有一目了然的感觉。建筑立面虚实对比较为强烈，玻璃与石墙的结合符合艺术美学，竖线条与横线条之间的穿插与拼接富有灵活性。各体块之间以变化的“矩形”元素连接且富有节奏感。

植物配景用简单的马克笔画法表达植物，在丰富了图面的同时托出天空的感觉，言简意赅，并且使建筑物主体更加突出。

缺点： 缺少总平面图；

实例 3-4c 北京林业大学·邓慧娴·茶餐室设计·3 小时·A3 图纸

优点： 画面排版紧凑、匀称。效果图运用两点透视，利用前景树拓宽构图，画面虚实对比强烈。立面表现不同的建筑材料之间的结合，建筑物外形的高低变化前后错落有致，富有节奏感。建筑充分利用地形变化安排建筑，高差处理充满变化；手绘线条熟练流畅，整体表达简洁明快。建筑语言相互照应，设计不跳脱。

周围的植物环境很好地烘托了建筑的尺度与比例。

缺点： 视野前方的露天茶座表达与平面图有误差。该效果图表现得更像入口方向，

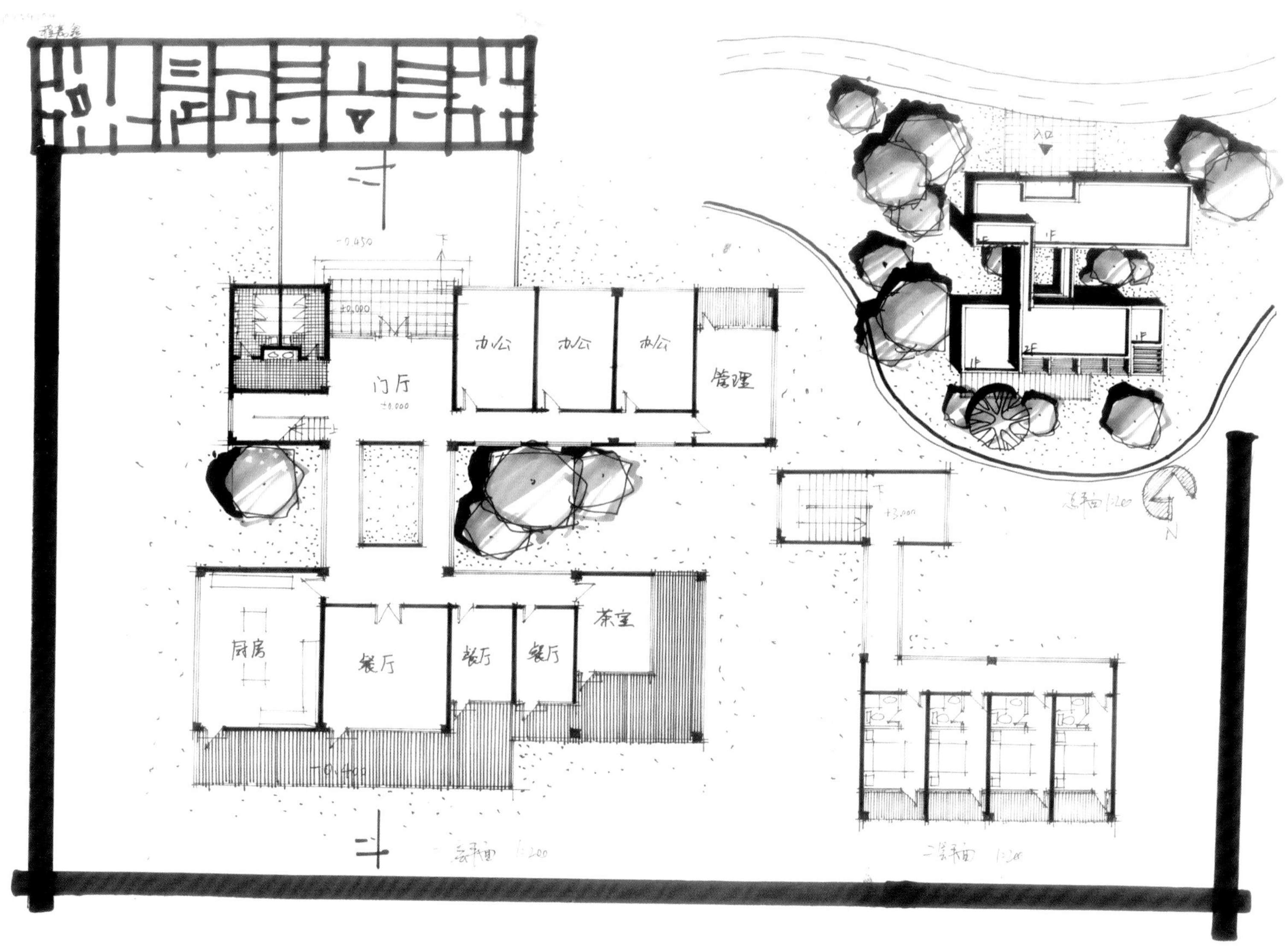

实例 3–5a　北京林业大学 · 程嘉鑫 · 茶室设计 · 3 小时 · A3 图纸

优点： 画面排版饱满、匀称，整体图幅比例均衡。平面构图和谐完整，建筑设计功能分布尚可，动静分区明确。建筑物与道路关系有机、联系较为紧密。利用周边环境嵌入美化，画面色调简单，显得画面干净利落。

缺点： 客房卫生间在餐厅上方不满足卫生标准。
没有写设计说明。

实例 3–5b 北京林业大学 · 程嘉鑫 · 茶室设计 · 3 小时 · A3 图纸

优点：工具画线条快速娴熟，画面视觉冲击力极强且苍劲有力，建筑空间、层次交代比较清楚，对周遭环境的表达充分而又不显多余。立面设计简洁而有节奏，竖向设计对比巧妙，使画面富有秩序感；

立柱等元素的使用丰富了建筑的立面造型，建筑灰空间的设计让建筑总体看起来不死板，富有变幻的空间效果。整体设计富有现代气息。运用线条来表现材质，通过阴影突出建筑的体量关系，较为清晰地说明了设计意图。配景植物、天空线条流畅，使图面富于变化，又统一协调。大面积的玻璃外墙烘托现代建筑意境。画面整体构成平衡，色调稳妥，建筑物阴影的表达使画面更具立体感。

缺点：缺少立面标高。

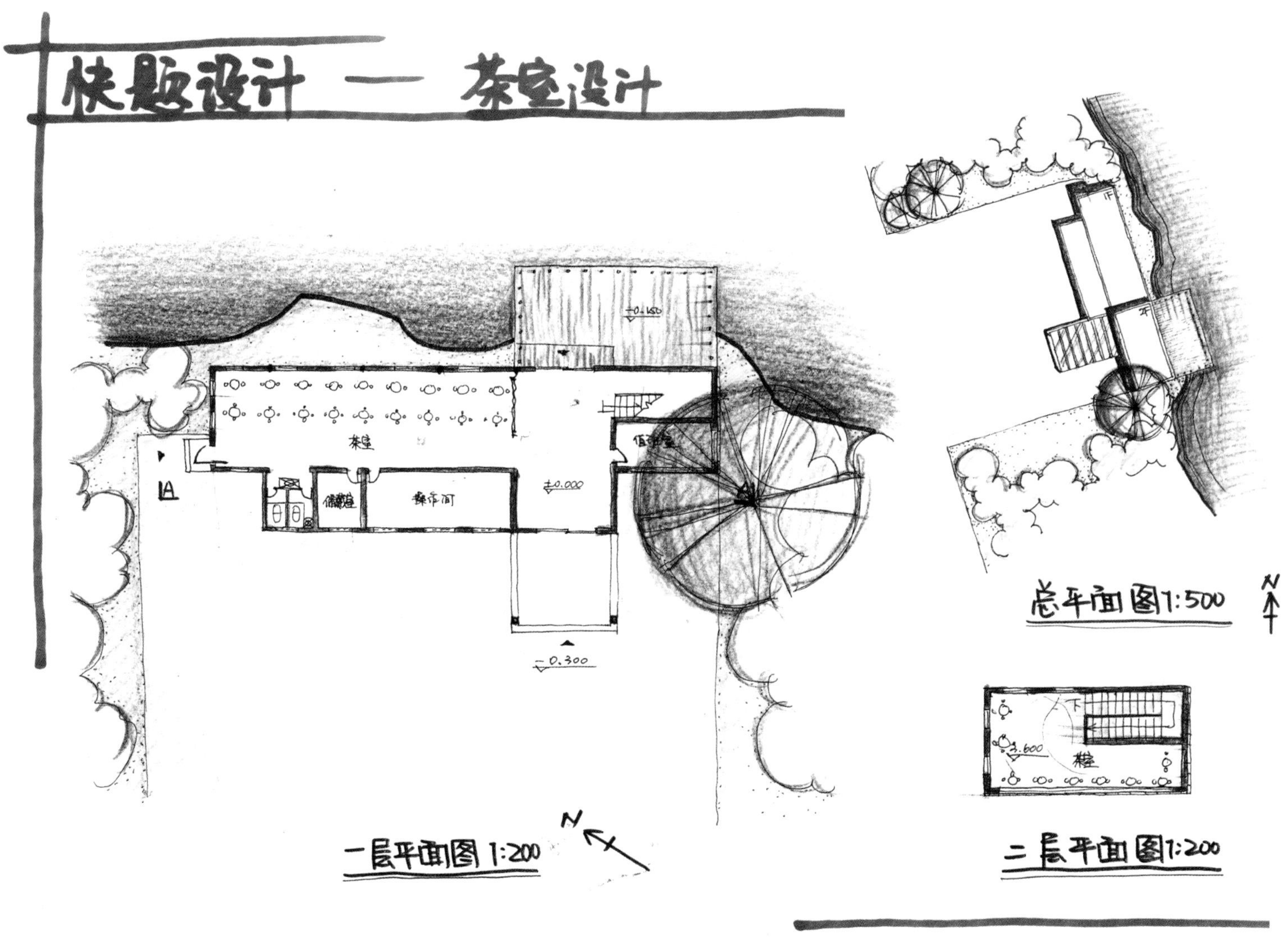

实例 3-6a　北京林业大学 · 杨忆妍 · 茶室设计 · 3 小时 · A3 图纸

优点： 版面构图完整，构图匀称，建筑物考虑周围环境及道路且有一定结合，建筑总平面朝向水面景观，平面功能布局合理，露天观景平台的设置使建筑物与环境融合。观景效果佳。茶室入口设置集散部分、餐饮部分、休闲部分、后勤管理部分和其他部分五类，承担社交活动的公共空间不可或缺，总体上满足了茶室建筑的功能。

运用彩铅表达画面的明暗虚实，画面显得干净、简洁。

缺点： 环境细节刻画不够，略显粗糙

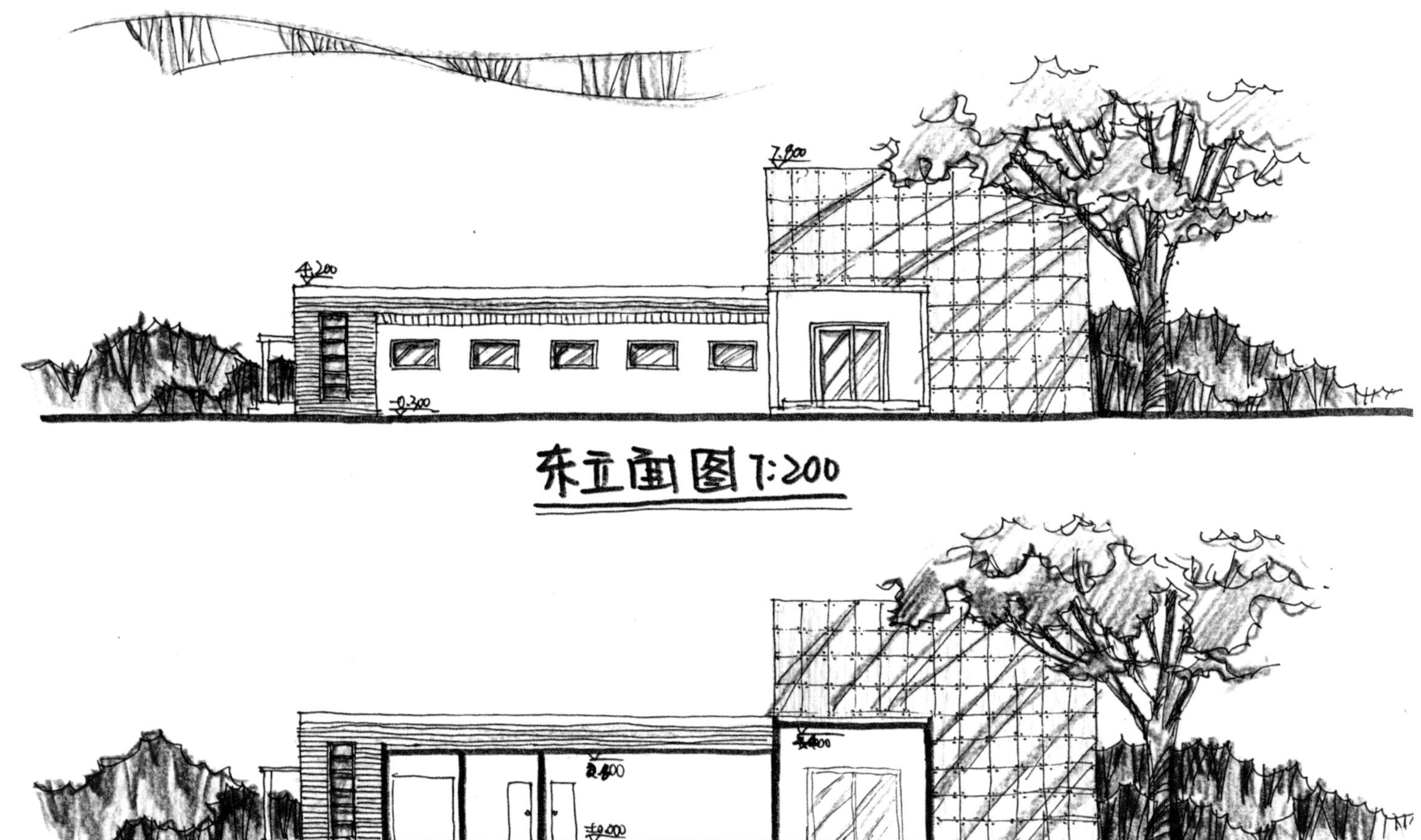

A-A剖面图 1:200

实例 3-6b 北京林业大学 · 杨忆妍 · 茶室设计 · 3 小时 · A3 图纸

优点： 画面排版均衡、匀称。徒手线条流畅。画面设计手法应用统一与变化，以方形体块相互交接，形成丰富的立面效果，建筑细节表达到位，横线条的重复使得建筑立面富有质感，且与配景植物的搭配刻画，能使得建筑的尺度表达更为直观，并丰富画面意境。

设计整体采用暖色调来渲染建筑氛围，色彩明快，表现力强。

缺点： 缺少透视效果图。

没写设计说明

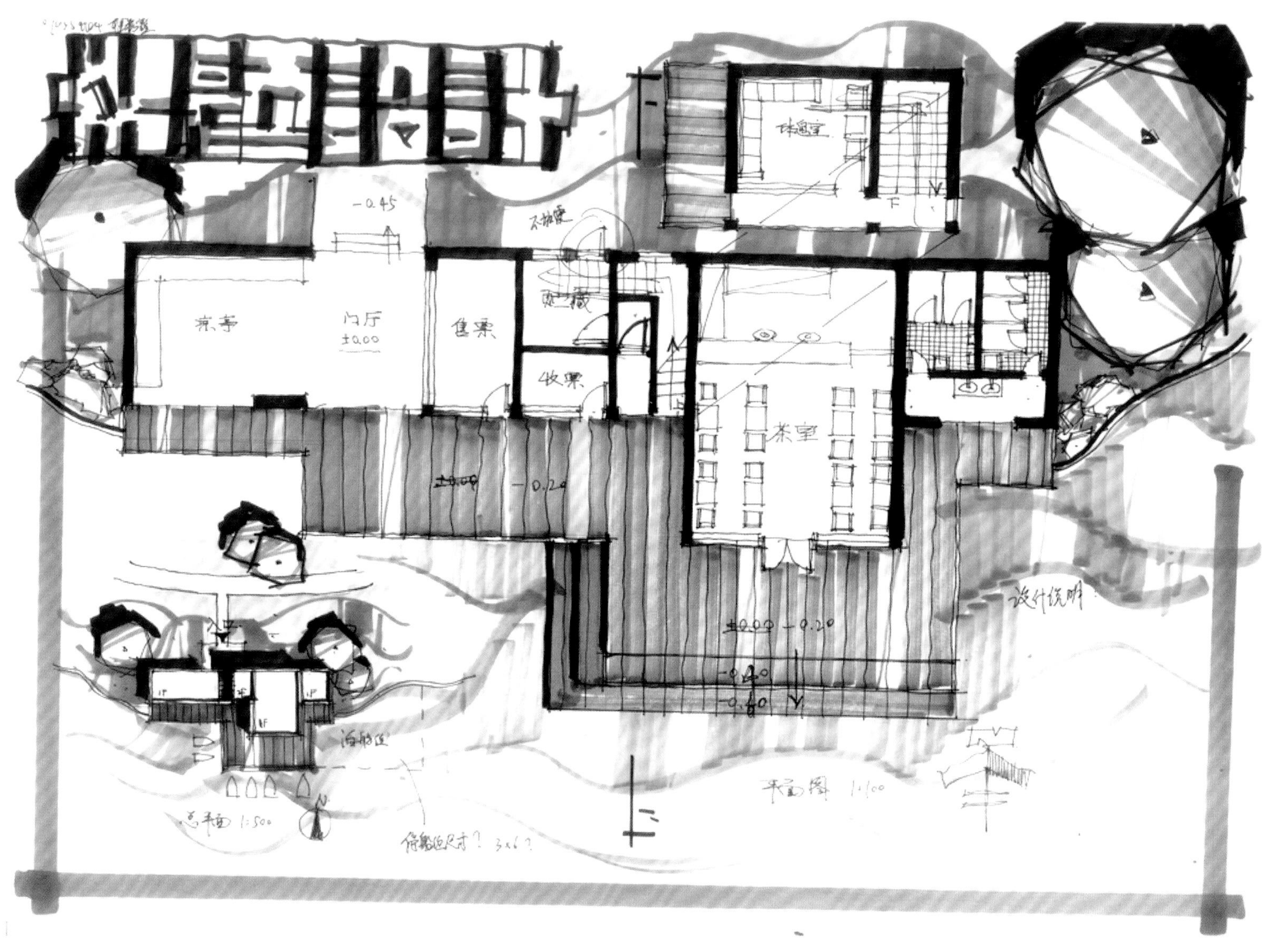

实例 3–7a　北京林业大学 · 程嘉鑫 · 茶厅设计 · 3 小时 · A3 图纸

优点：画面排版紧凑、合理，平面功能分区尚可，建筑布局与湖面、道路有机结合。利用观景平台组成交通主要流线。建筑物简洁的造型，方正、南面宽敞的空间，大胆的线条、色彩等都是设计中的要素表达。环境要素的表现不拘一格，有个性。平面的植物配景等活泼富有生气，加深了画面的明暗对比。

缺点：平面图中楼梯的画法上下层有偏差。
没有标出建筑二层平面名称及比例大小；
设计说明未完成。

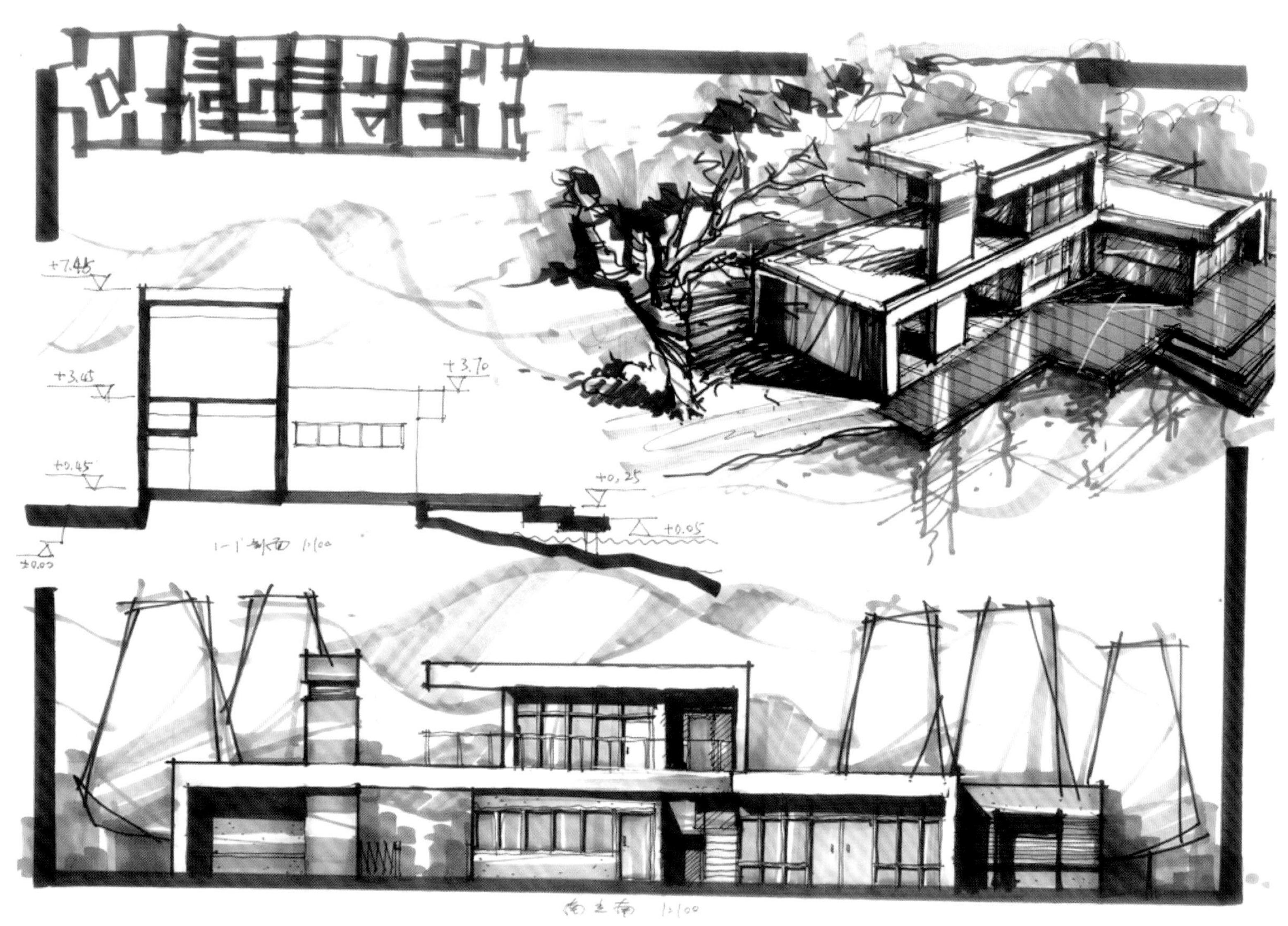

实例 3–7b　北京林业大学 · 程嘉鑫 · 茶厅设计 · 3 小时 · A3 图纸

优点： 版面构图匀称，徒手线条准确流畅，透视图表现奔放不羁，特别是背景树的着色简单潇洒，表现快速，衬托出主景建筑物的现代几何形体，建筑体块造型丰富，与内部餐饮空间结合，设计矩形石墙作为竖向建筑语言穿插于竖向空间，丰富灰空间的视觉感，增加设计的趣味性。剖面设计清晰明确，对外功能的餐厅排布在入口附近，对内功能的办公室排布在北侧较为安静的区域。马克笔冷暖色调搭配和谐，用色用线娴熟，整体画面统一感强。

缺点： 建筑剖面图楼梯层剖切有误；

立面没有标注标高。

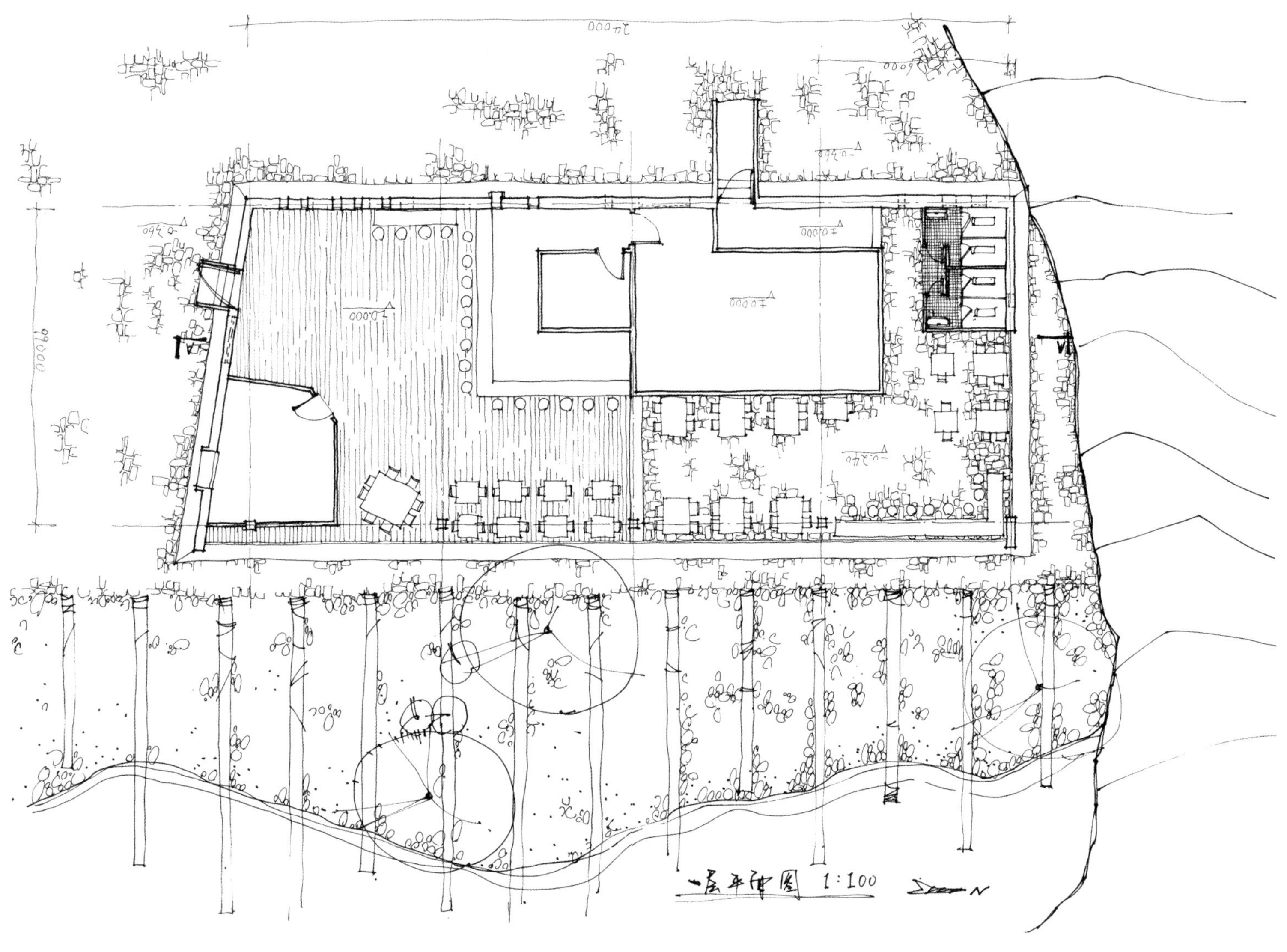

实例 3–8a　北京林业大学·陈卓群·风景区茶室建筑设计·3 小时·A3 图纸

优点：版面设计整体统一，徒手钢笔线条娴熟流畅，运用黑白色表现建筑平面铺地与环境，通过密排线和部分留白表现建筑材质，画面细节处理不呆板枯燥，表现了作者深厚的观察力与功底。平面选择围合式空间布局，建筑外围空间盒子内部将各功能分区整合，流线布置合理自然。简洁的环境关系表现，与繁复的平面形成对比，使设计画面刻画重点的同时又不过分盲目地追求全面，从而使画面赏心悦目。

缺点：没有写设计说明；

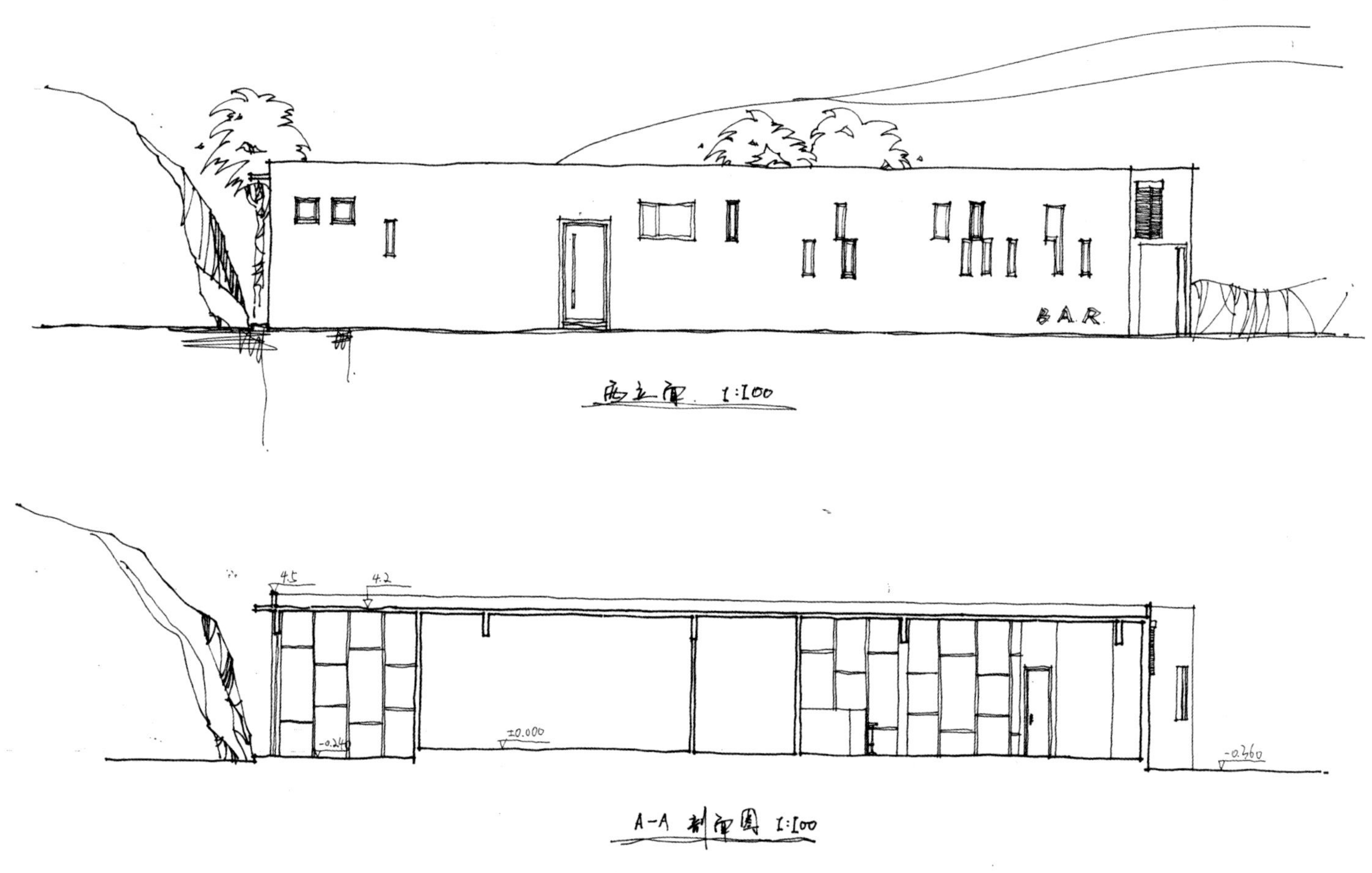

实例 3–8b 北京林业大学 · 陈卓群 · 风景区茶室建筑设计 · 3 小时 · A3 图纸

优点： 图幅版面匀称，表现效果轻松明快，寥寥几笔勾勒出天空和山体，与建筑个性相吻合，整体画面统一。

建筑立面开窗富有特色，简单的几何形体搭配体现韵律与节奏。

缺点： 植物配景的表现略显粗糙；乔木太小，显得建筑尺度很大；

立面没有标注标高。

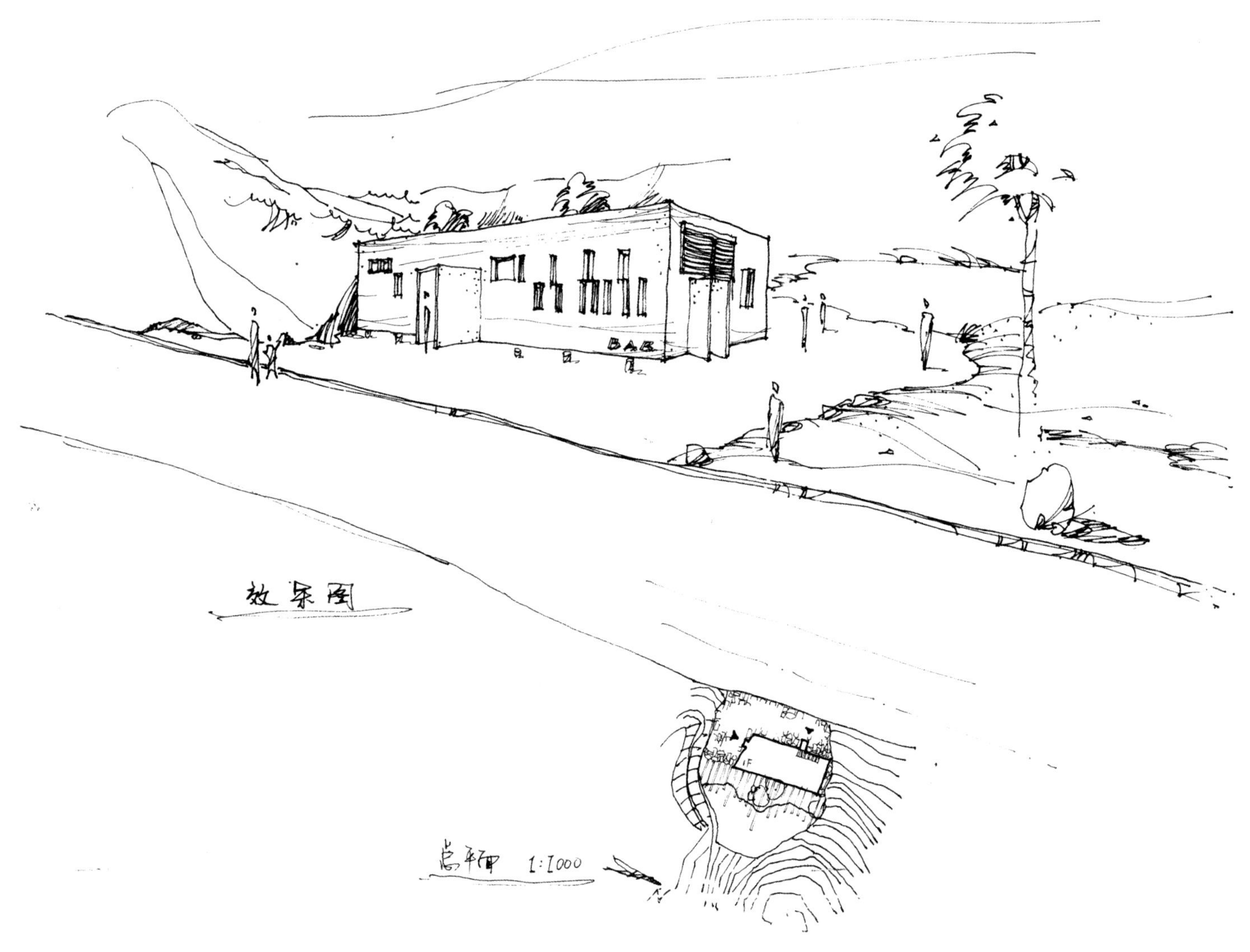

实例 3-8c　北京林业大学·陈卓群·风景区茶室建筑设计·3 小时·A3 图纸

优点： 三幅版图风格统一，类似版画，造型简洁生动，徒手线条娴熟，节奏轻快，富有艺术气息，营造出一幅宜人宜情的场景。

总平面布局与道路及周围山势走势关系布置有机，合理运用地形。

缺点： 效果图整体构图把握有误，建筑太小。画面近景略显空旷，建筑与地面交接关系不清楚。

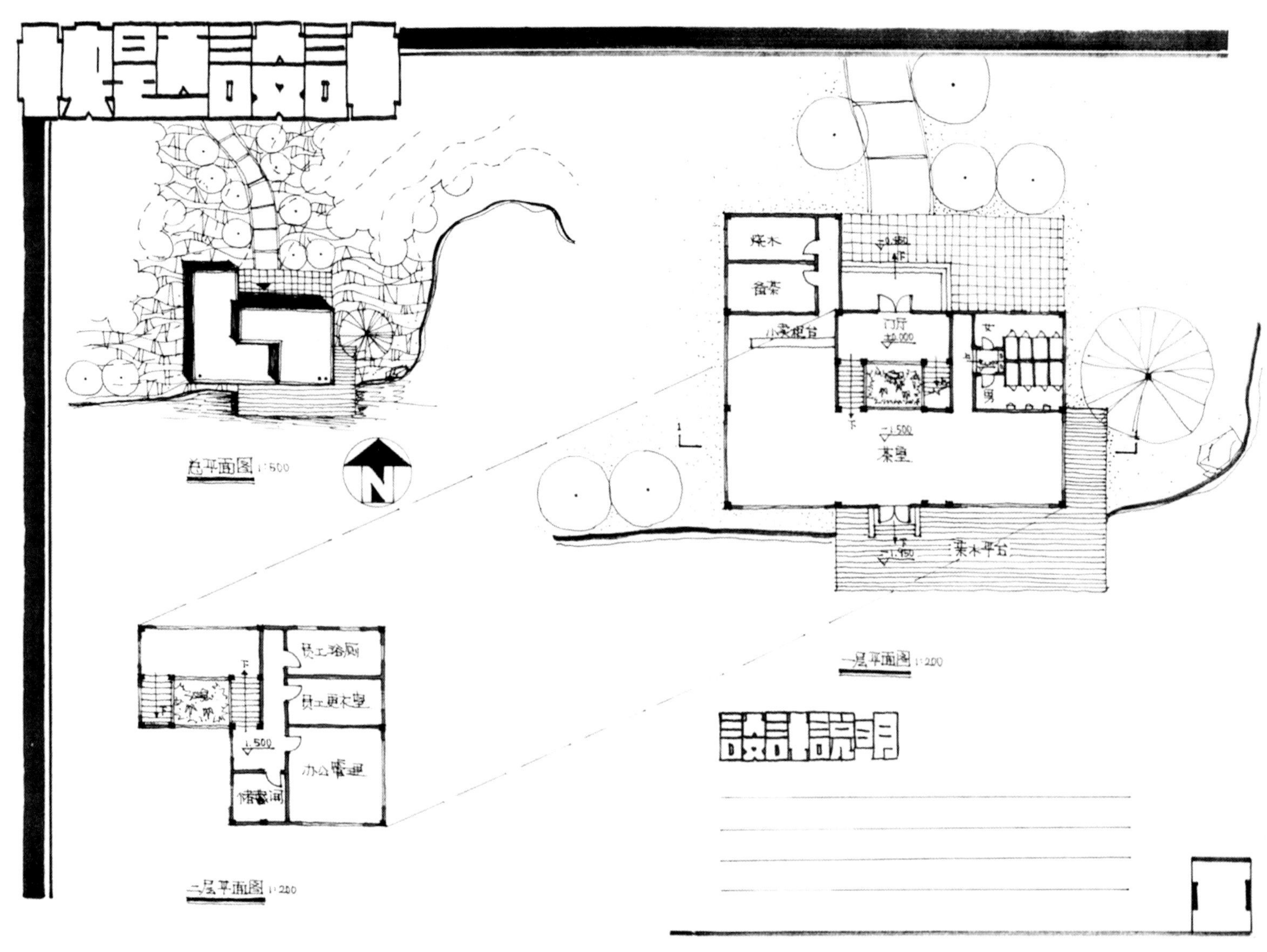

实例 3–9a　北京林业大学 · 魏晓玉 · 公园茶室 · 3 小时 · A3 图纸

优点： 版面构图匀称，画面清晰、简洁，平面图功能布局尚可，动静分区明确，门厅入口设置分流楼梯疏导不同人群，动线设计符合逻辑。建筑总平面布局结合道路、水面景观等进行合理安排。

缺点： 没有设置工作人员专门入口，画面配景树显得粗糙，细部刻画不够。

设计说明不完整。

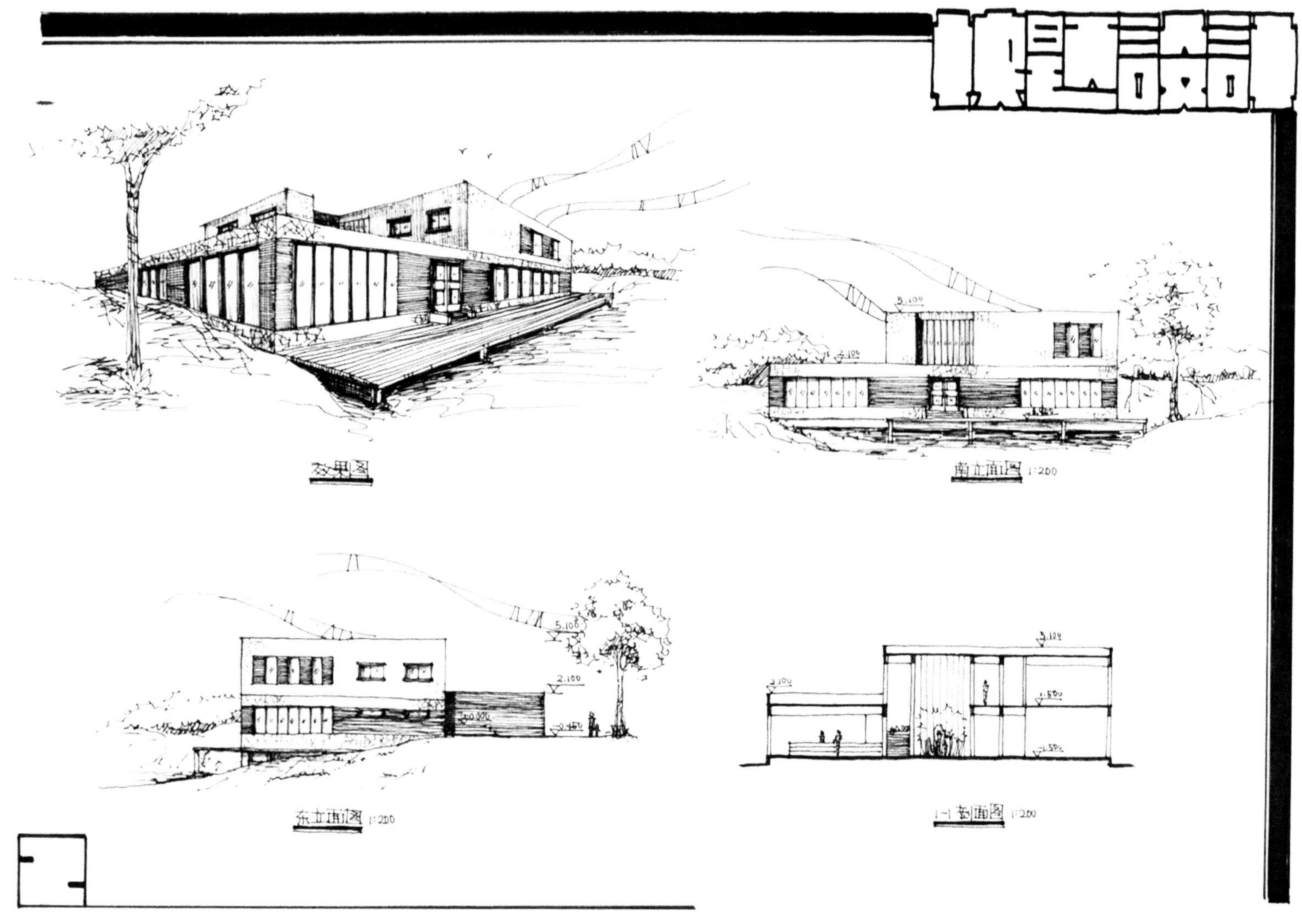

实例 3-9b　北京林业大学·魏晓玉·公园茶室·3 小时·A3 图纸

优点：版面布置紧凑，匀称，整体感强。建筑设计中特殊的地形环境，利用亲水平台衔接建筑与景观，岸边建筑的细节处理描写细腻，尤其是对建筑周遭小地形简洁地概括，使画面显得更加生动。手绘表现上其素描关系生动，利用黑白灰表述建筑物主体与环境关系。充分利用地形安排建筑。

缺点：立面没有标注标高。

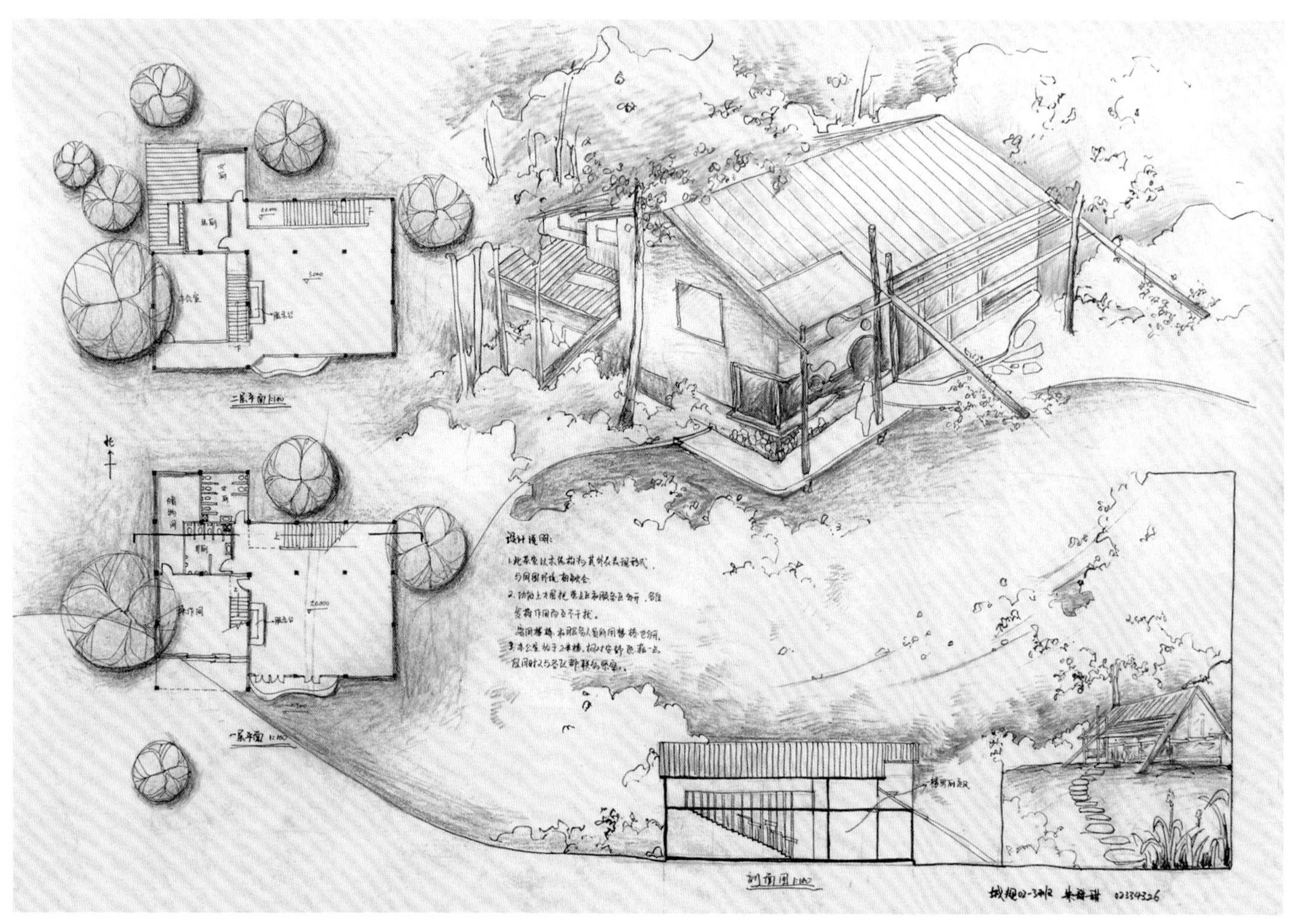

实例 3–10 北京林业大学城规 02–3 班・朱甜甜・茶室设计・3 小时・A1 图纸

优点：图纸的表达说明设计者具有相当的设计训练基础；设计方案本身充分遵照设计条件要求，利用原地形、地物进行设计，采用木结构，坡屋顶形式建造新建筑，内部采用大空间茶厅，充分吸取了民居建筑的质朴风格；

善于运用廊及其变化形式作为连接过渡空间，利用对景、分隔、借景等手法丰富和扩大入口空间效果；

功能分区明确，动线合理，屋顶形式、空间围合与建筑平面的伸缩结合起来，为整体造型的丰富创造了条件；

较为自然的建筑风格体现了与环境的结合。

缺点：入口空间的引导标识功能欠缺；值班室远离入口，平台紧贴主体建筑的做法都不适宜，平台可扩大并向水面延伸；

卫生间没有自然采光；“L”型的工作间在使用上不方便，应当设专用出入口，不宜与茶室混杂；

细部节点和茶室内的布置尚需进一步深入表现；（图中的墙体因拍摄原因变形为曲线。）

楼梯未设置休息平台；剖切符号表现有误。

设计说明：

- 此茶室以木结构为其外在表现形式，与周围环境相融合。
- 功能上力图把营业区和服务区分开，各自发挥作用而互不干扰。客用楼梯和服务人员所用楼梯也分开。
- 办公室放于 2 楼，相对安静隐蔽一点，但同时又与各区都联系紧密。

二、俱乐部、小旅馆

1. 概念及基本特征

俱乐部是一类主要提供社会交际、休闲娱乐、文教展示场所的公共建筑，有时兼具住宿功能。小旅馆则以住宿为主，休闲娱乐空间和俱乐部相比较少。但两者都为风景园林建筑中综合性较强的建筑类型，对功能流线和动静分区的把握尤为重要。

通常把俱乐部分为度假型俱乐部和专业型俱乐部。度假型俱乐部多见于风景游览区域内，使用群体多为休闲娱乐度假的游客，设计较为多元化，有各种康复健身娱乐活动供选择，带有较强的综合性质，功能较为完善。这类俱乐部非常注重室外、室内的环境配合，以优雅舒适的风格为宜，活动设施有动有静，也可包括酒吧、茶餐厅、游泳池等。专业型俱乐部如书画创作中心、车友俱乐部、摄影师俱乐部、青少年活动中心等，功能特色更为突出，有较强的针对性，要注意根据使用者的具体需求安排布局。俱乐部相较于其他园林建筑需要为室外活动提供更大更丰富的场地，以满足人们的娱乐休闲需求。俱乐部建筑中所提供的活动内容基本上都没有固定的构成模式，所以建筑的组成也往往会因为其服务对象、建设条件不同而存在较大的差别。

小旅馆除住宿和基本的餐饮服务，其他具体功能根据其服务对象的不同有所差异，现代旅馆的功能有时还包括娱乐、社交、商贸洽谈、办公等，近年也涌现出一批具有地方特色、别具一格的小旅馆，旅馆建筑向着多样化、多档次的方向不断发展。旅游旅馆、假日旅馆、会议旅馆、汽车旅馆和小型招待所等都属于该类型。

小旅馆一般位于交通方便、地形地质条件较好的位置，随着人们出行的增加，对小旅馆的要求也越来越高，设计者在使建筑为人们创设方便、宜居的住宿空间的同时，也要注意建筑周边环境的利用和庭院、入口等空间的景观处理，为人们提供放松身心的舒适场所。

小旅馆设计一般可处理为分散式或集中式两种，分散式适用于用地条件比较宽敞的地段，各功能空间平展分布，通过建筑围合可以在建筑之间形成 1 到 2 个室外场地。集中式的则比较适用于面积较小的基地，但要格外注意内部交通的流畅便捷、建筑形体的丰富错落，切忌将建筑做的单调、呆板。

2. 设计要点及规范

俱乐部的组成一般分为入口集散部分、餐饮部分、休闲部分、后勤管理部分和其他部分五类。有的俱乐部由于需要还设有客房部分。除了餐饮、休闲之外，俱乐部设计当中还要强调社会交际、文化交流的功能，所以承担社交活动的公共空间不可或缺，一些俱乐部当中还要考虑为不定期举办的各种活动提供场所，促进交流。（图 2–1）

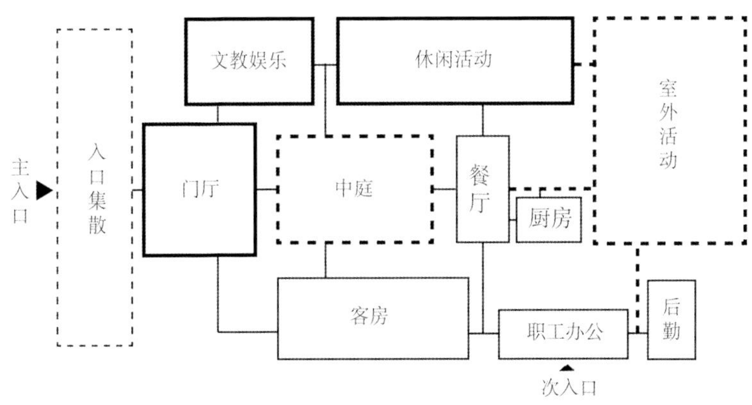

图 2–1 俱乐部功能流线关系图 （绘图：刘梦）

入口集散部分主要包括俱乐部入口、门厅、中庭和总台管理。俱乐部一般为全封闭经营，所以往往要求入口要具有一定的私密性，例如可以运用广场或绿地将入口和道路分隔开来，还应避免入口正对道路，要偏开或旋转一定的角度。门厅和中庭是俱乐部室内空间的联系枢纽，是室内外的过渡空间，起着导向和分散人流的作用，同时还起着塑造整个俱乐部基调和气氛的作用。在该部分可设置休息区、商务中心、小型购物等公共服务项目，方便客人的使用。总台管理的位置应在门厅内明显的位置，便于咨询和办理各种手续。

餐饮是俱乐部必需的一个项目，相较旅馆建筑类型更为丰富。由于设计中的场地面积制约，要多考虑空间的灵活运用，例如餐厅可兼做会客场所，设计时可以把餐厅同休闲娱乐部分等联通或者可以灵活分隔为小餐厅和包间。

休闲部分通常涉及室内和室外活动场地，根据俱乐部主题设计相应的文教、娱乐项目。室内休闲包括多功能厅、展厅、老年活动和儿童休息的场所、各项球类运动、棋牌、健身、游泳场地等，满足不同顾客的需要。室外休闲包括高尔夫发球场、室外游泳池、网球场、书画创作展览区、露天茶座等。室内外活动场地要有直接、紧密的联系，设计时一方面避开顾客休息区域，另一方面要格外注重景观的营造，可通过“借景”或与中庭相结合布置的方式创设良好的景观视线。

常见小旅馆分为客房部分、公共部分、辅助部分，客房部分主要包括各类客房、卫生设施、客房层服务管理用房；公共部分主要包括门厅、餐厅、会客休息、小卖、会议室、康乐设施等。辅助部分包括厨房、洗衣房、库房、设备用房和职工办公用房。在总平面设计时除安排好主体建筑外，还应安排好出入口、广场、停车场、附属设施、绿化、建筑小品等，有的旅馆还要考虑游泳池、网球场、露天茶座等。（图 2–2）

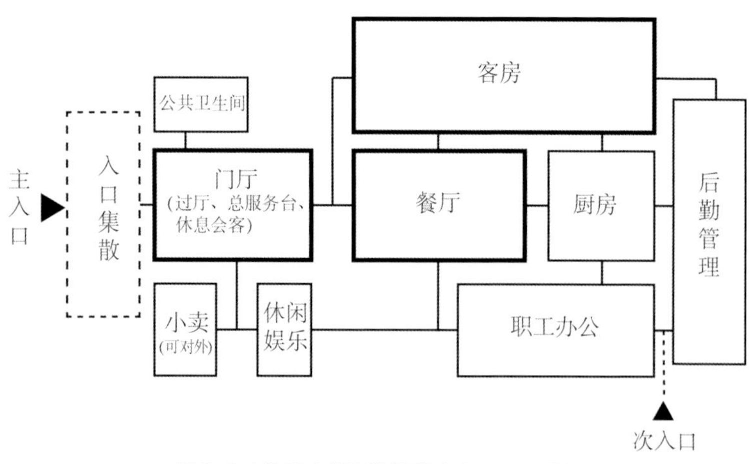

图 2–2 小旅馆功能流线关系图（绘图：刘梦）

主体建筑位置应突出，客房部分应日照、通风条件好、环境安静。门厅、休息厅、小卖、餐厅应靠近出入口，便于管理。厨房、动力设施、办公区域应有对外通道，不干扰其他部分的正常使用，不影响城市景观。

出入口一般至少设置两个，主要出入口必须明确，易于辨认，并能直接引导旅客到达门厅，应根据使用要求设置门前车道，和残疾人通道，入口上方应设置雨棚。次要出入口供后勤服务和职工出入使用，最好设置在次要道路上。对外营业的小卖、餐厅的小旅馆应设有独立出入口，不应影响小旅馆本身的使用功能。

门厅包括一般交通面积和等候面积，这些面积把旅客引向接待、出纳、问讯以及其他功能区，一起组成旅馆对外办公的一套服务设施。在大多数旅馆中，门厅实际上成为一个交通枢纽，应使各功能区互相既有联系，又不干扰，合理组织各种人流路线，避免交叉。小旅馆门厅设计可以和内庭、中庭结合起来，其功能扩展到餐饮、小型购物、娱乐、交往等，成为多功能共享空间。

客房类型分为套间、单人间、标准间。单人间进深不小于 6.3m，开间不小于 3.6m（图 2–3）；标准间进深不小于 6.3m，开间不小于 3.6m（图 2–4）；套间进深不小于 7.4m，开间不小于 7.8m（图 2–5）。三种房型净面积分别不小于 20m^2、6m^2、10m^2。客房居住部分净高度不应低于 2.4m，利用坡屋顶内空间作为客房时，应至少有 8^2 面积的净高度不低于 2.4m，卫生间及客房内过道净高度不应低于 2.1m。客房层公共走道净高度不

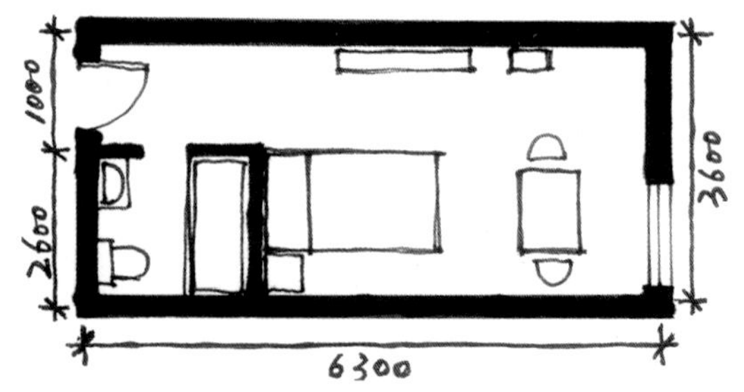

图 2–3 小旅馆单人间示意图 单位：mm（绘图：刘梦）

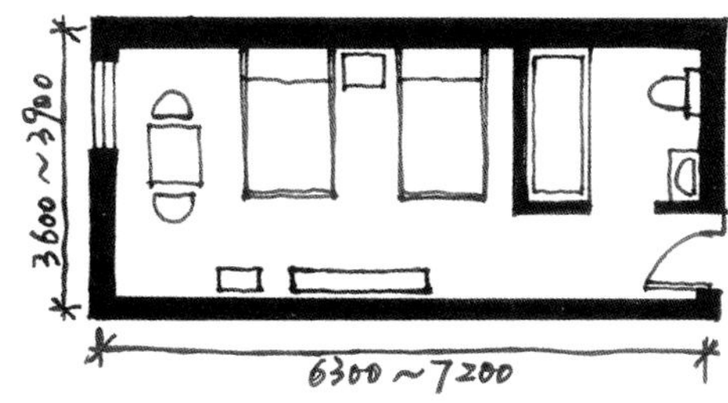

图 2-4 小旅馆标准间示意图　单位：mm（绘图：刘梦）

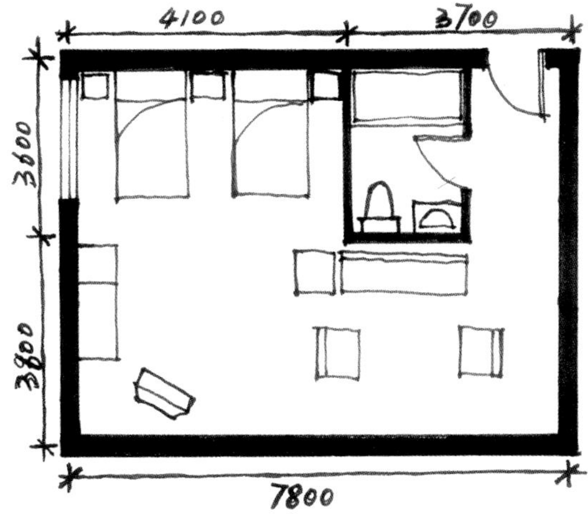

图 2-5 小旅馆套间示意图　单位：mm（绘图：刘梦）

应低于 2.1m。对于不设卫生间的客房，应设置集中的卫生间，卫生间不应向客房或走道开窗。

旅馆一般会设置不同规模、风格的餐厅、茶厅或者咖啡厅，餐厅设计应该考虑到房间的特色，室外的景致，家具的摆放、顾客和职工的交通流线等问题。餐厅除了要考虑本身的布置满足不同客人的要求，还要解决客人用餐时的景观需求，应根据餐厅所处位置选择良好的景观视线，或邻近建筑内庭院，或借建筑外侧之景，利用窗户来取得良好的视野，或作为一种广告的形式吸引行人的注意，使人们在用餐时有景可观。当餐厅同时也对外营业室，应有单独的对外出入口，面积可加大，并设衣帽间、卫生间等。

厨房的位置应与餐厅联系方便，并避免厨房的噪声、油烟、气味及食品储运对公共区和客房区造成干扰。

职工用房包括办公室、卫生间等，应根据小旅馆的实际需要设置。位置及出入口应避免职工人流路线与旅客人流路线互相交叉。

小旅馆的绿化一般有两类：一类是建筑外围或周边的绿化，美化街景，减少噪声和视线干扰，增加空间层次；另一类是封闭或半封闭的庭园，丰富小旅馆的室内外空间，改善采光、通风条件。

2.3、实例

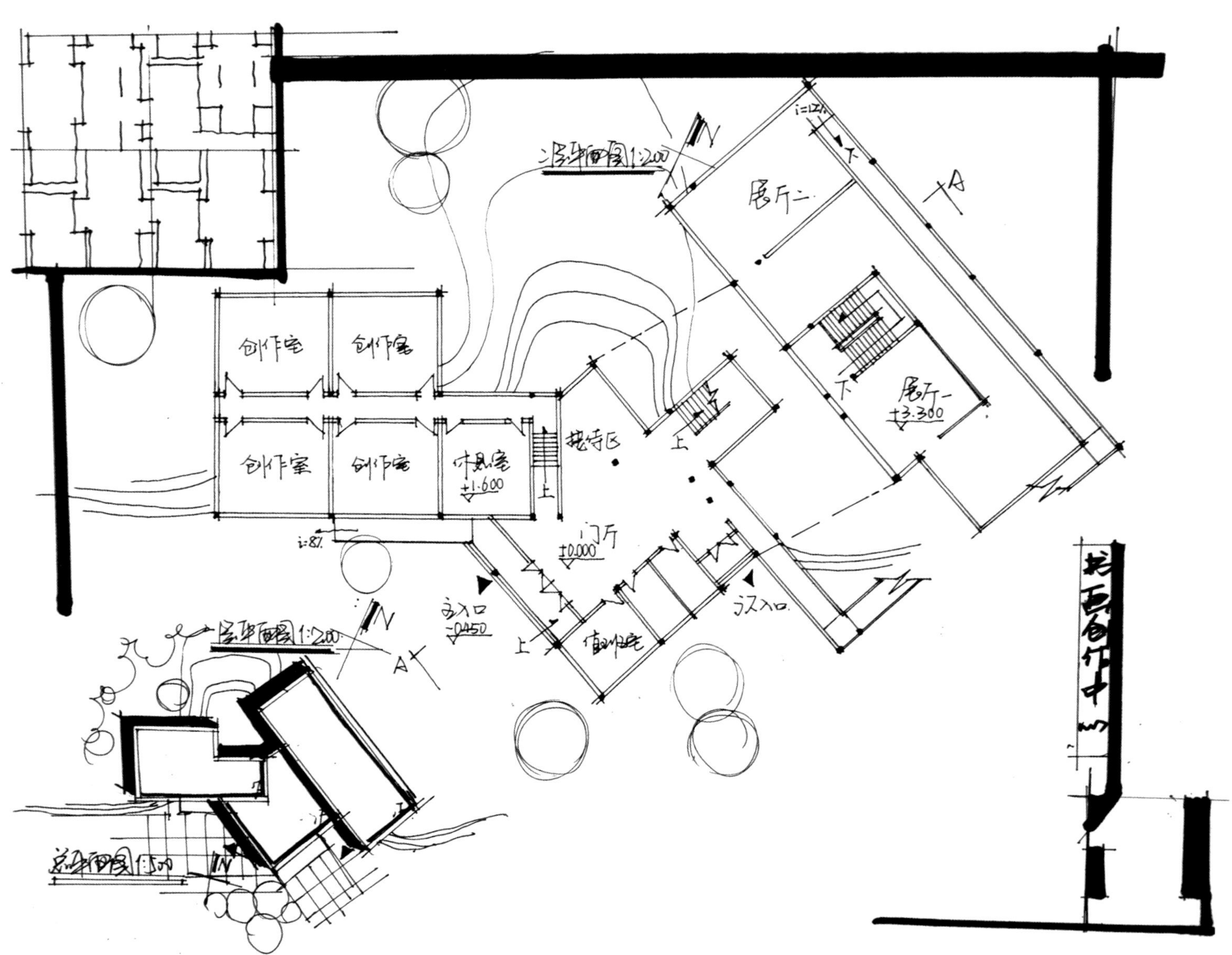

实例 3-11a 北京林业大学·公超·书画创作中心·3 小时·A3 图纸

优点：排版清晰紧凑，建筑形式灵活独特；充分利用地形变化安排建筑，高差处理富于变化；线条熟练流畅，整体表达简洁明快，立面配景简单几笔却足可看出扎实的表现基础。

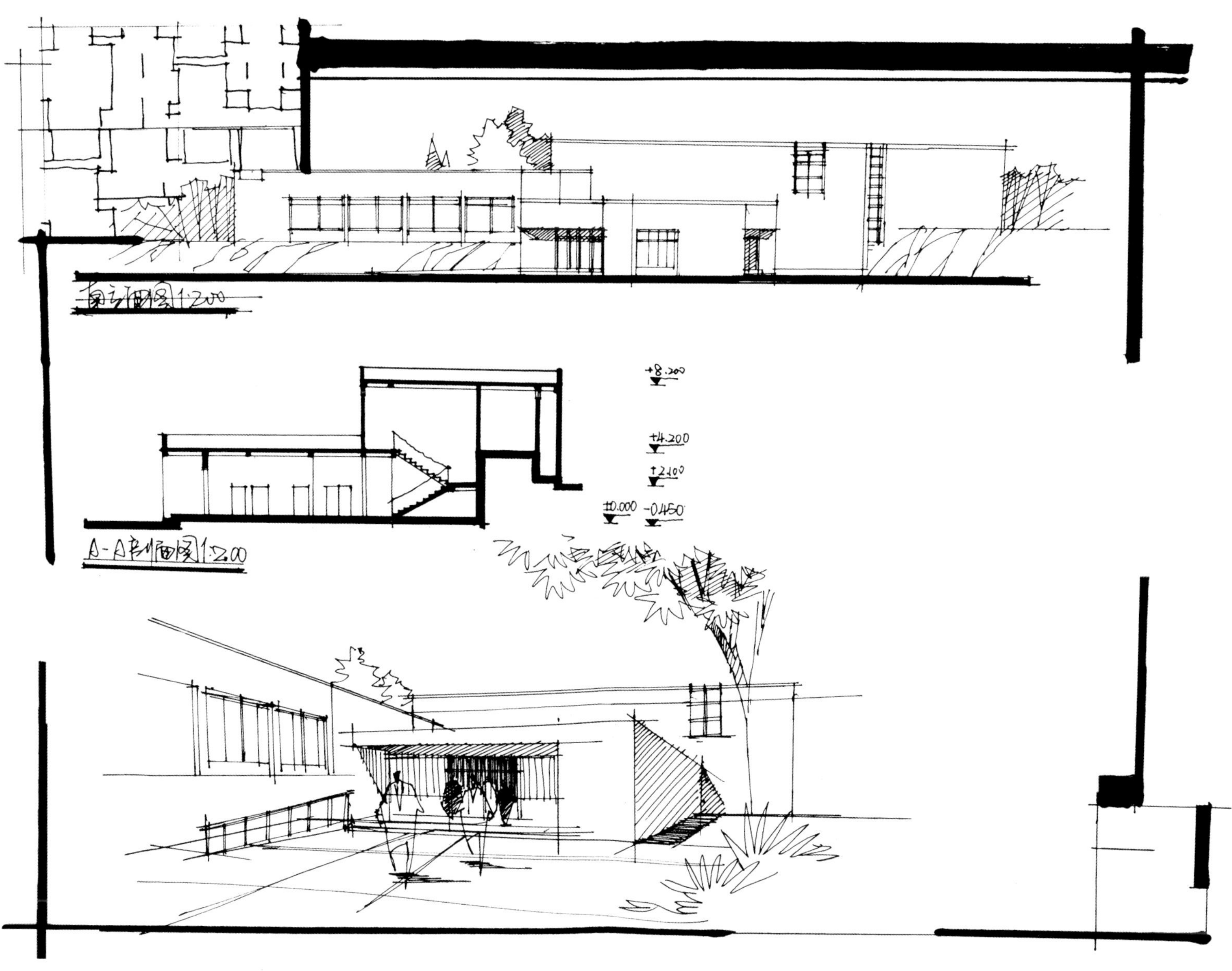

实例 3–11b　北京林业大学·公超·书画创作中心·3 小时·A3 图纸

缺点： 动静分区不合理，创作室过于靠近主入口，不能为创作提供安静的环境，展览区与主入口的距离过远不便到达；

平面图缺少窗户的表达；

房间进深和开间比过小，休息室和创作室开门过多；

外立面门窗形式不够丰富略显呆板，阴影表现不到位削弱立体效果；

接待区的锐角空间浪费，可使用室内绿地或小庭院加以解决；

效果图视角过小，不能充分得表现出建筑整体的效果。

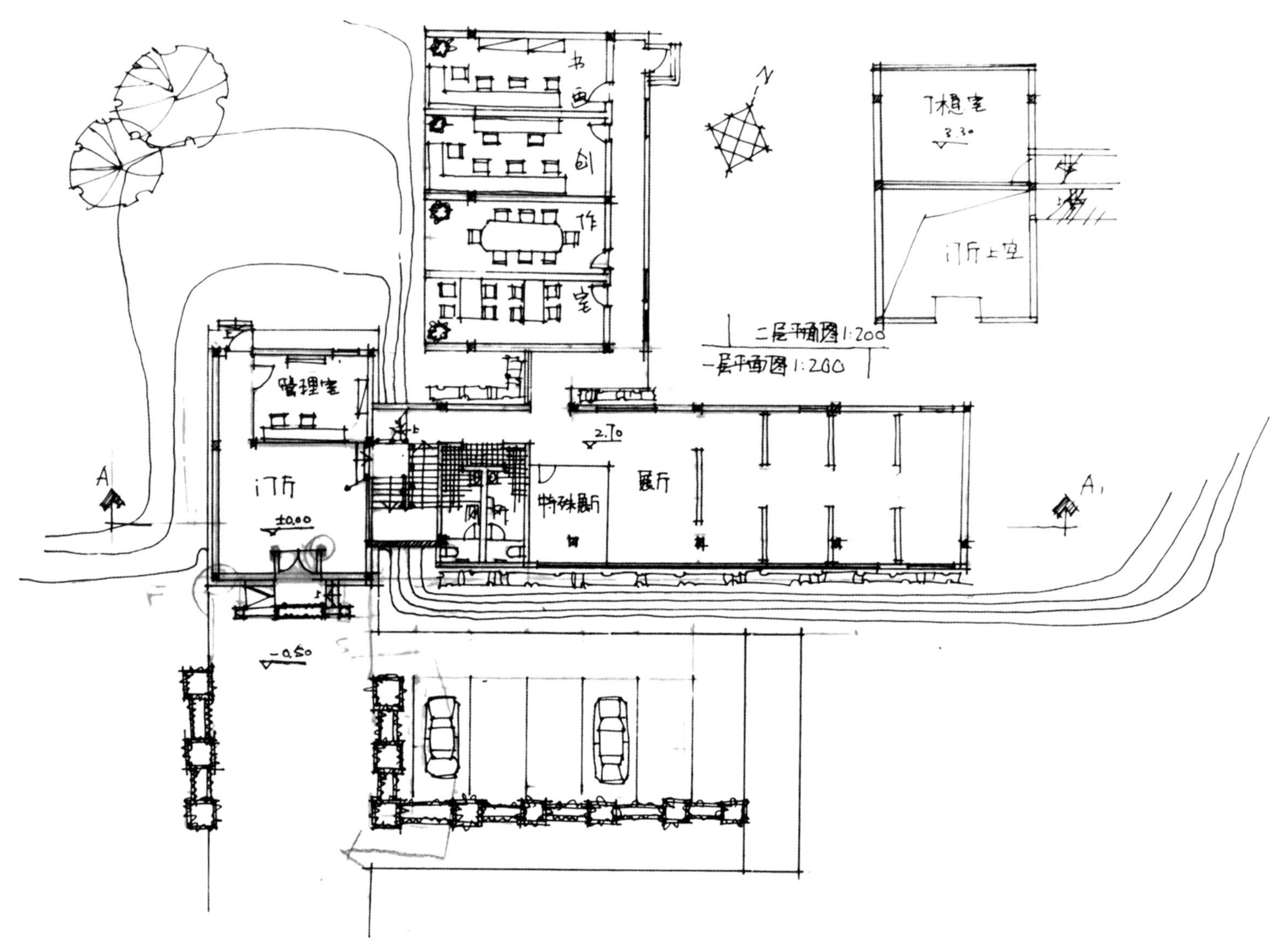

实例 3–12a　北京林业大学 · 王昱 · 书画创作中心 · 3 小时 · A3 图纸

优点： 建筑设计与环境地形良好结合，充分利用地形进行了错层设计；

交通组织灵活，楼梯间设计巧妙；

建筑体块造型丰富，与内部展示空间结合，增加设计的趣味性。平面分区清晰明确，对外功能的展厅排布在入口附近，对内功能的创作室排布在北侧较为安静的区域；

立面造型丰富，采用折线元素，与地形起伏相呼应。

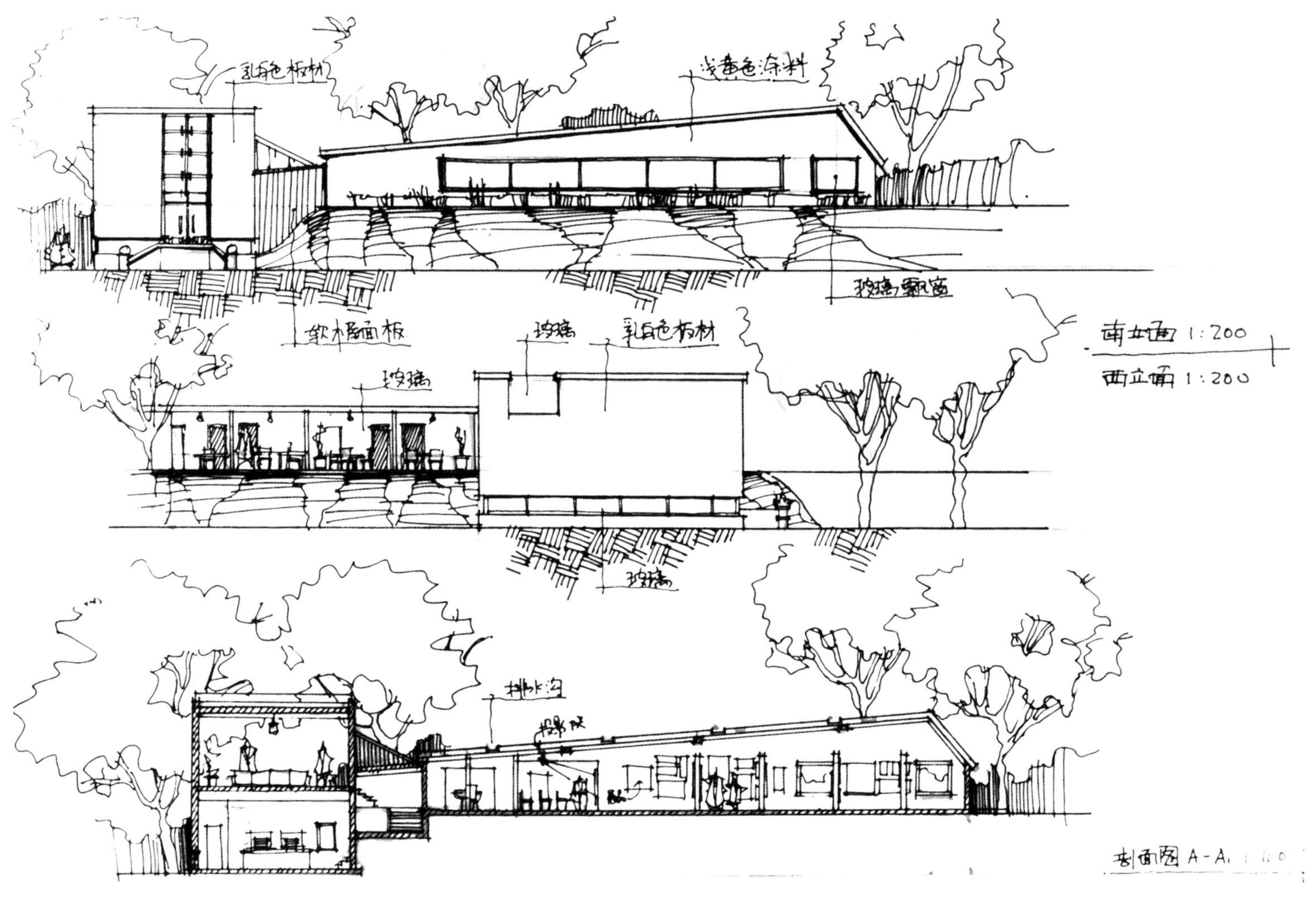

实例 3–12b　北京林业大学 · 王昱 · 书画创作中心 · 3 小时 · A3 图纸

缺点：缺少总平面图；

展览路线没有设计为环路；

展览空间采光面积过大，不利于进行书画布展。特殊展厅隔墙绘图错误，应为双线；

剖面缺少竖向标高。

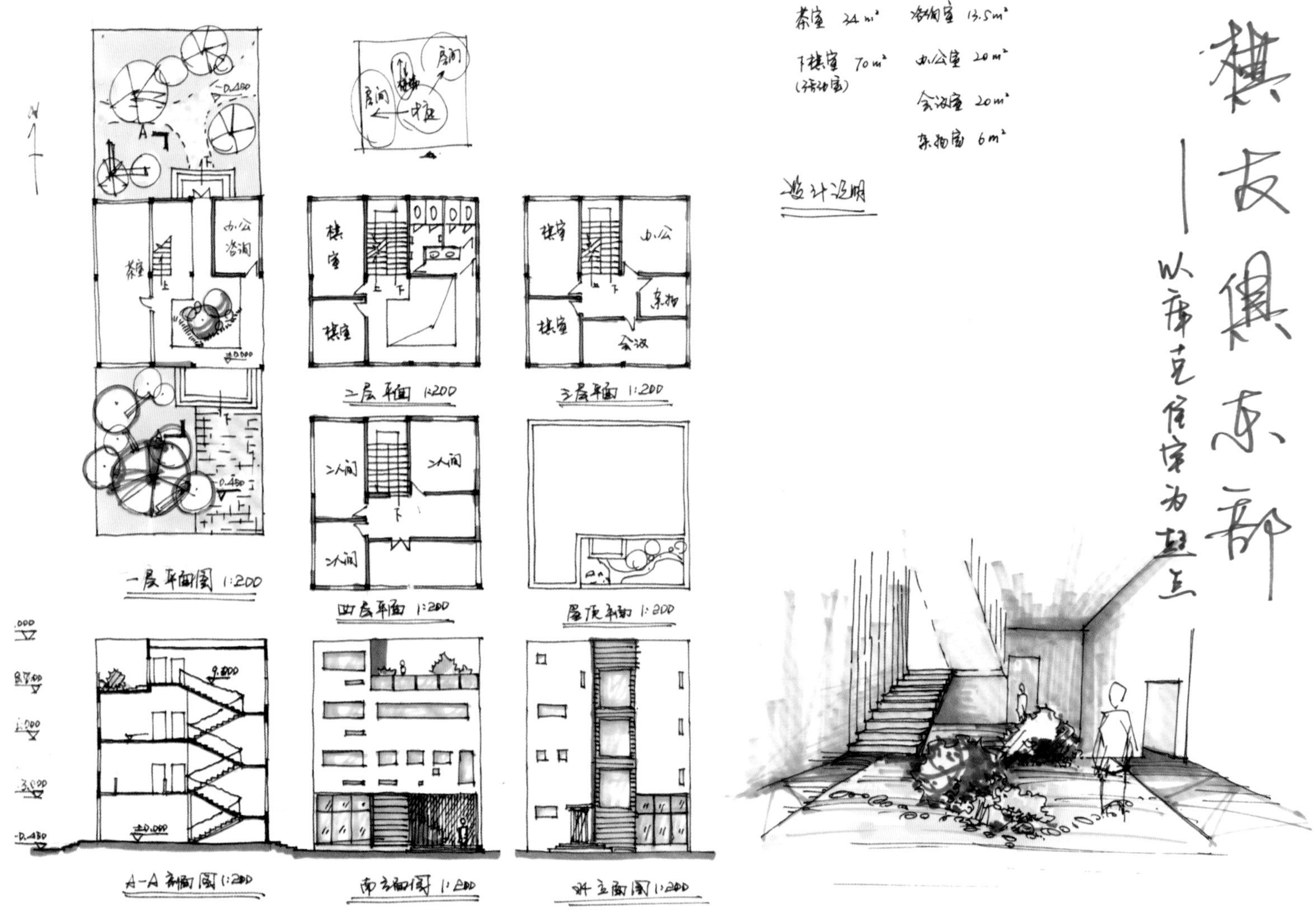

实例 3-13 北京林业大学 · 李景 · 棋友俱乐部 · 3 小时 · A3 图纸

优点：版面构图均衡，徒手钢笔画线条运用流畅、娴熟，平面功能布局合理，分区明确，建筑立面门窗开洞丰富有趣，各立面建筑语言相呼应，运用统一与变化的设计手法，使建筑总体呈现一种年轻活泼的形态，

缺点：建筑室内透视效果表达粗糙，透视点不对
立面缺少标高；
设计说明不完整。

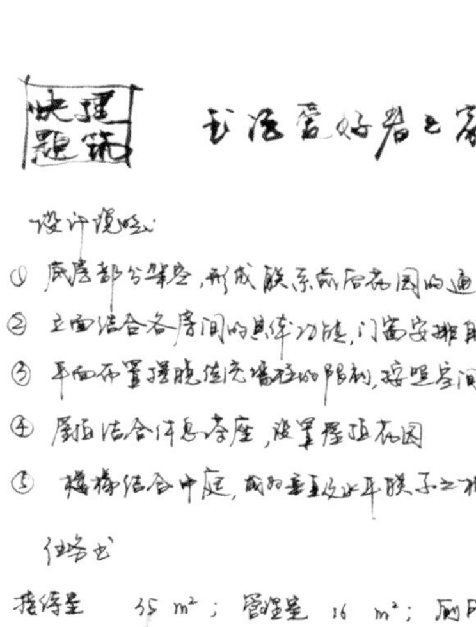

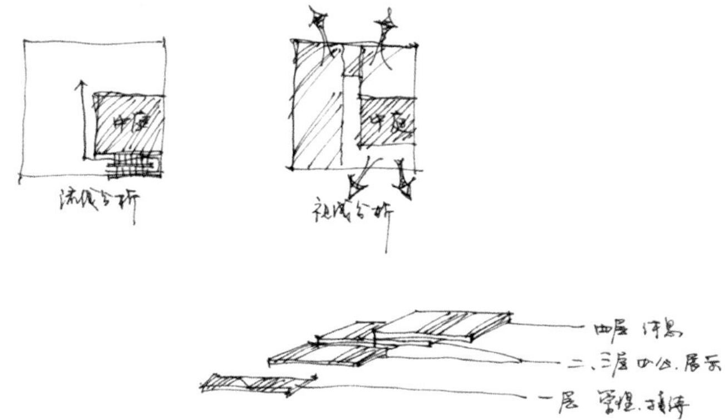

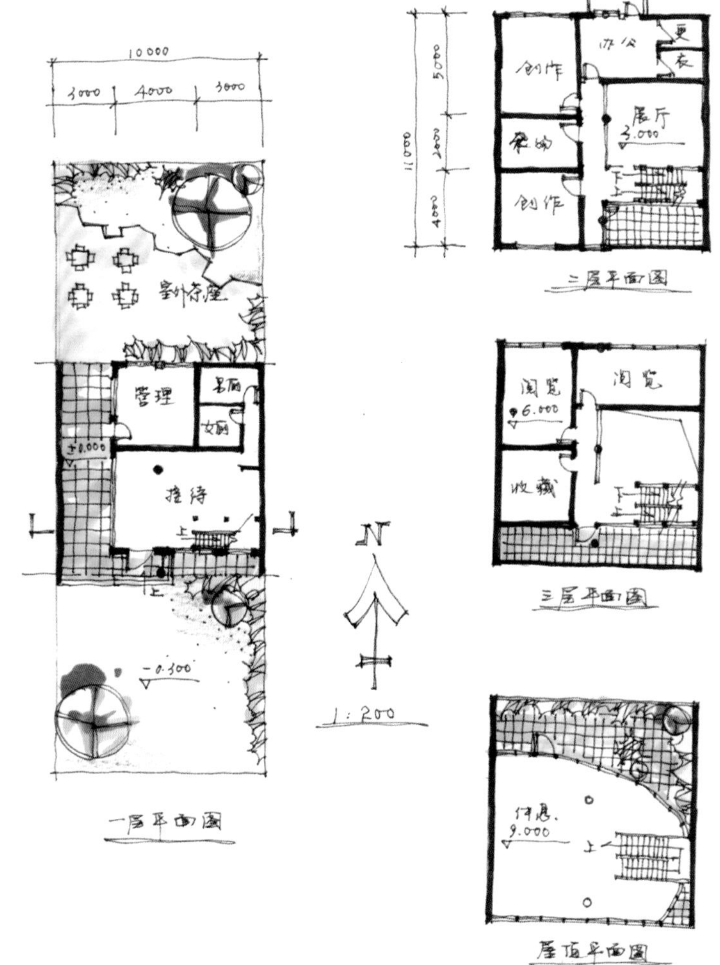

实例 3-14a　北京林业大学・王月洋・生活爱好者之家・3 小时・A3 图纸

优点： 版面排版合理有序，功能分区合理，建筑设计与环境地形良好结合，充分利用地形进行了错层设计；

交通组织灵活，楼梯间作为建筑内部的竖向连接空间，设计比较巧妙；

建筑体块造型丰富，与内部展示空间结合，增加设计的趣味性。平面分区清晰明确，对外功能的展厅；

排布在入口附近，对内功能的创作室排布在北侧较为安静的区域；

缺点： 结构与空间未能完全对应。

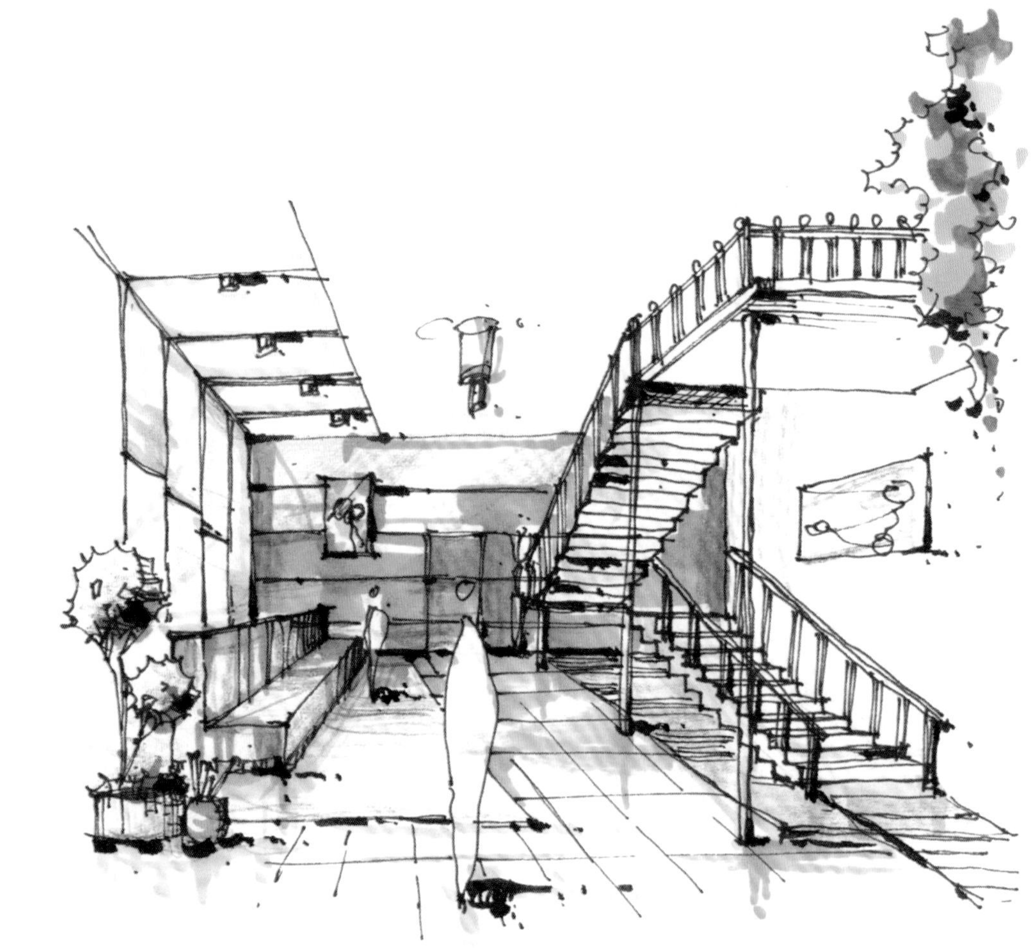

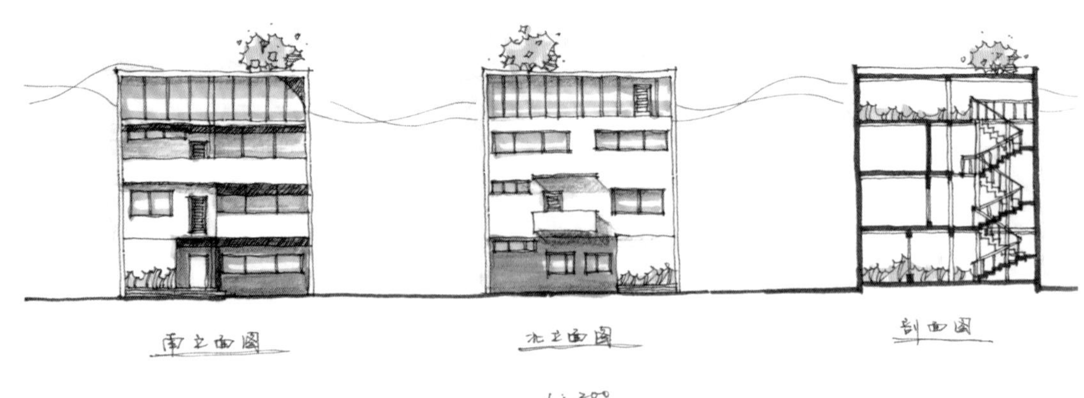

实例 3–14b 北京林业大学·王月洋·生活爱好者之家·3 小时·A3 图纸

优点： 画面排版得当，匀称，立面表现图门窗设计简练、美观，应用统一与变化等设计手法，形成丰富的立面效果，徒手钢笔画流畅、娴熟，效果图视觉效果尺寸合理，采用一点透视，近景小品刻画有趣而不喧宾夺主，引人入胜，暖色调的室内设计与画面右上角的绿色植物形成鲜明对比，色彩明快，表现力强。

缺点： 立面没有标注标高；剖面缺少竖向标高。

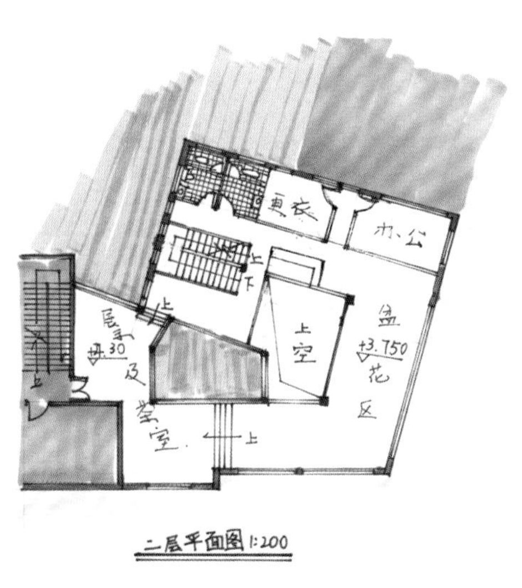

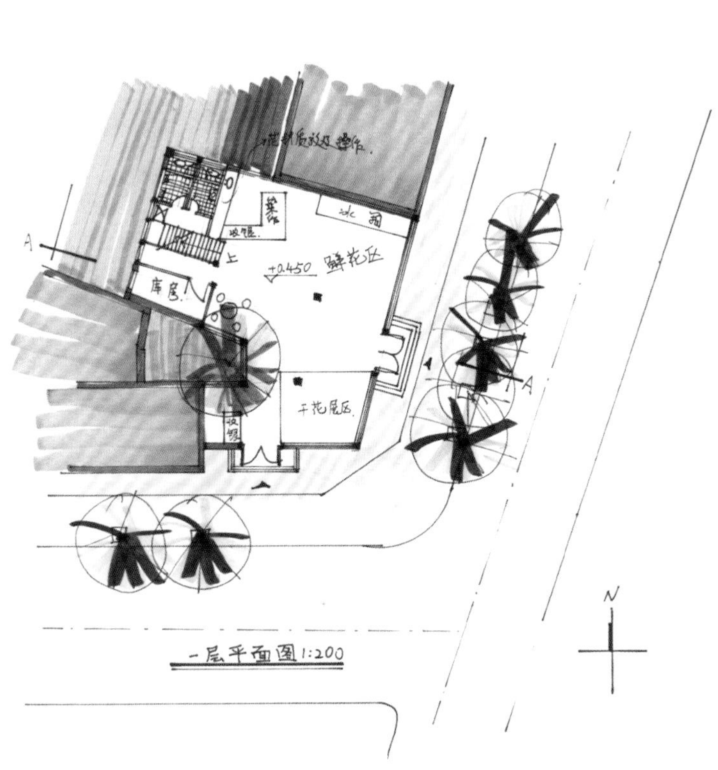

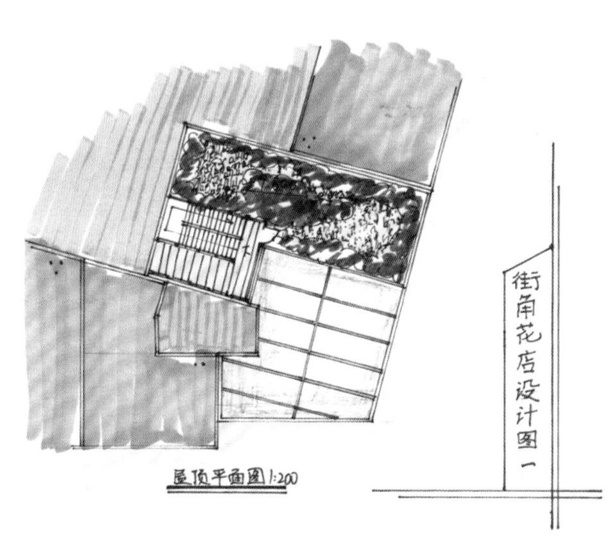

实例 3–15a　北京林业大学 · 游田 · 街角花艺馆设计 · 3 小时 · A3 图纸

优点：建筑物造型与用地道路环境有机结合，顺应周围道路开设主、次两个入口，方便游客停车进出，利用尺规快速、准确。

缺点：缺少设计说明

平面图马克笔笔触过于明显，周围环境表现有待加强。

实例 3–15b 北京林业大学·游田·街角花艺馆设计·3 小时·A3 图纸

优点： 画面排版尚可，运用工具作图其线条快速、准确。效果图的表达选择两点透视，该建筑设计立面图材质表现丰富，设计独特地运用玻璃材质为主要表现元素，外观造型简洁明朗。

缺点： 立面没有标高。

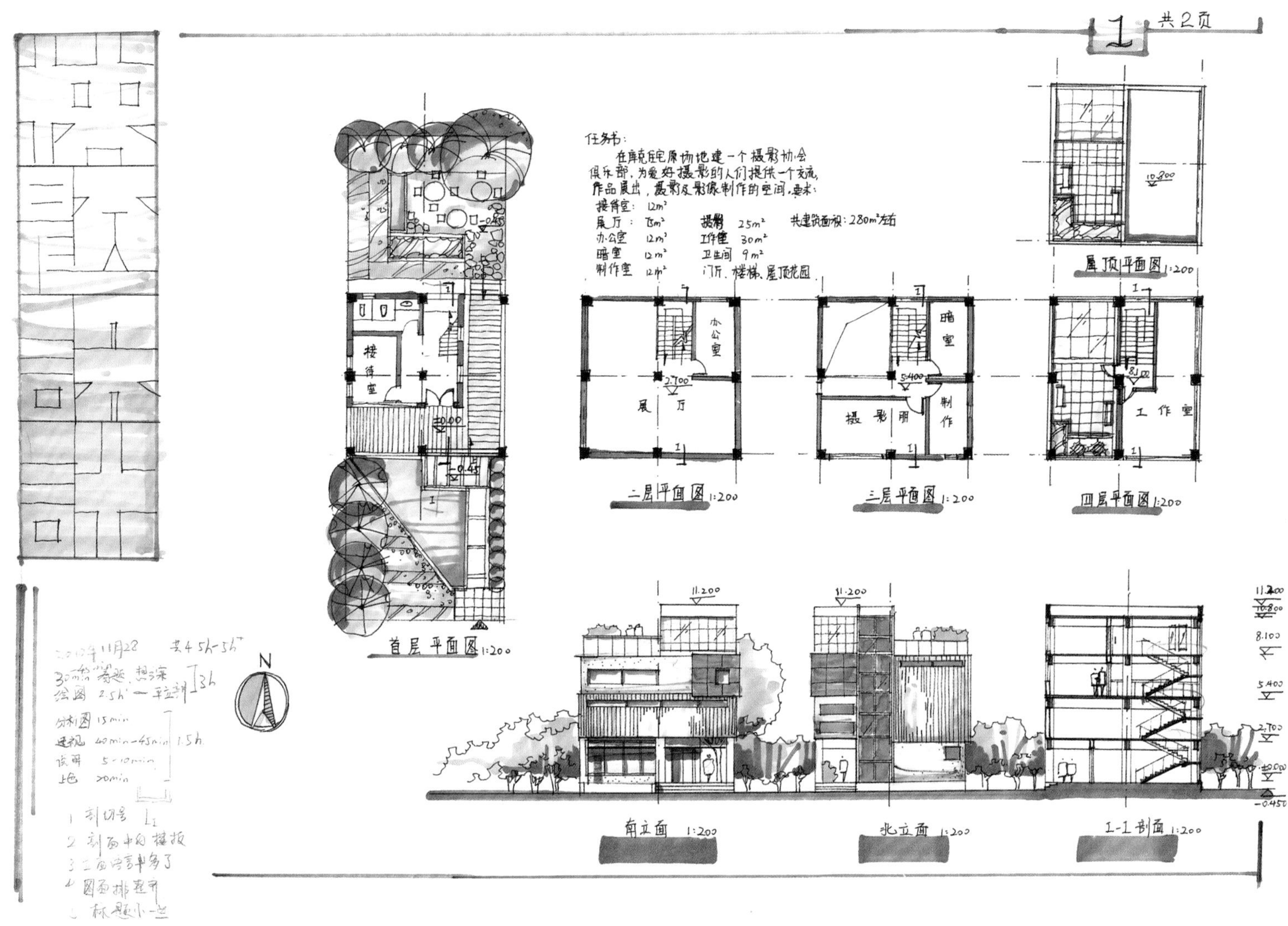

实例 3–16a　北京林业大学 · 程璐 · 俱乐部设计 · 3 小时 · A3 图纸

优点： 画面构图紧凑、均衡，首层平面主要流线设计成廊的形式，形成 L 形的灰空间，建筑主入口与建筑首层平面之间串以小型景观空间，使建筑与环境融合，使人赏心悦目。建筑功能布局安排合理，各个房间之间联系紧密且流线互不干扰。建筑最高层设置工作室，安排屋顶花园与之毗邻，使底层景观空间与之统一整体，观景效果宜人。图面表达方面重点突出，整体画面马克笔着色个性统一，建筑主体与周围配景刻画细致，阴影表明了建筑立面的进退关系，比例人的描绘侧面反映了建筑的比例与尺度。

缺点： 剖面楼梯处楼板应开洞。

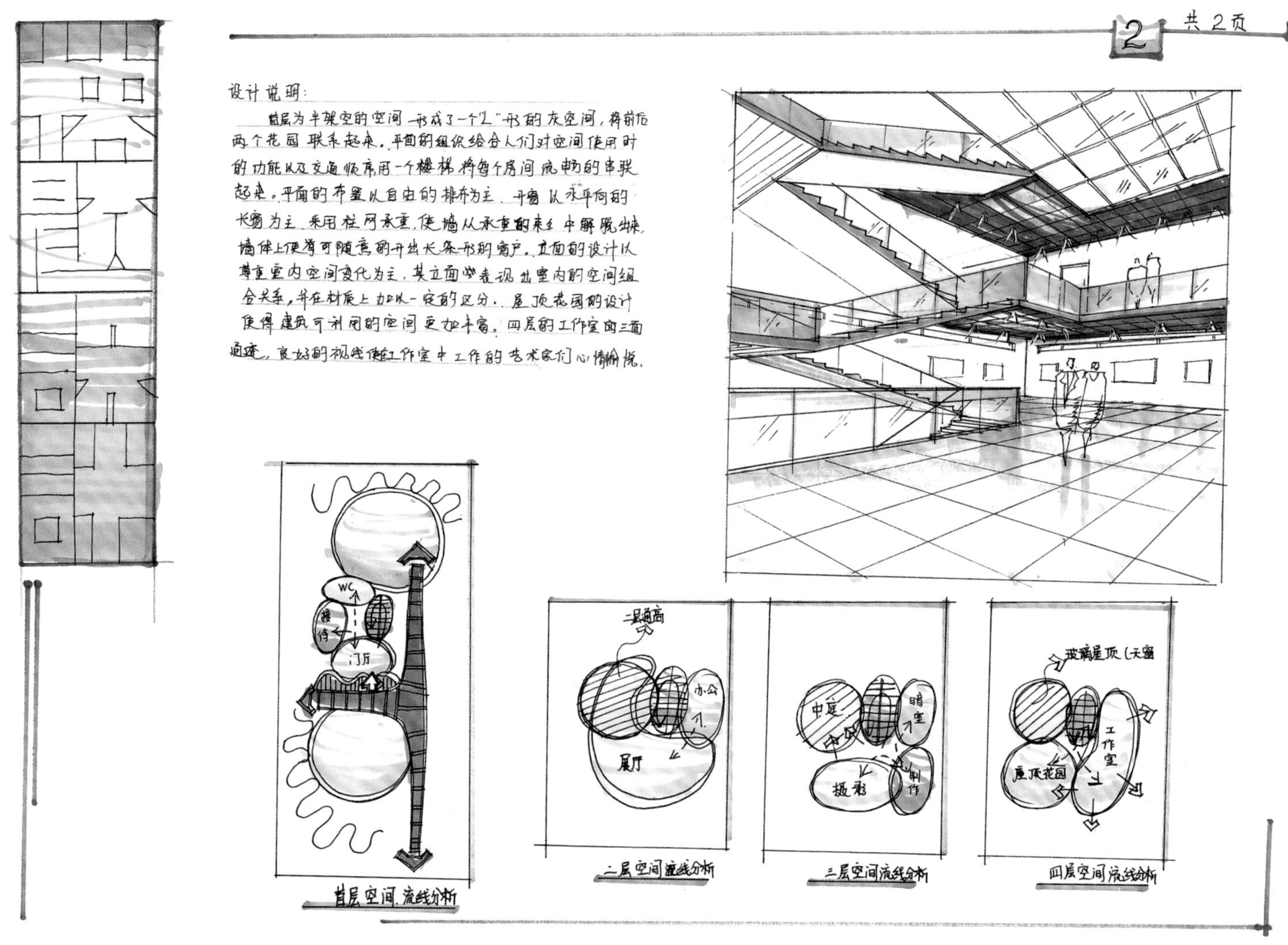

实例 3-16b 北京林业大学 · 程璐 · 俱乐部设计 · 3 小时 · A3 图纸

优点： 设计图纸上表现了每层建筑的流线分析图，整体性较好，排版布局匀称整洁，画风简洁清晰。室内设计充满现代感。

缺点： 室内透视变形太大，透视角度也有误。

三、接待室、公园管理处、游客服务中心

1. 概念及基本特征

在风景区、城市公园中，为方便管理、接待贵宾或旅游团体，常设置接待室、公园管理处或者游客服务中心，常设置在交通便捷、靠近公园入口的位置，方便游人进入。其建筑布局形式多采用低层院落围合式，结合地形特点，发挥环境优势，塑造丰富的空间。在功能上常将零售、餐饮、接待、管理、厕所等融于一体，讲求动静分区，接待、管理通常布置在宁静、雅致的区域，零售、餐饮等要便于游客快捷到达，气氛热闹。

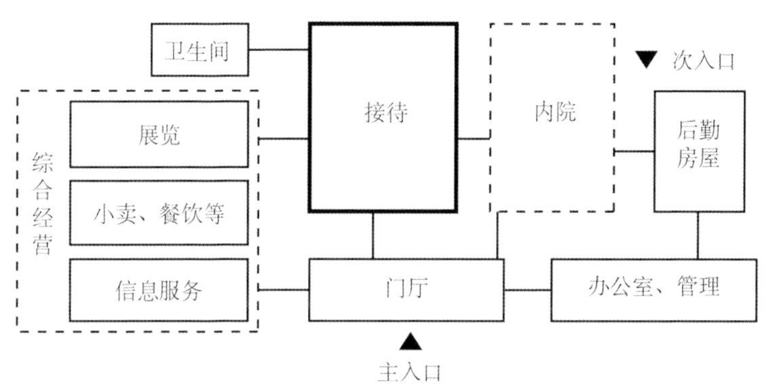

图 3-1 接待中心功能流线关系图（绘图：魏轩）

2. 设计要点

此类建筑的房间类型包括接待服务、餐饮休闲、办公及辅助四个部分。接待服务部分主要包括接待室、展室、小卖或礼品商店等，有些较大型的游客服务中心还会设置医疗室、邮局等；餐饮休闲部分包括茶室、餐厅、小卖部等；办公部分包括办公室、会议室、设备间、保安室等；辅助部分包括卫生间、储藏室、交通设施（门厅、走廊、过道、楼梯）等。接待服务部分是此类建筑最重要的内容，应当注意良好的交通可达性，满足游人容量的限度。

餐厅、茶室可设置室内和和室外两种类型，并结合庭园景观进行设计。

办公部分主要供工作人员使用，可放置在二层或其他较为隐蔽的区域。

在辅助部分中，卫生间既要满足各类人群的使用便捷，又要考虑建筑上下层间的对位关系，便于排布管道。交通设施分为游客使用、工作人员使用两种类型，均应根据人流量与建筑景观的要求设计其位置、大小与造型。储藏室可零散设置在不同功能的区域中，与相应的建筑空间搭配。接待中心功能流线关系图如下（图 3-1）。

在楼梯设计上，根据《民用建筑设计通则》GB50352-2005 规范："梯段改变方向时，扶手转向端处的平台最小宽度应不小于梯段宽度，并不得小于 1.20m，当有搬运大型物件需要时应适量加宽。""每个梯段的踏步不应超过 18 级，亦不应少于 3 级。"为满足消防要求，每个楼梯须保证容纳二人同时上下，梯段最小宽度 1100mm-1400mm，室外疏散楼梯梯段最小宽度 800-900mm 为宜。楼梯角度在 20° ~ 45° 之间。"舒适的楼梯踏步高宽比为 1/2。（图 3-2）对于室内外台阶，同样有要求规定："公共建筑室内外台阶踏步宽度不宜小于 0.30m，踏步高度不宜大于 0.15 米，并不宜小于 0.10 米。踏步应防滑。"

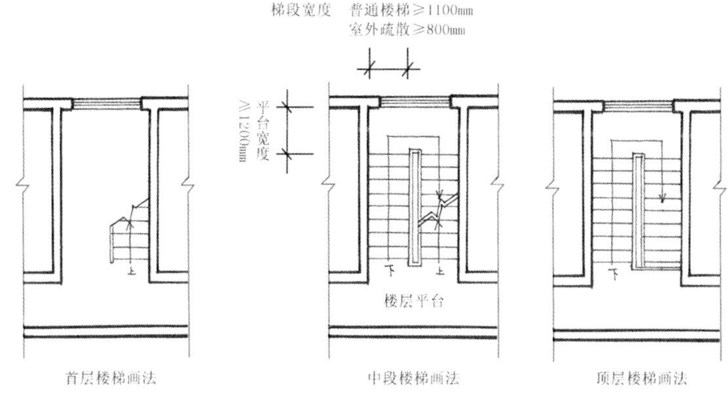

图 3-2 常用双跑楼梯设计平面图（绘图：魏轩）

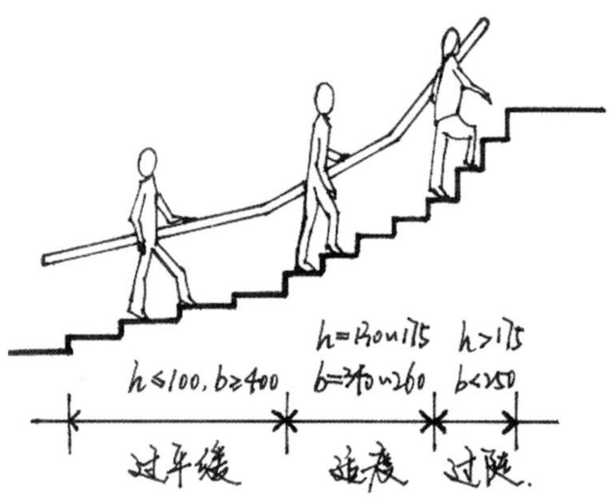

图 3-3 不同舒适度楼梯示意图（绘图：魏轩）

如图所示（图 3-3），楼梯踏步高宽比决定了楼梯的舒适度。踏步高度用 h 表示，宽度用 b 表示。在 h ≤ 100mm、b ≥ 400mm 的情况下，楼梯过于平缓；h>175mm、b<250mm 的情况下，楼梯过陡。这两种楼梯舒适度低，在设计中应尽量避免。较为适度的楼梯，高宽范围是 h=130mm–175mm，b=340mm–260mm，高宽比接近 1/2。

在快图设计中，可以在舒适范围中选择一组数据一直使用，比如 h=150mm，b=300mm，这样可以节约设计时间，并确保图纸绘制的准确性。

3. 案例

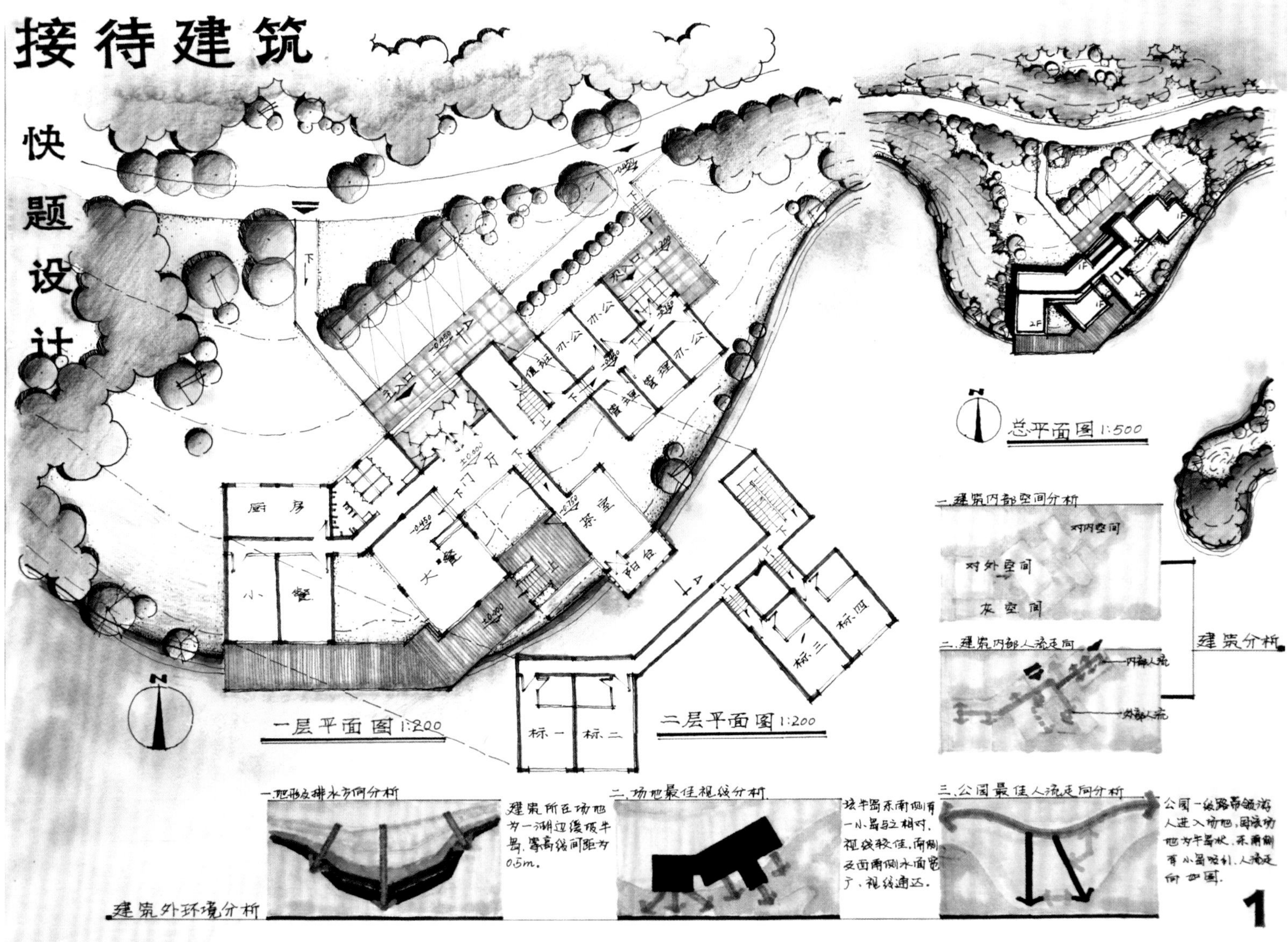

实例 3–17a　接待建筑设计 · 何伟 · 北京林业大学 · A2 图纸 · 6 小时

优点： 方案采用水彩结合马克笔的上色手法，风格清新，制图规范细致，排版合理，重点突出。方案体块组织灵活，立面元素统一。整体方案结合地形，并细致设计了建筑外环境。交通流畅，主次入口区分明确，区分了动静区域、对内对外空间，照顾到餐厅、茶室与标间的采光需求与景观需求。制图规范、完整。立面表达上，阴影关系突出，强烈表现出建筑体块关系，深入细致。

实例 3–17b 接待建筑设计·何伟·北京林业大学· A2 图纸·6 小时

缺点: 平面组织上,一层厨房与大餐厅距离较远,造成使用不便。通往二层西南角房间的走廊过长。分析图的用色过于接近,重点不突出,一些线条与背景颜色混为一体。立面应稍作简化,以突出建筑为目的。剖面楼梯绘制错误,看线不应涂黑。

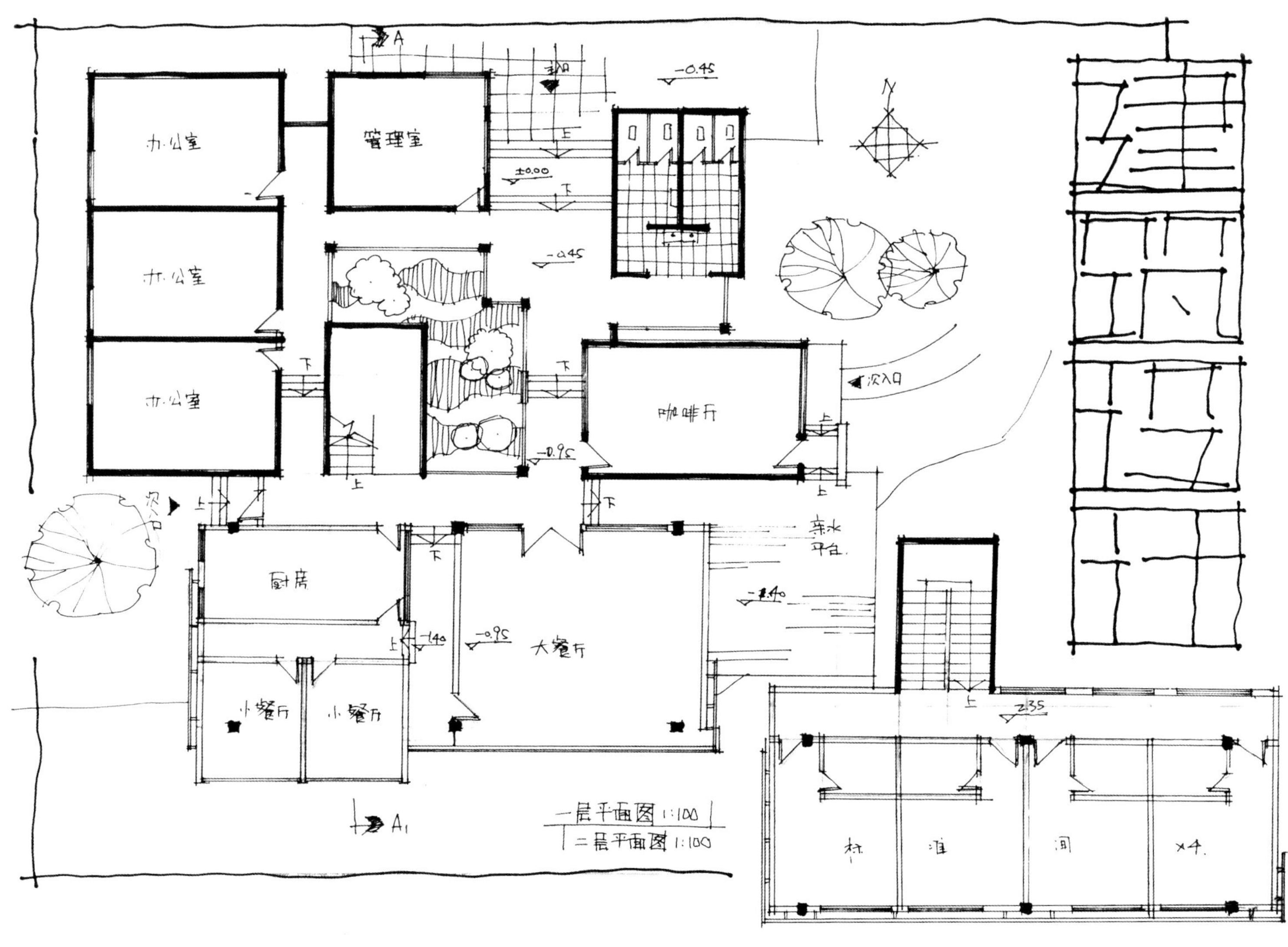

实例 3-18a　游客服务中心快图设计 · 王昱 · 北京林业大学 · A3 图纸 · 3 小时

优点： 图面简洁，排版紧凑。方案以内庭为中心进行组织，体块组织灵活，有利于设计富有层次的外立面。建筑设计结合周围环境，营造了良好的亲水空间，并结合了餐厅与咖啡厅。平面处理上注意了区分对内空间与对外空间。办公区域集中在建筑北部，对外部分集中在南部，享受较好的景观朝向并满足良好日照条件。立面剖面配景较为简单，较好地衬托出了建筑。

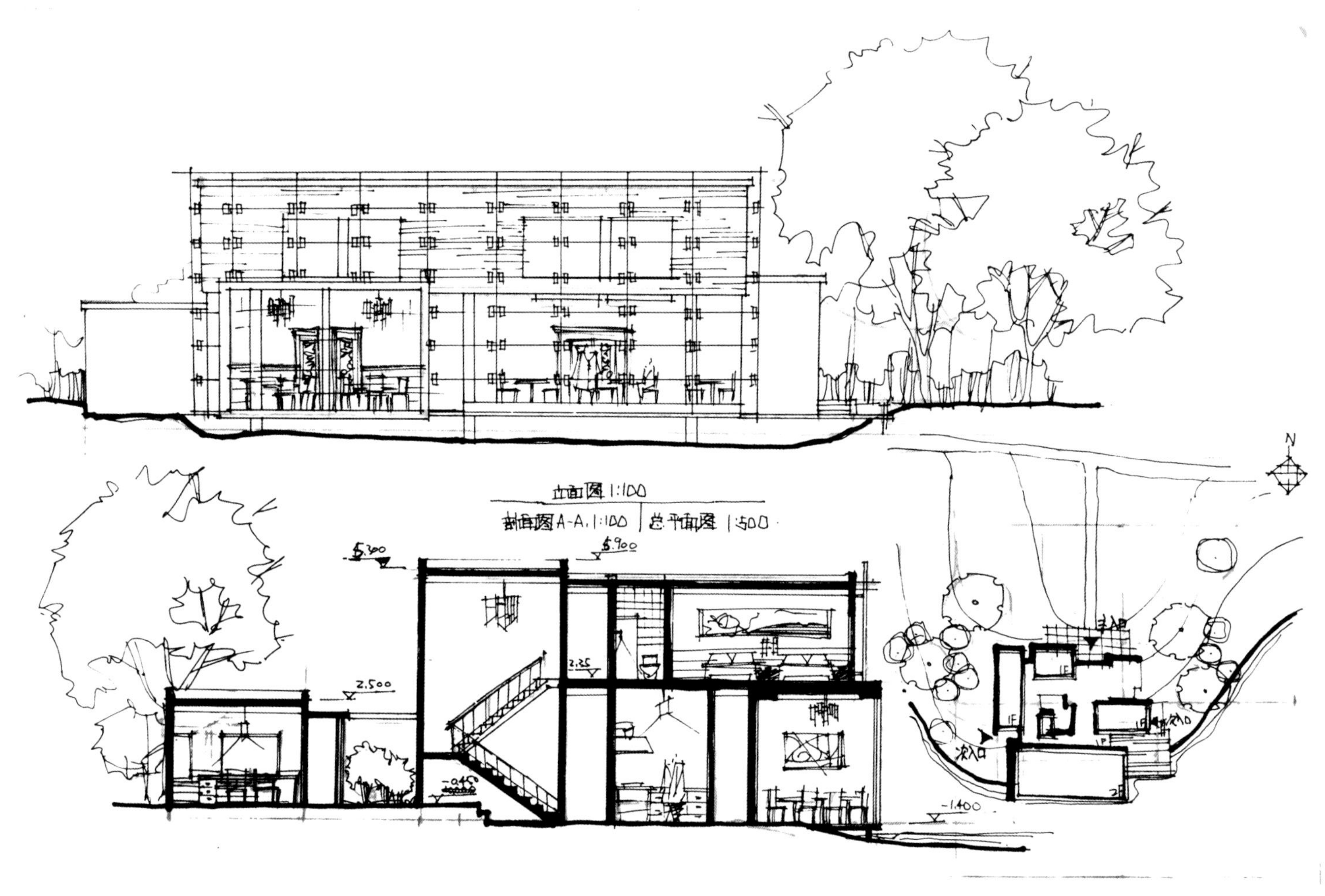

实例 3-18b 游客服务中心快图设计 · 王昱 · 北京林业大学 · A3 图纸 · 3 小时

缺点： 制图潦草，不够规范。墙体涂黑不利于区分出梁柱，立面图未画出阴影，不利于表现建筑体块关系。幕墙表面的结点表达尺度过大且喧宾夺主。一层平面中的小餐厅中央设计了柱子，影响使用，厨房与两个餐厅之间的连接不够便利。入口距离楼梯与餐饮距离较远，产生大量交通面积，造成空间浪费。楼梯间过于封闭，应结合内庭院进行设计，注意空间灵活性。立面设计元素较为单一，过于单调简陋，不够美观。

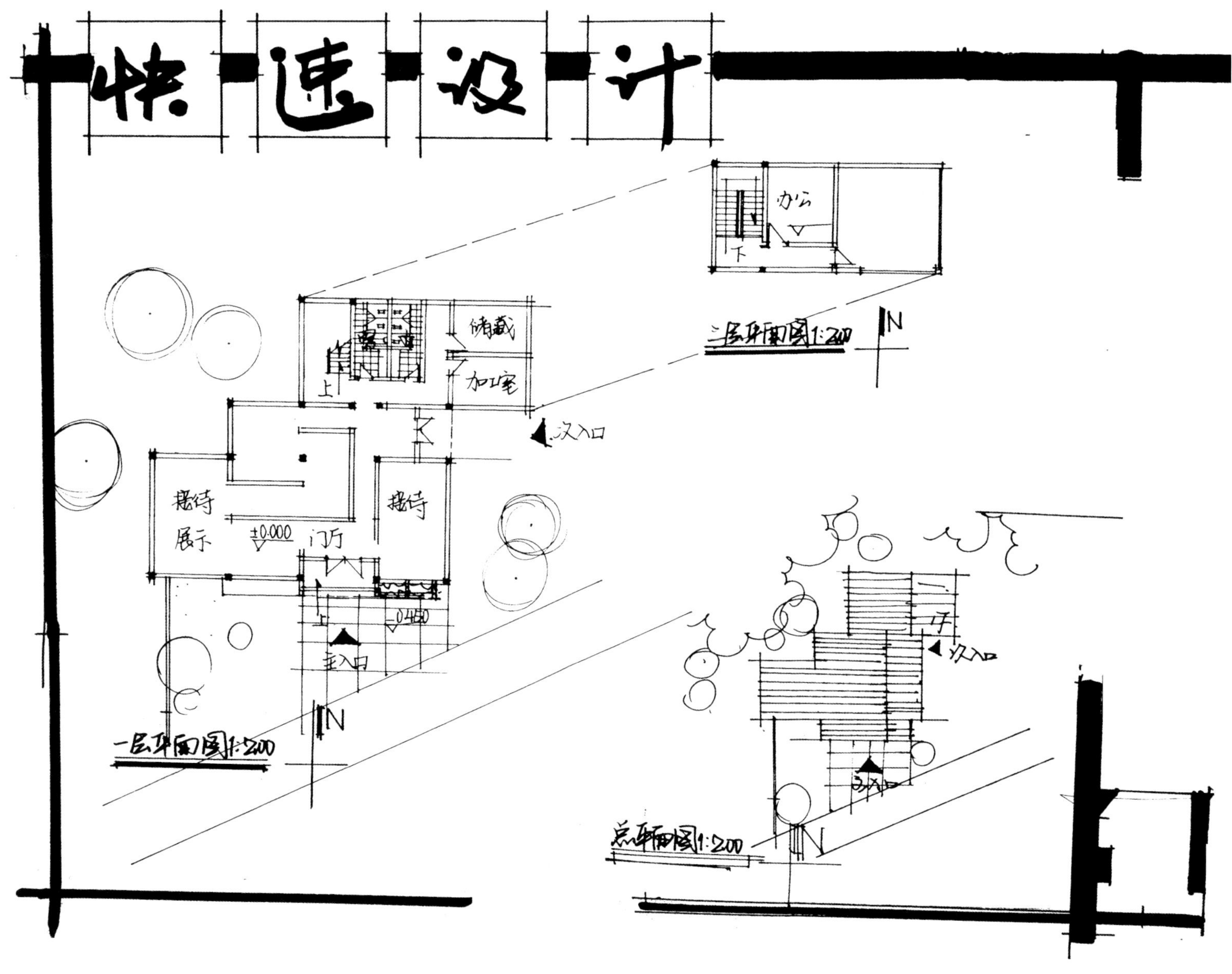

实例 3-19a　游客接待中心设计·公超·北京林业大学·A3 图纸·3 小时

优点：整体设计排版流畅紧凑，图面表达重点明确。交通流线流畅，主次入口与道路衔接较好。设计体块穿插感强，立面应用元素简单，但现代感很强，简洁大方，用不同材质区分出不同功能的体块。建筑结合地形，进行了错层设计，并突出了主要的接待空间。平面设计上很好地区分了对内对外功能，并在分析图中表现出来。效果图中体块关系清楚，线条具有表现力。整体画面表达上，重点突出，有自己的特色。

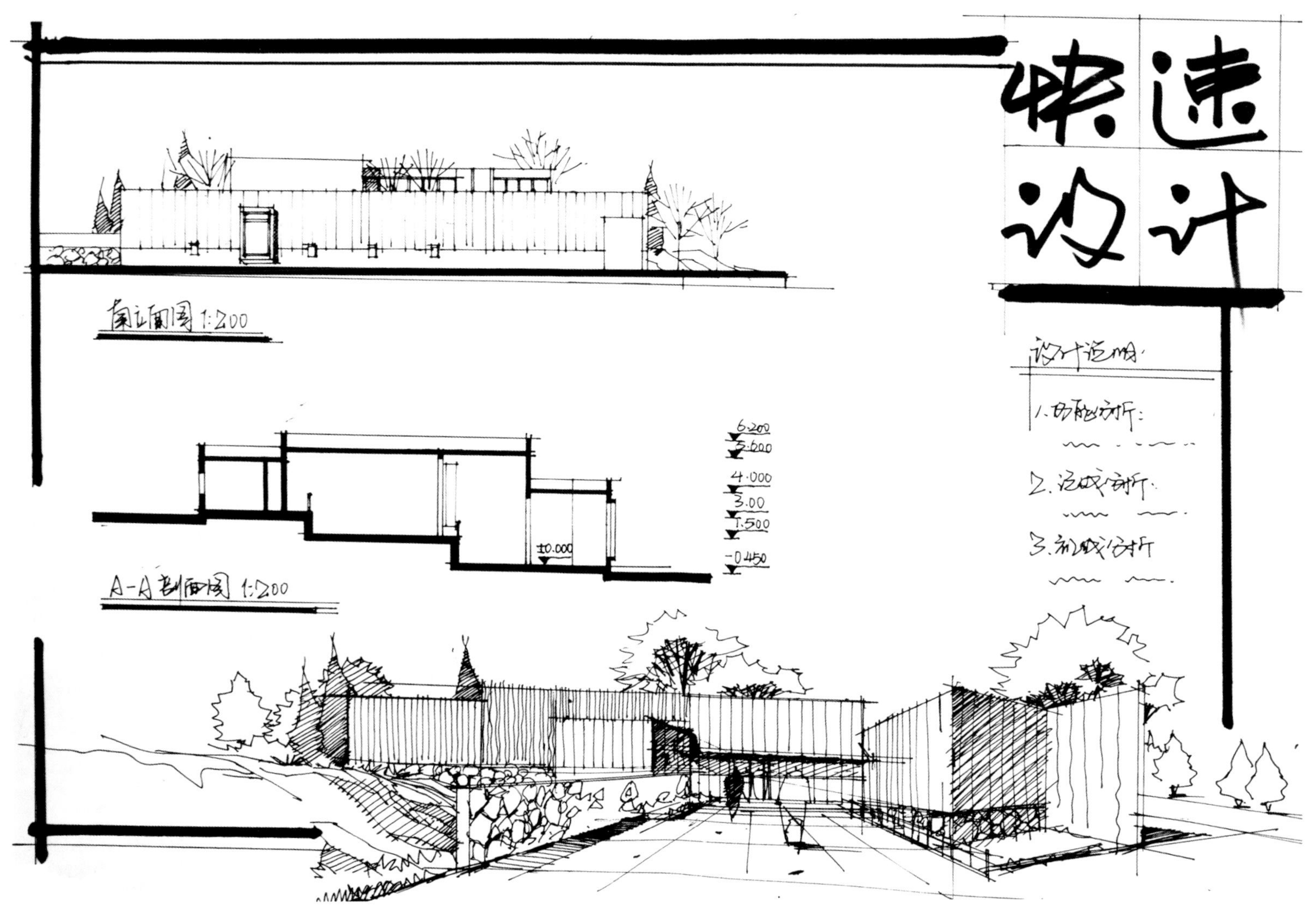

实例 3–19b

缺点：入口距离办公区域远，不方便办公人员出入。平面图中窗的位置没有绘出，无障碍设施缺少标注。剖面图缺少梁的看线。没有写出完整的设计说明。效果图阴影处理上，线条略显粗糙，体块关于表达与平面图内同不一致，有凭空添加之嫌。

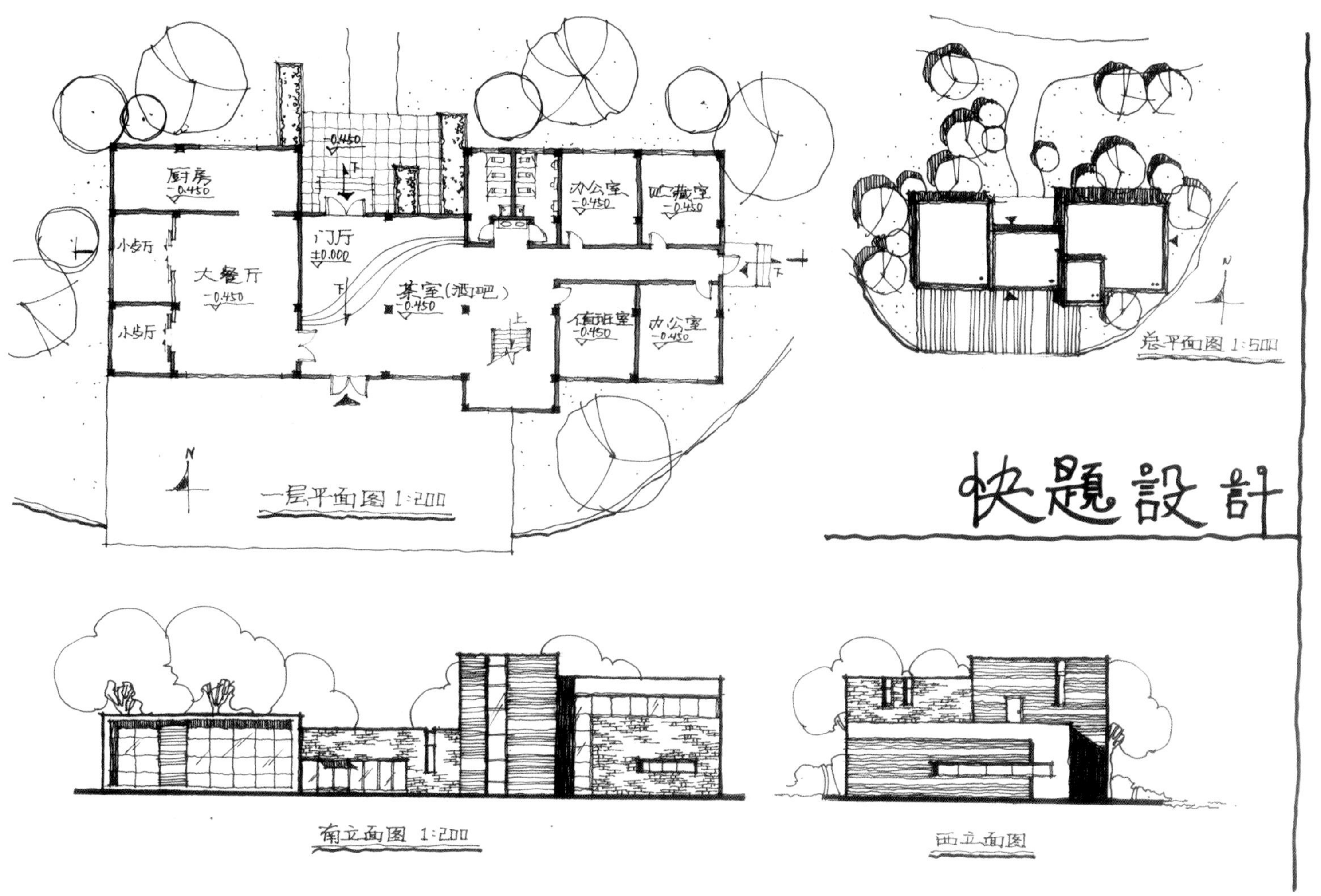

实例 3-20a　游客接待中心设计·纪茜·北京林业大学· A3 图纸·3 小时

优点：画面版图简洁、清晰，排版匀称、均衡，徒手线条流畅娴熟，运用线条勾勒出建筑物的黑、白、灰明暗关系，对比线条简洁的植物配景从而衬托出建筑的硬朗。总平面图建筑结合周围景观，与道路关系紧密，平面功能分区明确，流线设计尚可。立面开窗效果横与竖的对比强烈，变化丰富。

缺点：厨房没有单独入口，从流线上看餐厅工作人员采买、卸货等要从主入口经过用餐区才能到达，造成使用不便；立面缺少标高。

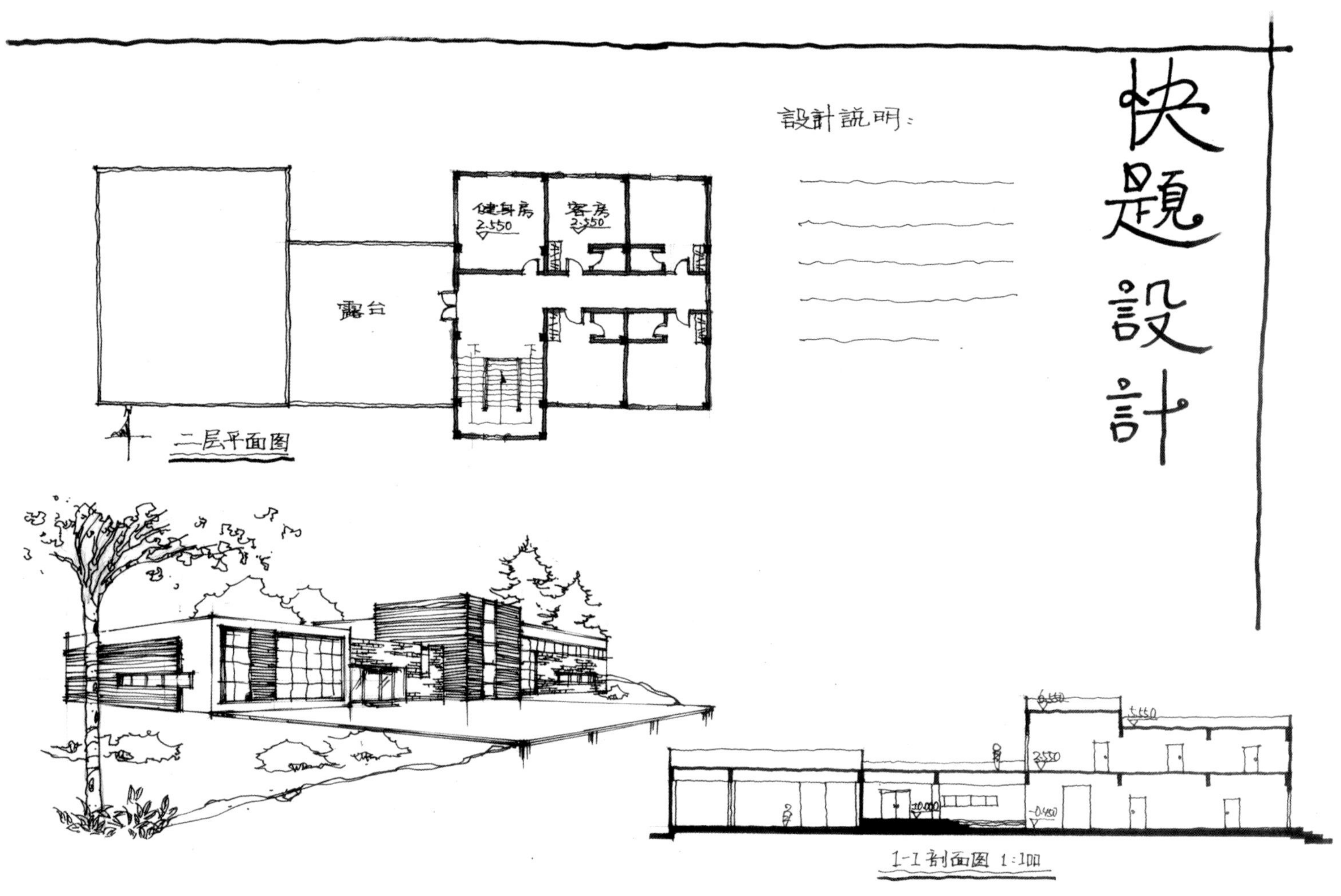

实例 3-20b 游客接待中心设计·纪茜·北京林业大学·A3 图纸·3 小时

优点：图面版面设计均衡、运用两点透视建筑外轮廓表达清晰，二层平面设计露台，满足使用房间功能的同时拓展室外空间。画面对前景树和远景树的不同刻画程度的对比，拉伸了效果图的视觉深度，

缺点：建筑效果图在整体画面构图中所占比重太小，近景刻画不够细致，略显粗糙。

设计说明不完整。

设计题名书写过于随意。

实例 3-21a　游客接待建筑设计・程璐・北京林业大学・A3 图纸・3 小时

优点：建筑平面功能分区明确，不同使用功能的房间之间相互联系又互不干扰，利用中庭组成院落形式，建筑二层的围廊将庭院划分为大小两个空间，丰富了小体量建筑的外形，建筑流线也相应地变的灵活。周围的停车场与道路关系密切，停车后又有专门的入口，设计考虑细腻。整体画面用色清新淡雅，烘托出一种舒适宜人的建筑氛围。

缺点：没写设计说明

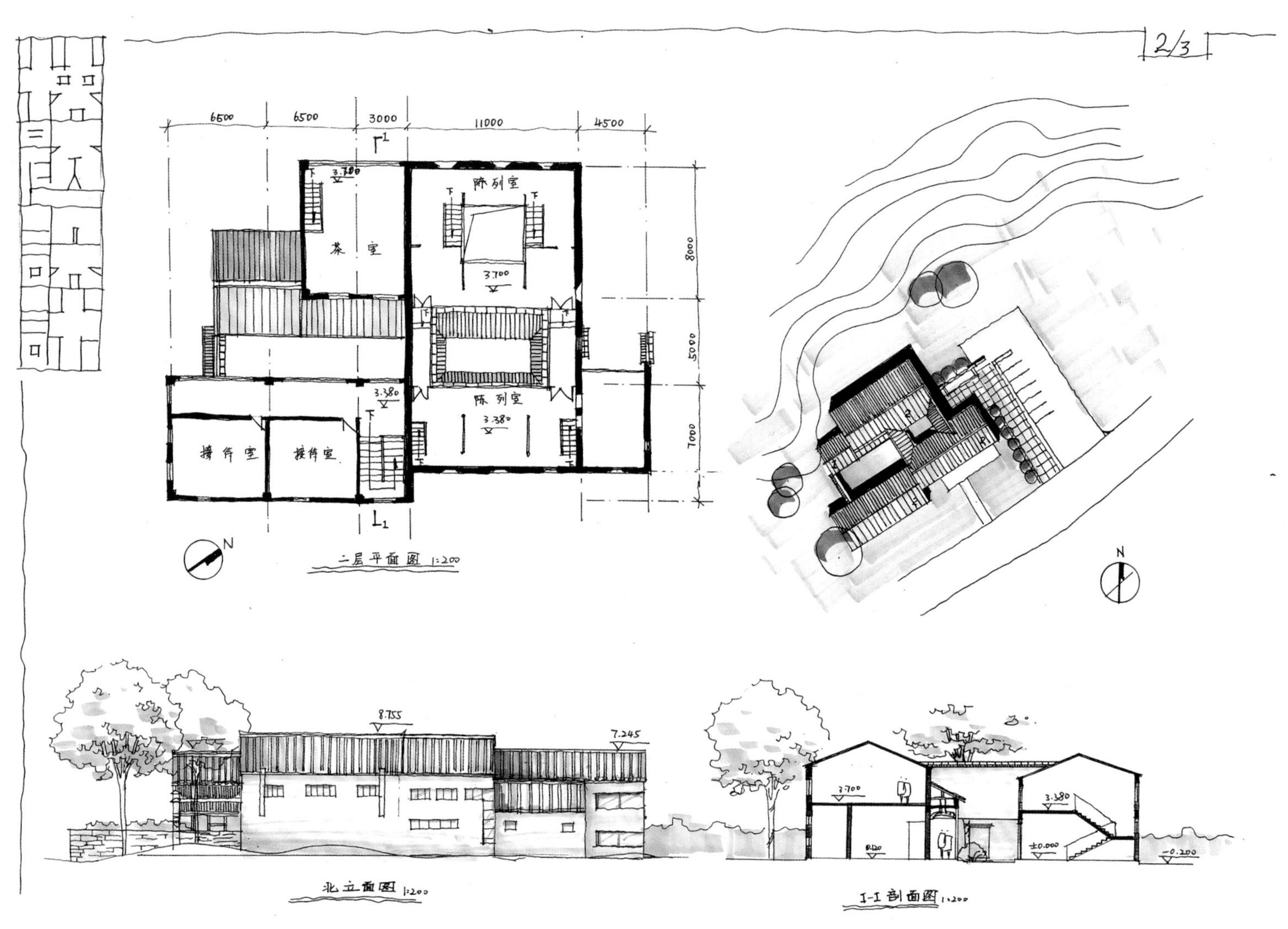

实例 3-21b 游客接待建筑设计·程璐·北京林业大学· A3 图纸·3 小时

优点： 画面排版布局均衡匀称，运用中国传统硬山式坡屋顶，结合廊院造型，总体呈现出一种中国古典传统建筑风格，建筑剖面刻画细致，使用比例人对比建筑尺度。建筑立面屋顶高差层次丰富，内部空间与外部形态之间的关系明确，从外观上直接明了地显示了不同体块之间的关系。

缺点： 建筑立面开窗形式显得呆板拘谨，没有灵性。马克笔色调单一，笔触过于明显。

实例 3-21c　游客接待建筑设计·程璐·北京林业大学· A3 图纸·3 小时

优点：画面色调主打绿色系，运用不同的绿描绘画面的明、暗、灰关系，清新淡雅的视觉效果烘托出传统建筑韵味，这是亮点之一。画面框景采用不规则手法，很好地表现了建筑周遭的天空、植物配景等的外轮廓。

缺点：建筑主体刻画与周围景色相比略显逊色，前景树描画显得粗糙。

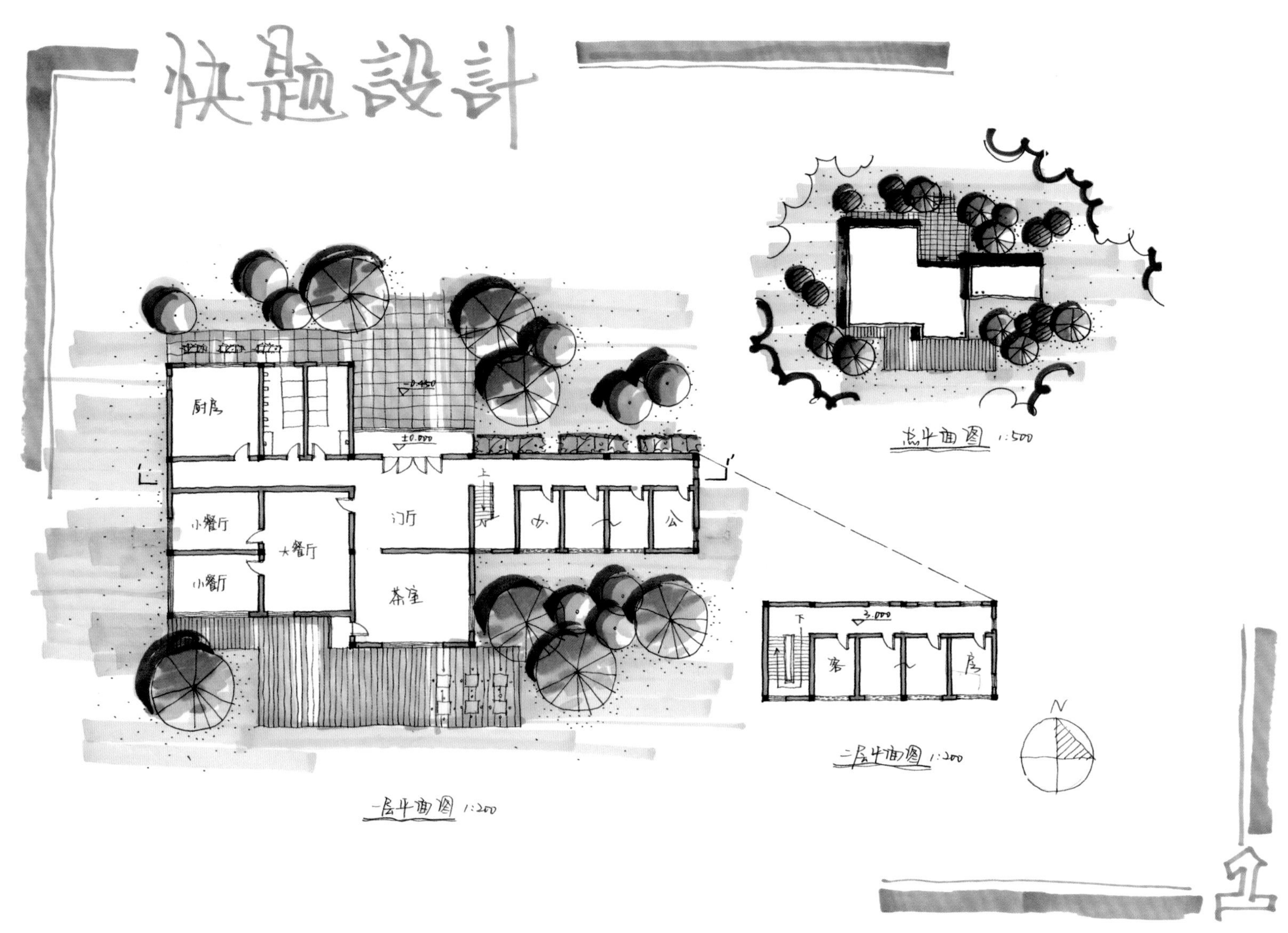

实例 3-22a 游客服务中心建筑设计·张聪颖·北京林业大学·A3 图纸·3 小时

优点：建筑平面功能分区明确，流线安排合理有序，画面排版匀称、紧凑，整体用色明亮、清雅，建筑与周围环境关系有一定的表达，设置露天茶座使得建筑与室外空间的融合更加紧密，周围环境树的种植密度对建筑视线的引导和聚拢有一定作用。

缺点：建筑总平面没有表达出具体用地地形及道路环境。一般不建议剖面图剖在走廊位置，不能充分表达建筑内部的空间变化。

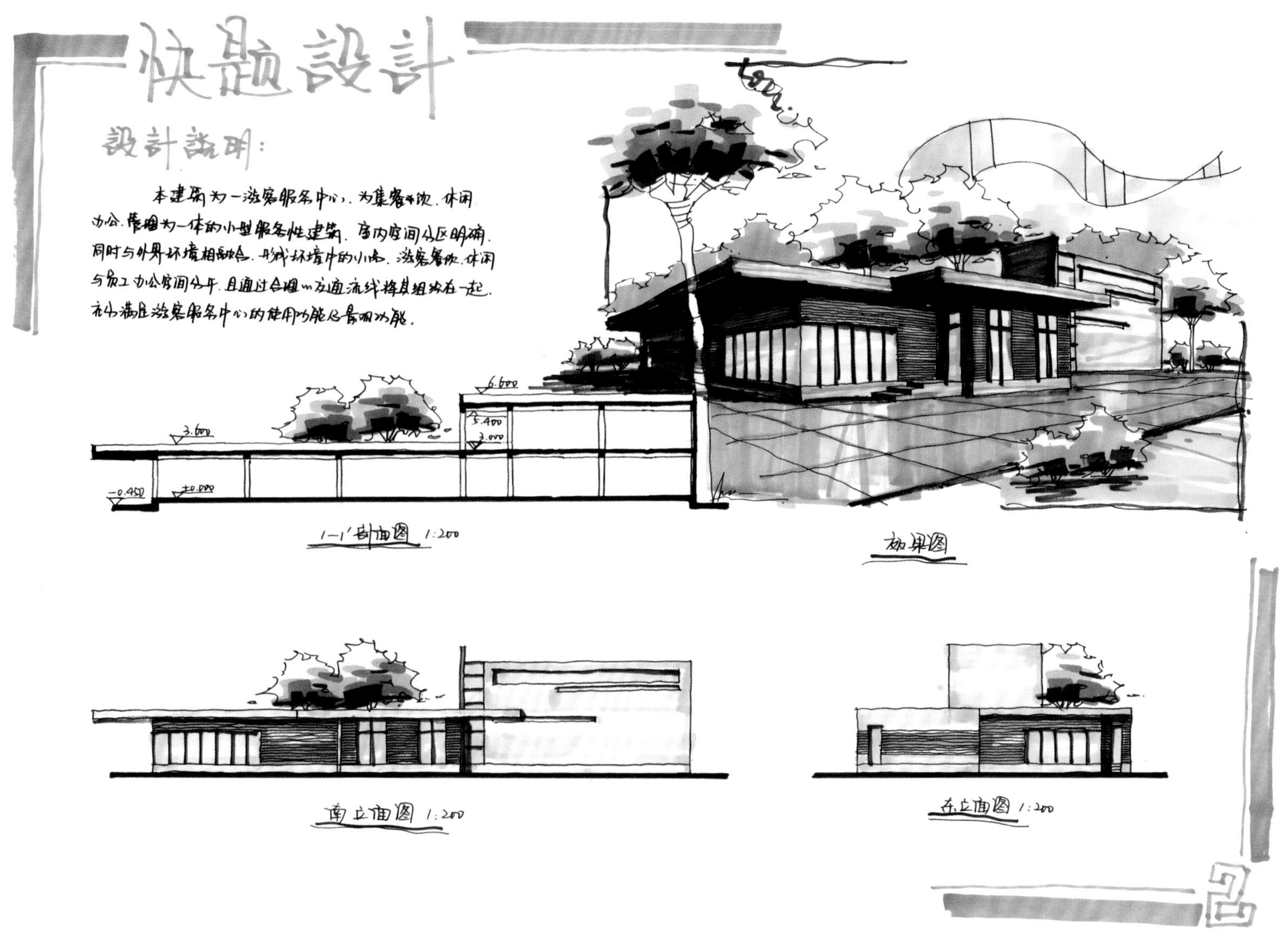

实例 3-22b 游客服务中心建筑设计 · 张聪颖 · 北京林业大学 · A3 图纸 · 3 小时

优点： 画面排版匀称、均衡，建筑立面材质表现丰富，横向与竖向窗户的对比和谐，不同盒子体块的拼接、相互凹凸，横竖线的对比、搭配等，富有现代建筑简洁、构成感的特色，极具艺术气息。在表现中采用两点透视，出挑的观景室形成轻盈的空间感，结合出入口处的集散空间，形成风格独立的建筑形式。

缺点： 剖面图表达容易引人误解，似乎与平面中剖切位置不符，门窗等看线未表达。

立面缺少标高。

四、游船码头

1. 概念与基本特征

游船码头是园林中水陆交通的枢纽，是提供游客上下船的建筑设施。以客运、水上游览为主要功能，同时具有休息、赏景的功能。

游船码头与水岸的关系有两种，一是可以将码头主体突出，区别于水岸，通过艺术的造型，与周围植物形成标志性景观，强调码头的功能特点，形成局部焦点，丰富水岸景观。其二，是利用选址、地形、植物等手段，将码头设施隐蔽于自然环境之中，尽可能使其与驳岸融为一体，形成堤岸整体的自然风貌。

2. 设计要点及规范

游船码头按照游船的停靠方式，码头可分为以下三种形式：

驳岸式——一般用于水体不大的城市公园，常结合池壁修建，垂直岸边布置；较大的公园水面，可以平行池壁进行布置；如果水位和池岸的高差较大，可以结合台阶和平台进行布置。

伸出式——用在水面较大的风景区的水体，这种码头可以不修驳岸。可以减少岸边湖底的处理，直接把码头伸入水中，便于停靠，拉大池岸和船只停靠的距离，增加水深，是节约建造费用的一种常用的形式。

浮船式——这种码头适用于水位变化大的水库风景区。浮船码头可以适应高低不同的水位，总能与水面保持合用的高度。

根据不同的游艇类型，码头功能要求有所不同。在具有辽阔水域的风景区或公园中，大型的交通游览船的码头除了满足游客视野要求外，尚需考虑设置舒的等候空间，其中规模较大的等候空间还应增加餐食功能。对于停靠小游艇的码头规模较小、构成简单，但也需满足基本的功能，一般由售票房和维修间两个部分组成，也有些在入口处设管理室，用于管理和检票。游船码头不进食是提供游客上下船的交通设施，还可以结合码头创造一些空间环境供游客休息赏景。

一般来说，游船码头是由售票厅、管理室、储藏室、等候休息空间、检票室、上下船平台等组成，有些码头的候船室也同时是重要的观景场所，可以与专门的观景平台、观景廊亭相结合进行设计。有些规模较大、接待游人较多的游船码头，根据功能需要可增加接待室、员工休息室、卫生间、茶室、小卖部等。有时游船码头的功能仅作为一个附属设施，可以简化为临水的花架、水榭、平台等。其简单的功能流线关系如图 2-2 所示。

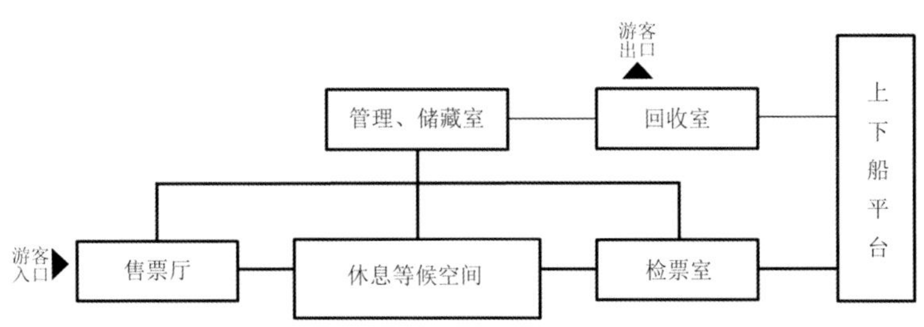

图 2-2　游船码头功能流线关系图（来源：李沁峰）

典型的码头各组成部分的功能如下：

售票厅 / 室——作售票金用，面积一般控制在 10 ~ 12m^2。

管理、储藏室——管理室用于播音、对外联系。储藏室用来存放船桨、救生用品和维修设备。

休息等候空间——供游人候船、休息的空间，也可以是观赏景观、游憩的场所，常以亭、花架、廊、榭等游赏型建筑组合成景，结合庭院、水池、假山石、汀步进行布置。

检票室——用作收票，面积一般控制在 6 ~ 8m^2。一般采用大高窗，应注意朝向，避免西向（若朝西最好前设置遮阴棚）。

上下船平台——用于游客上下船，应有足够的面积，面积根据停船的大小、多少而定，一般高出常水位 30 ~ 50cm。平台的长度应至少不小于两只船的长度 4m 左右，留出上下人流和工作人员的活动空间，一般进深为 2 ~ 3m。

回收室——回船计时退押金。

在游船码头的选址和设计时还应注意以下方面。

(1) 应选在交通比较便利的地方，最好靠近景园的一个出入口，位置明显。

(2) 要注意风、日照等气象因素对码头的影响，避免风口船只停靠的不便和夏季高温，避免夕阳的低入射角光线的水面反光对游人眼睛产生强烈刺激，影响游船的使用。除此之外，还要尽可能选在背风的港湾，以减少风浪的冲击；

(3) 水体条件应考虑水体的大小、水流、水位情况，水面争取要有较长的景深与视景层次，取得小中见大的效果。流速大的水体为了停靠安全应避免水流正面冲刷的位置。

(4) 对于水面较大的风景名胜区而言，水路也成为主要交通观景线，一般规划 3~4 个游船码头（数量可根据题目要求灵活确定），码头布点和水路路线应充分展示水中和两岸的景观，同时和其他各景点的联系。

(5) 对于水面较小的城市公园而言，一般依水面的大小设计 1~2 个游船码头，注意选择水面较宽阔处，并且应有较深远的视景线，视野开阔、有景可观，同时注意该点的选择在便于观景的同时也应该是一个好的景点。

(6) 码头路线等候平台面临水面。要有足够的面积，以保证游客的安全。码头还要有与主要道路相联系的广场或大的集散场地，便于游人疏散。

在景区内游艇码头的体型空间和组合应与水岸及环境关系十分密切，要注意建筑与环境结合，以改善建筑的虚实景色及其总体轮廓线。码头的交通流线应避免上下船的游客相互干扰，不宜过于曲折和相互穿插，以免游人过多发生拥挤。管理区也可单独设置入口。游船码头的立面造型和竖向设计要合理利用水景，进行虚实对比，并注意运用各空间的高差，如某水位和池岸的高差较大，可做上下层的处理（从池岸观是一层，从水面观是二层）并设置台阶式的驳岸。屋顶变化也较丰富，平、坡屋顶均可，二者的组合有立面上的对比关系，会使立面更加丰富，一般以飘逸、动感和富有韵律为主题，如将屋顶做成帆形顶、折板顶或圆穹顶等形式，以便和水的性格相符。游船码头作为滨水建筑，其周边植物的姿态、色彩所形成的倒影，均可用来加强整体的美感。设计时应选择一些耐水湿的树种，以加强自然水景的气氛，同时应注意植物的配置不能影响码头的作业。码头建筑因其临水性，存在安全隐患，在具体设计时要注意其安全性，加设告示栏、栏杆、护栏等。

3. 实例

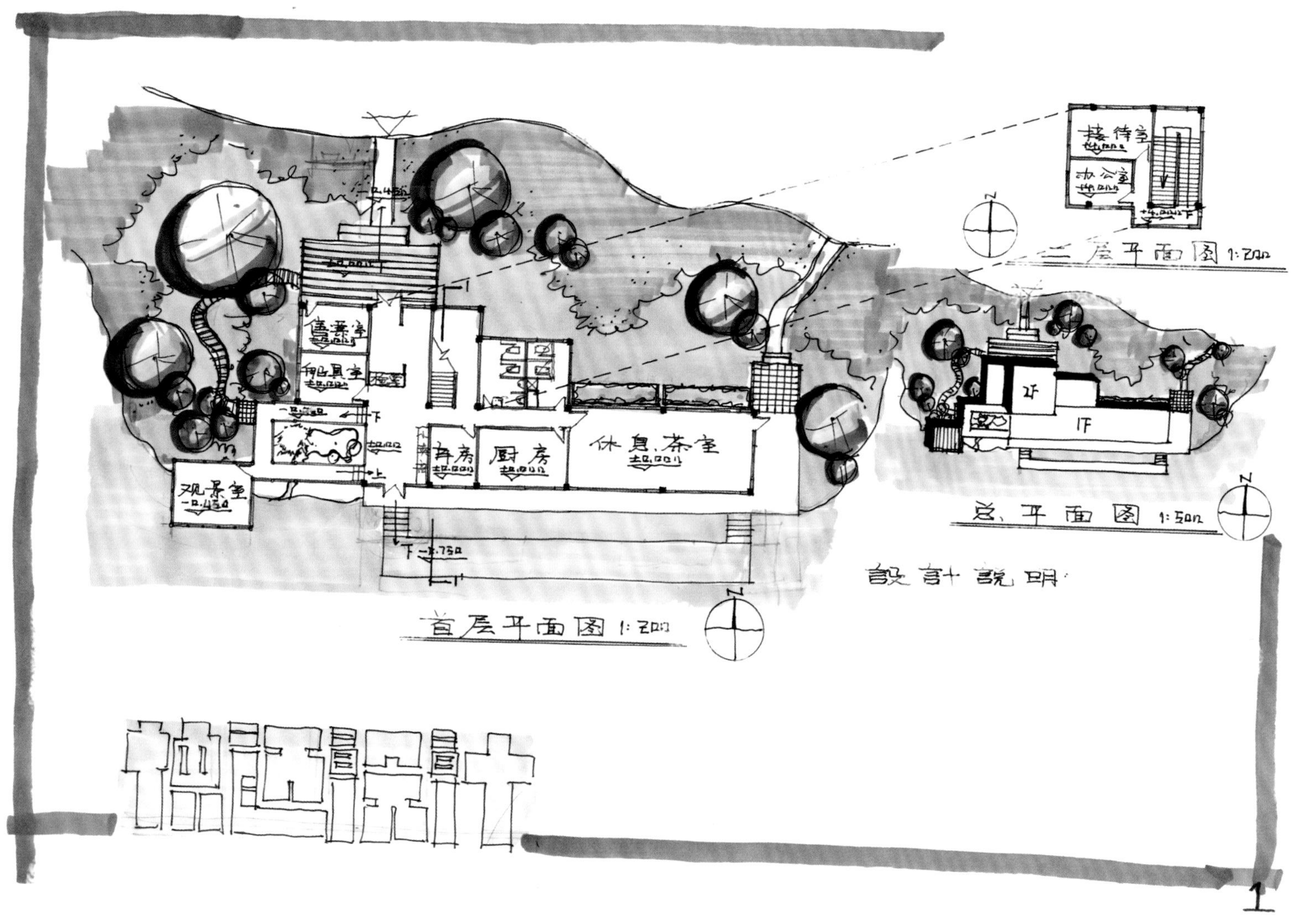

实例 3–23a 码头设计 · 张新霓 · 北京林业大学 · A3 图纸 · 3 小时

优点： 平面功能布局合理，游客观景、休闲、游船等的不同流线组织有机结合，游船码头的体型空间和组合与水岸及地形环境关系密切，游客的出入路线互不干扰，平面与造型的构成延展性强，出挑的观景室和下沉式观景平台亲水性好。

版面构图均衡。

缺点： 设计说明不完整。

整个画面基本是单色表现，平面部分黑白灰关系不明显。

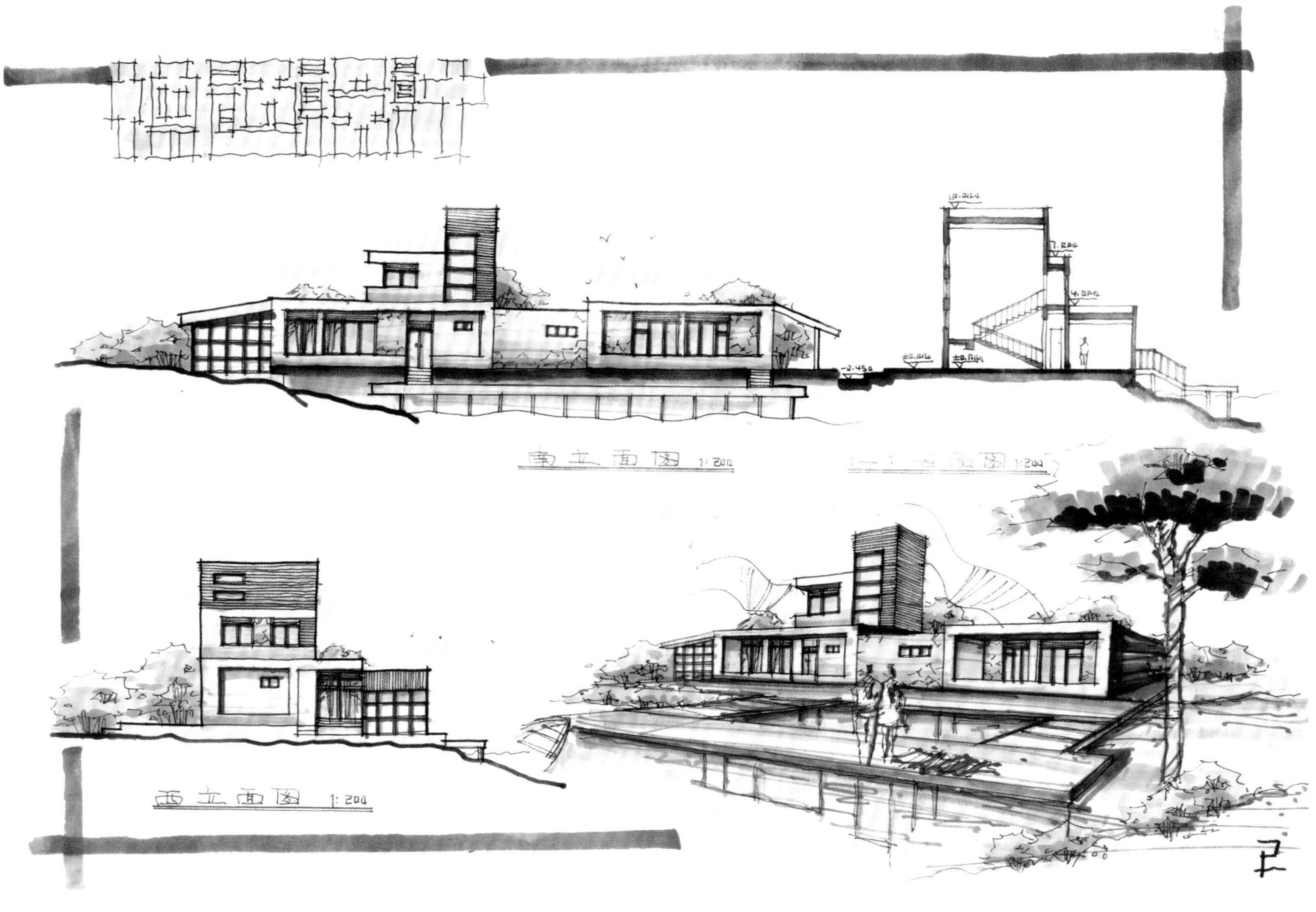

实例 3-23b　码头设计 · 张新霓 · 北京林业大学 · A3 图纸 · 3 小时

优点： 不同方向功能盒子的简单组合，立面表现玻璃、砖墙。混凝土等不同材质的结合，手绘墨线和灰色马克笔的组合，注重形体和层次的塑造，运用墙面的“实”和水面的“虚”作对比，运用前景树拓展画面视野。

缺点： 立面图缺少标高。

透视图的表达中建筑太远，在整张图中也太小。

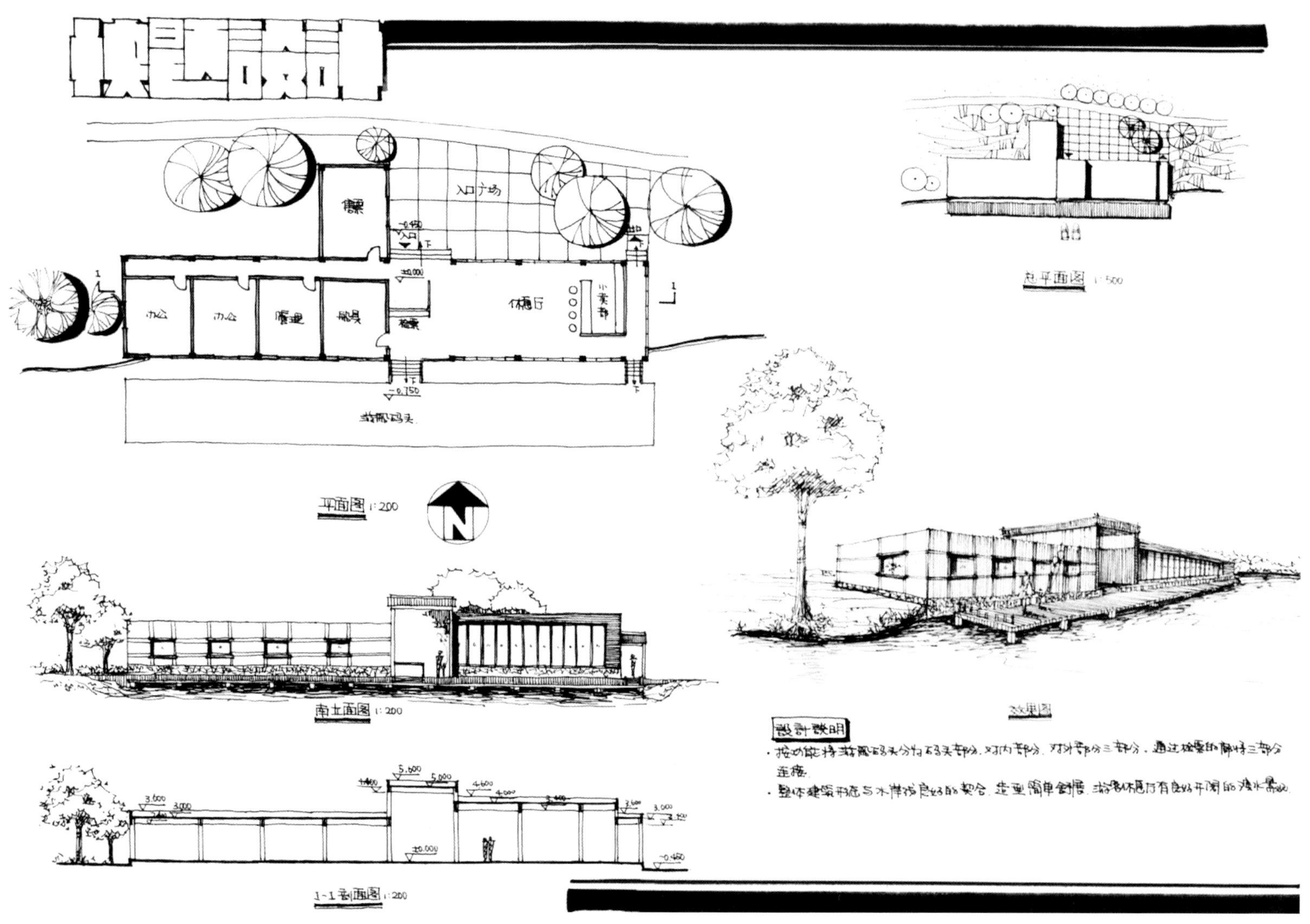

实例 3-24　游船码头设计 · 魏晓玉 · 北京林业大学 · A3 图纸 · 3 小时

优点：画面排版紧凑，平面功能简捷，游客活动区与管理用房分区合理，游客进出流线互不干扰，平面造型与道路环境和用地地形结合，游客等候平台与道路之间设置入口广场，便于游人集散。画面手绘线条流畅、娴熟，画面的明暗对比关系明确，前景树木和水面形态的自由与建筑轮廓的规则形成鲜明对比，加强了整体美感。

缺点：立面图缺少标高。

立面开窗虽然与平面功能相对应，但整体感略差。

剖面图标高注释零乱。

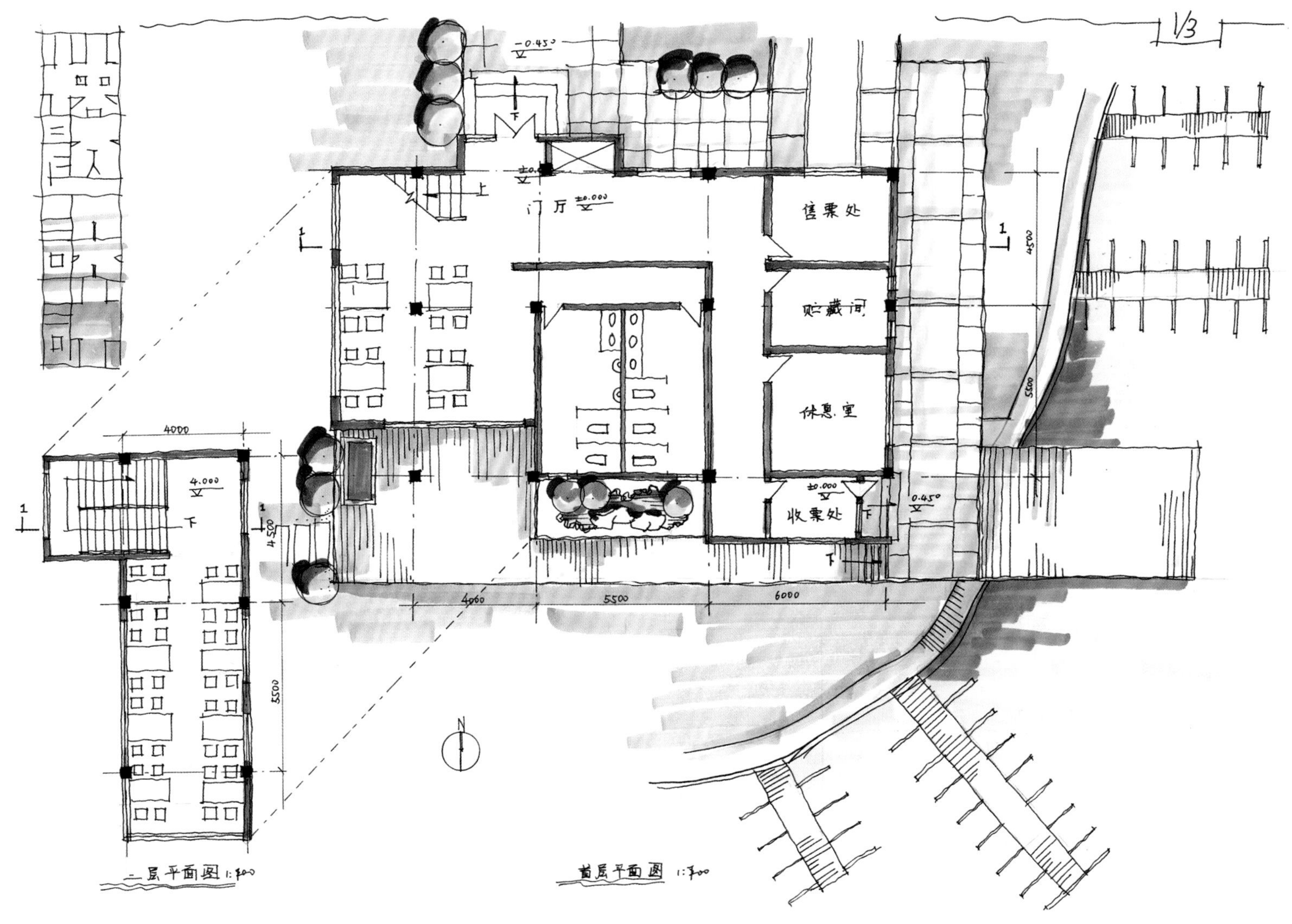

实例 3–25a 游船码头设计 · 程璐 · 北京林业大学 · A3 图纸 · 3 小时

优点：建筑平面功能布局明确，建筑造型结合周围道路与水岸环境，合理布置亲水平台与观景空间，亲水平台处设置船只停靠泊位，方便游人快速进行娱乐活动。

缺点：没有找到上船流线，在一楼休息座椅处应有出口。

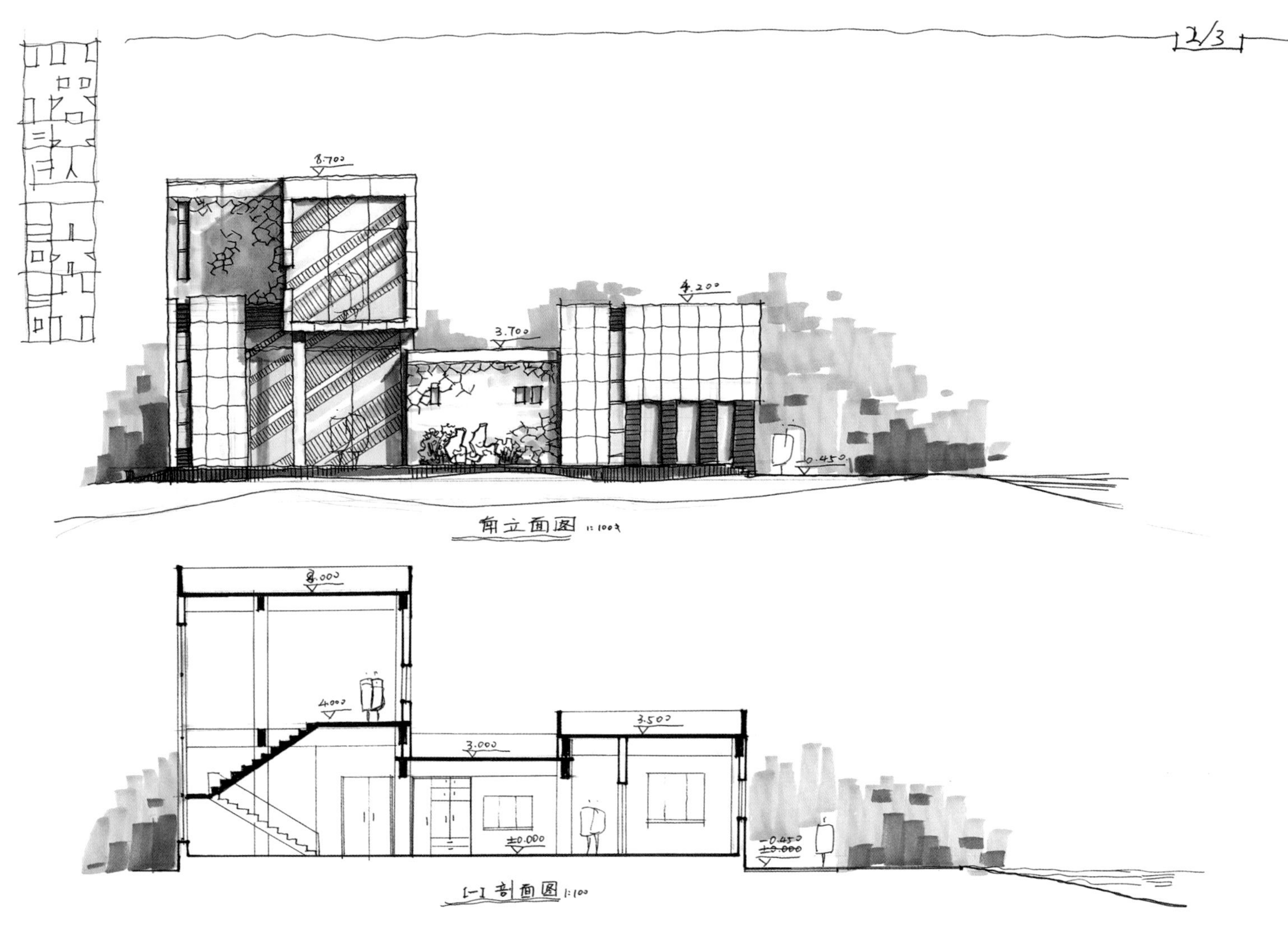

实例 3-25b 游船码头设计 · 程璐 · 北京林业大学 · A3 图纸 · 3 小时

优点：建筑立面材质表现丰富，外墙片与内体块的交接关系细节处理避免了形体的单调，突出了墙面的层次关系，不同墙面的材质之间相呼应构成统一与整体，墙面上的咖啡色等暖色调与周围植物背景的冷色调形成对比，从而使得画面和谐富有生机。

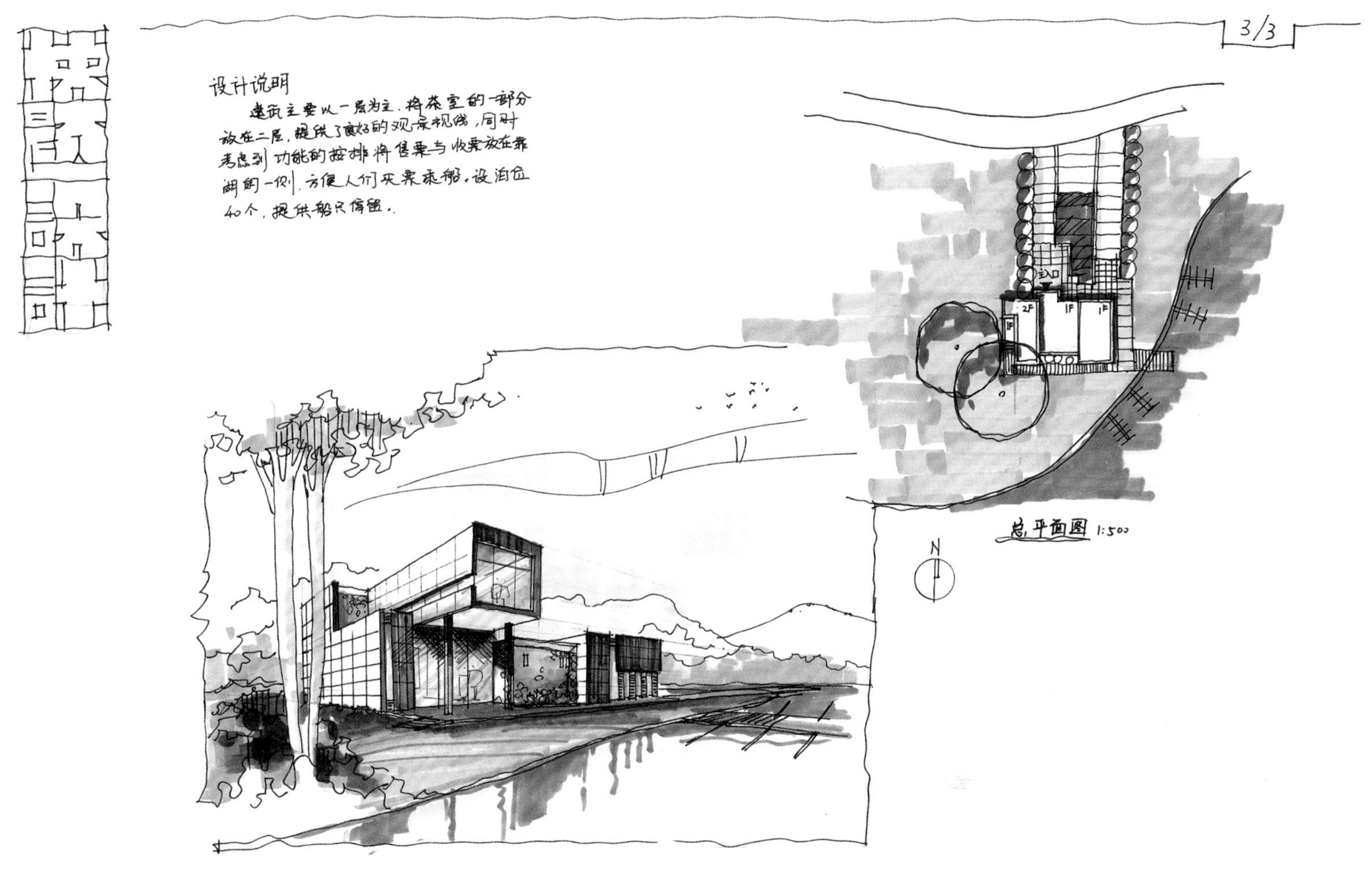

实例 3-25c 游船码头设计・程璐・北京林业大学・A3 图纸・3 小时

优点: 画面版图尚可，体块的拼接、凹凸，横竖线的对比、搭配等，富有现代建筑简洁、构成感的特色，在表现中采用两点透视，出挑的观景室形成轻盈的空间感，结合水岸的亲水平台，形成风格独立的建筑形式。

缺点: 效果图远近关系表述一样清楚，缺少空间关系。

五、展示建筑

1. 概念及基本特征

园林建筑中的展示建筑，是对有关动植物、人文、历史、艺术品提供搜集、展览、研究、保存场所的公共建筑。展览馆通过实物、照片、模型、电影、电视、广播等手段传递信息，促进发展与交流。

展示建筑主要包括安全保存、人文历史研究、普及教育三方面功能。相对于建筑学意义中的展览建筑，此类展示建筑一般设置于园林绿地中，建筑尺度规模较小，游人量小；展品内容丰富，自然因素居多，包括花卉、动植物资料标本、雕塑、奇石等；建筑总体风格与周围自然环境相适应，组合方式有单体建筑和建筑群落，建筑室内借景室外景观，室外景观又是由建筑本体与地形、水、植物等共同构成。

2. 设计要点

(1) 展示建筑的性质、规模不同，建筑的组成也各有侧重。根据《建筑设计资料集（第二版）第 4 集》第七章，展示建筑一般包括下列基本组成部分：展览区、观众服务区、办公后勤区，仓储区如表 5–1 所示。

表 5–1 基本组成部分及包含的各类用途的空间

组成部分	房间名称
展览区	室内展厅（陈列室）、室外展场
观众服务区	售票室、休息处、交通空间（走廊、门厅、楼梯、电梯）、休息室（区域）、卫生间等
办公后勤区	办公管理室、加工创作室、员工休息间
仓储区	库房

(2) 展示建筑选址应有较便捷的交通。建筑密度不宜过大，预留出一定面积的室外庭院空间用作室外展场、观众活动、临时存放易燃展品、停车及绿化。

(3) 建筑内展览的区域一般位于底层，便于展品运输及人流集散。层数不宜超过二层。

(4) 展区应位于馆内显要部位，便于人员集散及展品运输；库房应靠近展区并有一定的隐蔽，避免游客穿越；观众服务区应与建筑前集散场地、展区有良好的联系；后勤办公区与展馆可分设也可合设。

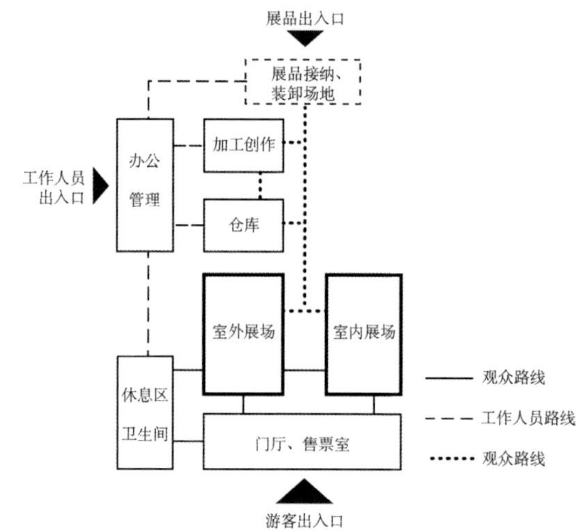

图 5–1 展示建筑功能流线图（来源：自绘）

(5) 展示建筑应有无障碍设施。

(6) 展厅和展场的空间组织应保证展览的系统性、灵活性和公众参观线路的流畅性、可选择性，应避免迂回、交叉。展品及工作人员流线应与公众参观流线分开。

(7) 展厅设计应便于展品布置。当展厅有柱时，柱网间距不宜过小。布展方式尽量结合柱网布局。除特殊要求外，展厅建筑应有自然采光。为避免阳光直射展品，不宜采用大面积的透明幕墙或透明顶棚。（表 5–2）

表 5–2 展览馆土建设计标准（节选）
（来源：《建筑设计资料集（第二版）》P141）

空间名称	建筑		
	柱网	净高	自然采光
展览厅	大柱网	≥ 6	/
门厅	大柱网	≥ 4	宜采用
休息处	不做要求	不做要求	宜采用
售票处	不做要求	不做要求	/
库房	大柱网	≥ 4	/
员工休息间	小柱网	≥ 2.4	宜采用
加工创作	小柱网	≥ 2.4	视需而定
办公管理室	小柱网	≥ 2.4	应采用

5.3、实例

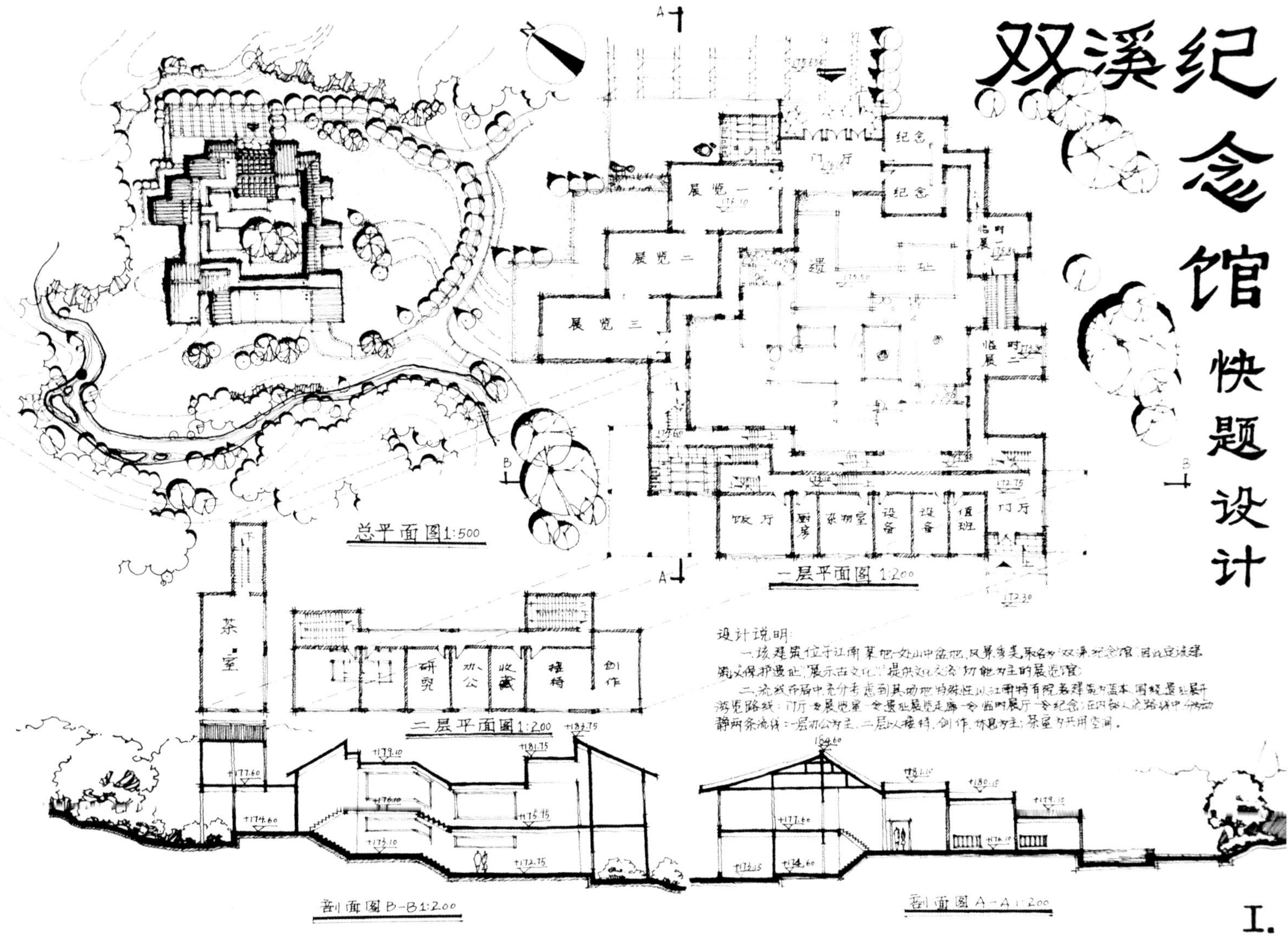

实例 3–26a　北京林业大学 · 何伟 · 纪念馆设计 · A3 图纸 · 6 小时

优点：建筑与场地相契合，通过局部错层的方式适应元地形的高差变化。

房间按永久性展览区域、临时性展览区域、旅客服务区域以及办公区域进行有效划分，设置中庭一方面有效保留遗址，另一方面提供室外集散空间以及室外展场空间。门厅处开大窗，进入建筑既可以看到遗迹。公共卫生间位于门厅中庭旁的走廊通透，充分利用了中庭的景观效果和采光。

游客活动区域和工作人员活动区域进行了有效的划分，使彼此不相干扰，办公室、创作室在二层保证了房间的相对私密和安静。茶室位置也方便游客寻找且有较好的观景视角。

展览房间彼此相连，并于外侧的走廊、室外庭院相结合，保证了展览参观的连续性。

立面整体形态统一而细部变化多样，效果图透视较准确，表现细腻。剖面图表现细致，承重结构表达准确。

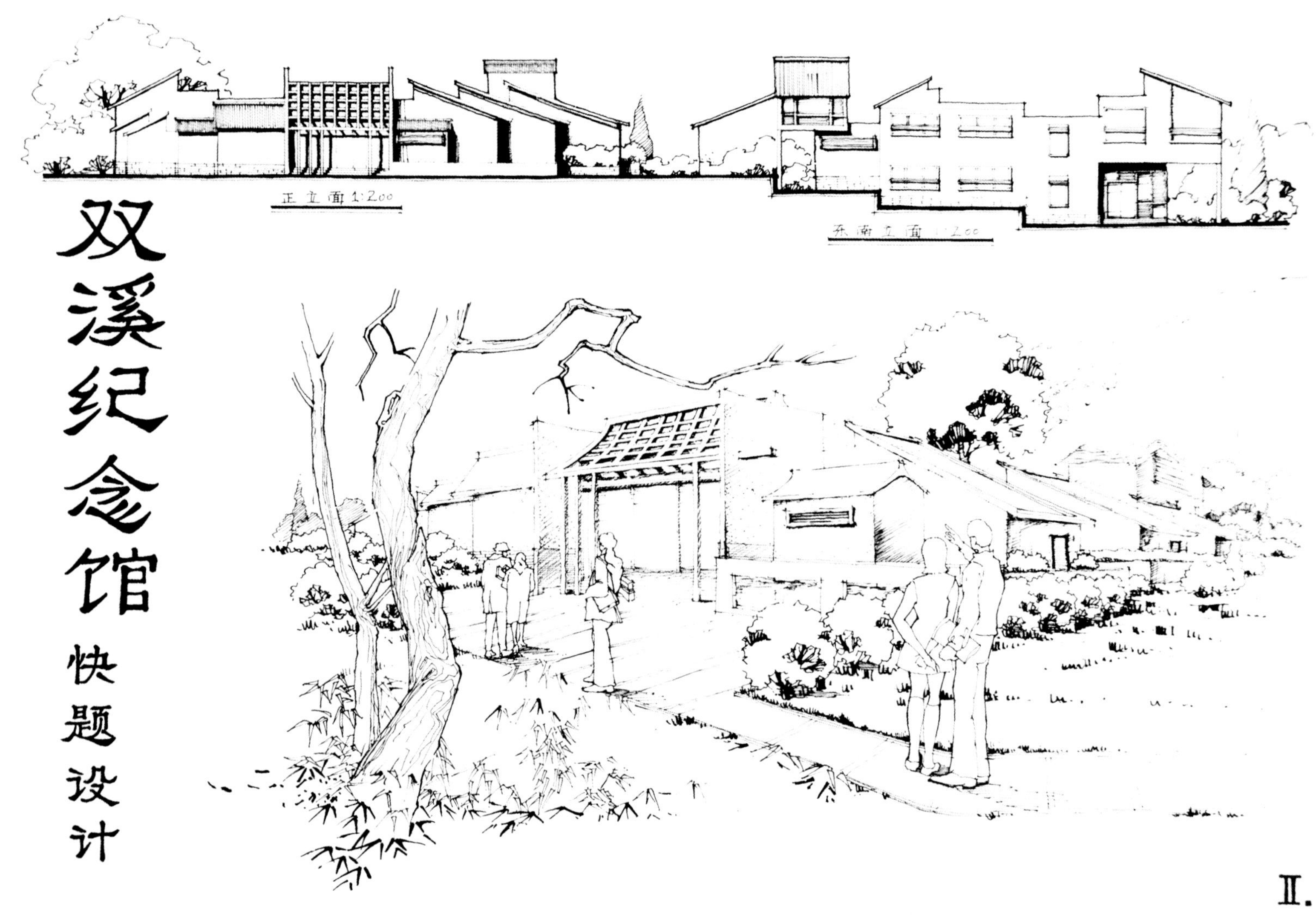

实例 3-26b 北京林业大学 · 何伟 · 纪念馆设计 · A3 图纸 · 6 小时

缺点： 遗址完全由曲折的回形走廊所包围，为建筑物所遮蔽，已无法从外部直接看到；值班室在次要出入口，不能有效监视管理出入人群。

办公区域与游客活动区域之间缺乏便利的交通联系，杂物室和收藏室距离展厅较远，布展不便。公共建筑没有考虑无障碍通道满足特殊人群使用需求以及展品的运输的需求。南侧并排走廊的处理浪费空间，管理区域的走廊采光效果差。

剖面图高差标注应以一层室内地坪为“±0.00”，展厅为坡屋顶，高度为 3.00~5.00m，局部高度过低。

效果图配景过于细致影响建筑的表达。

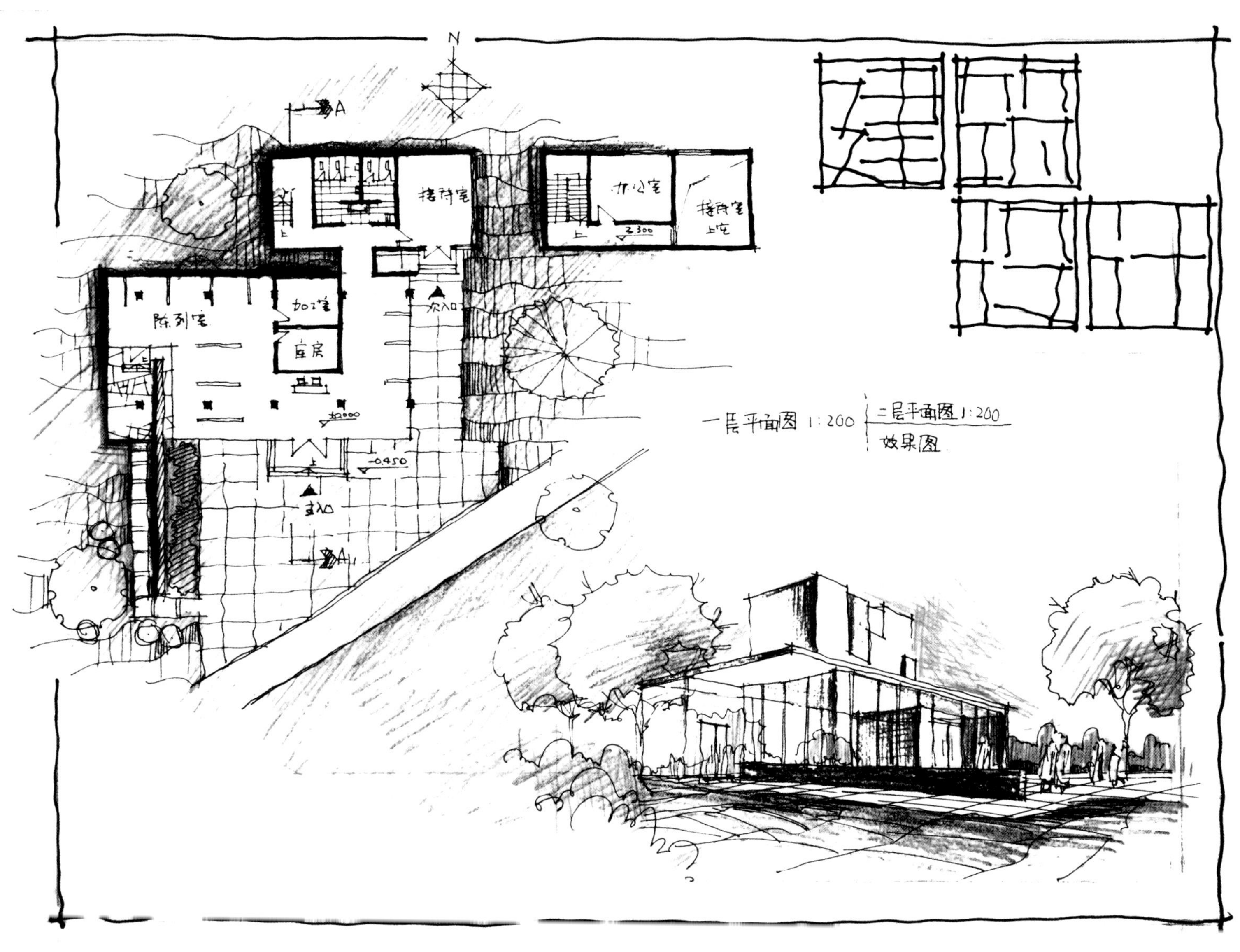

实例 3-27a 北京林业大学 · 王昱 · 纪念馆设计 · A3 图纸 · 3 小时

优点： 展厅充分利用原有基址及承重结构，原有也矮墙予以保留。

展览区域和办公区域分离，加工室与库房设置于展厅大空间中，便于展品的运输；卫生间单独设置，使其具有一定的私密性，既方便又保证了一定私密性。办公室设于二楼，避免游客误入并保持相对安静。

建筑外形统一，明暗变化突出，详略得当。

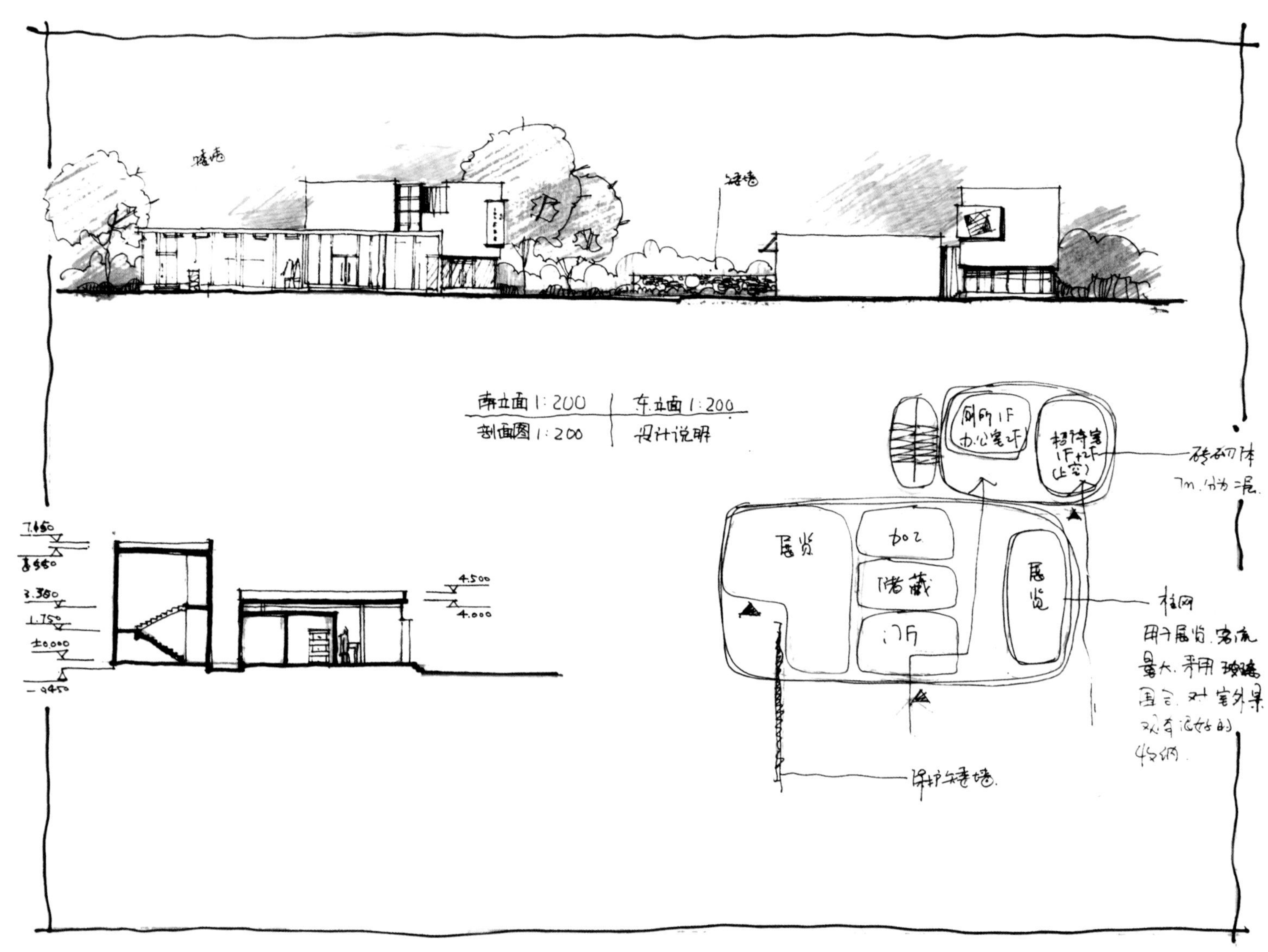

实例 3-27b　北京林业大学 · 王昱 · 纪念馆设计 · A3 图纸 · 3 小时

缺点：没能解决原有承重柱体对展览空间布展的影响。展览空间被分为东西两部分，中间部分又充当门厅的作用，右侧还有部分交通需求，造成空间功能混乱，游客观展体验差。

展厅过于通透，自然光直接照射在展品上，影响展品的保存和观看效果。

第二页构图较为不合理，大面积留白。

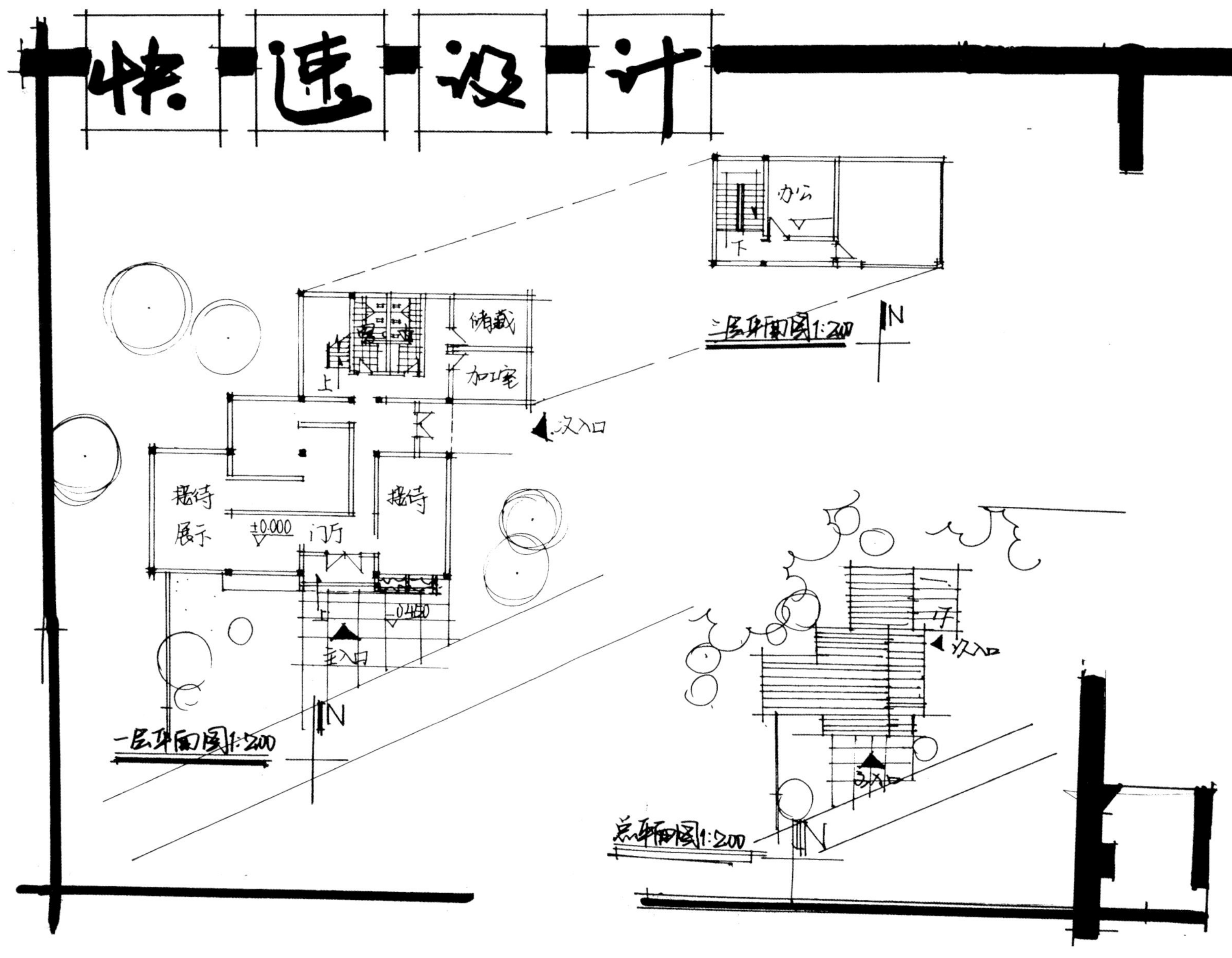

实例 3-28a　北京林业大学・公超・展室设计・A3 图纸・3 小时

优点：保留了原有的基址和柱体结构。功能划分明确，尺度把握较好。

在展厅内设置流畅的游览路线，其中局部空间拓宽，方便不同类型展品的布置。接待室在门厅一侧，卫生间也可由两个入口直接到达，非常便利。储藏室和加工室位于一层，与展厅有一定的联系又保证了相对的私密和安静。

展厅部分没有大面积开窗，避免自然光直接照射展品对展示效果的影响以及对展品的损坏。

建筑各房间组合灵活，承重结构设计合理，外形统一并富有层次感。立面图有效地表现出建筑立面的立体感和材质特性，明暗变化明显，配景植物有效地突出了建筑的形体。

效果图简介，建筑形体和透视控制较好。配景选取适当。版面设计完整、统一。

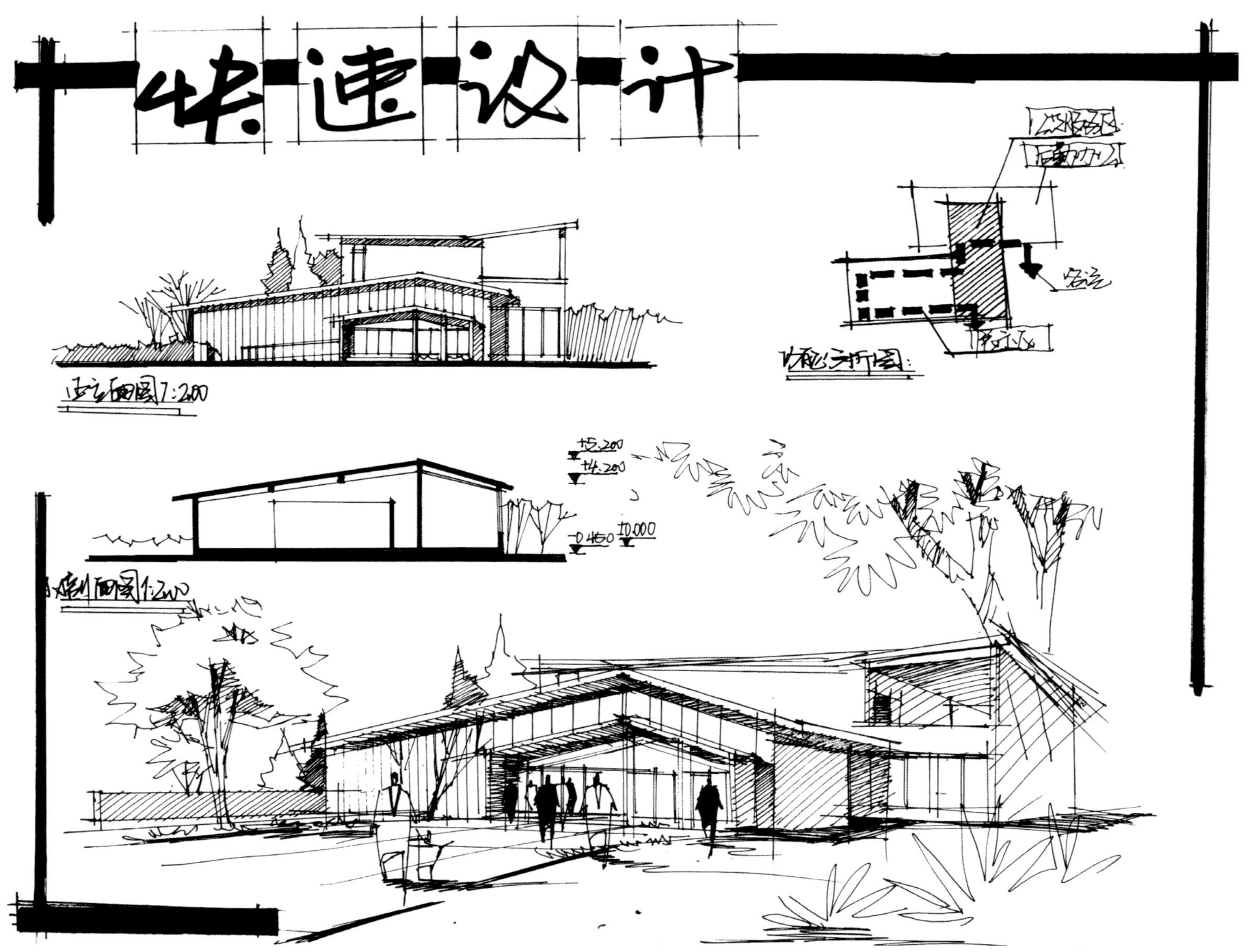

实例 3–28b 北京林业大学 · 公超 · 展室设计 · A3 图纸 · 3 小时

缺点： 平面图没有画出建筑窗体的位置，主入口门厅面积过小，不利于游客集散；次入口处外环境交代不清，广场和道路。漏画了剖切符号剖面图地平线错误。

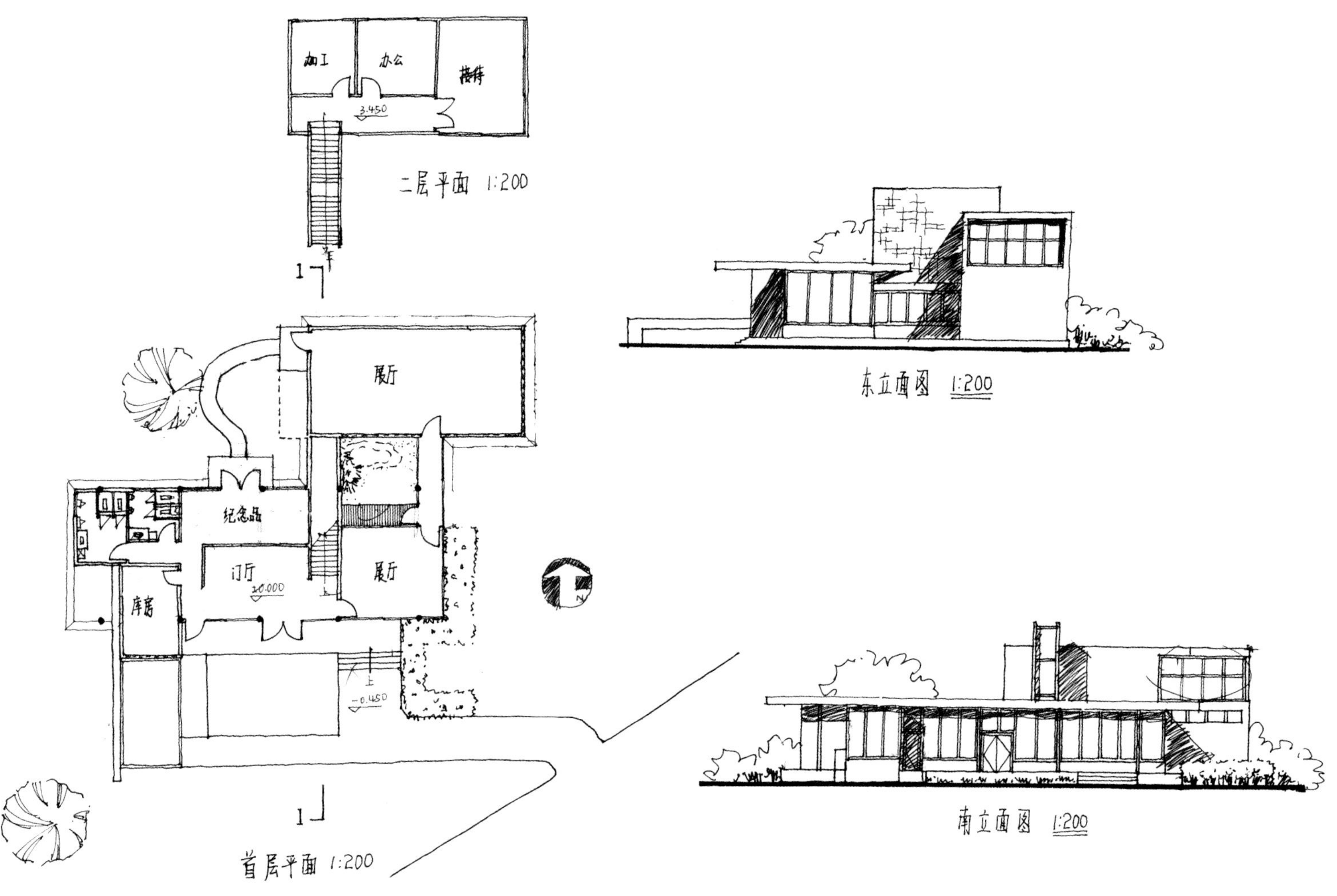

实例 3-29a　北京林业大学·刘沁炜·标本陈列馆设计·A3 图纸·3 小时

优点：画面总体版面布置合理。均衡，相互关系一目了然，建筑平面功能布局安排合理，建筑内部交通流线组织灵活有序，在两个展厅之间穿插中庭，采取回廊交通方式，不仅丰富了小型建筑的空间内容而且疏导了不同流向的人群。建筑外立面的设计做到了尺度与比例的和谐，这一点很重要；立面的虚实关系即玻璃与实墙的交错组合丰富了建筑的层次感，使建筑富有节奏与韵律。

缺点：缺少总平面图。

实例 3–29b 北京林业大学·刘沁炜·标本陈列馆设计·A3 图纸·3 小时

优点： 画面整体布置均衡、有序，整体感强，采用方盒子式的建筑造型，适当的灰空间以及丰富的立面设计使得方盒子避免单调，方形建筑外观整体感强，作者对细节的推敲、局部的变化等处理都显示出深厚的功底。手绘线条流畅、娴熟，对建筑及环境的表达比较充分，对空间的延伸感把握尺度较好，将效果图作为构图中心吸引人的眼球，容易出彩。

缺点： 剖面图的表达则相对过于简单，对建筑内部细节再稍加刻画则会更好。

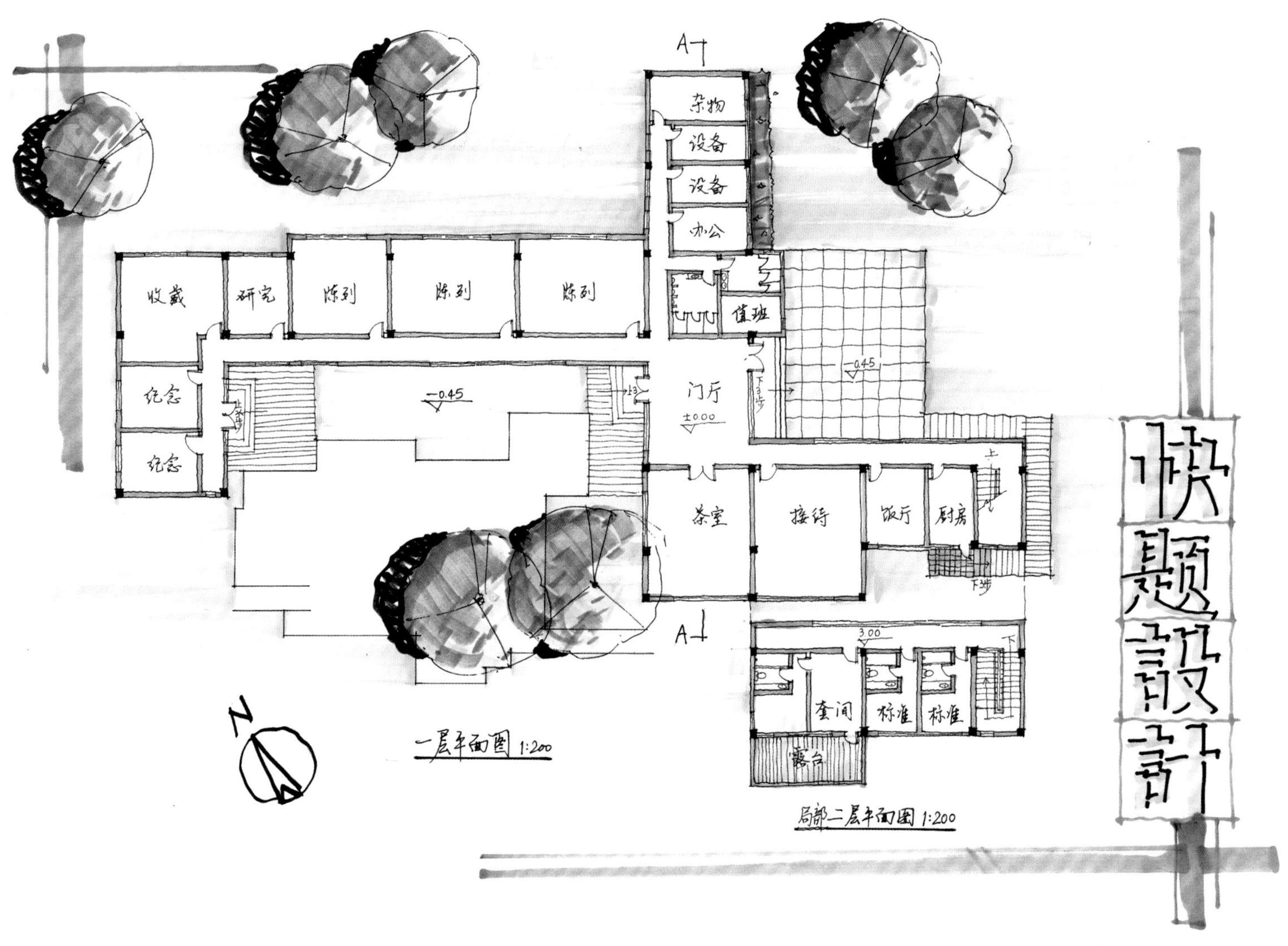

实例 3-30a　北京林业大学·邓慧娴·纪念展厅设计·A3 图纸·3 小时

优点：画面布置整体感强，排版紧凑、匀称。平面图上各个功能分区布置合理，建筑入口处空间结合自身形式与环境树形成半围合庭院，该建筑平面设计延伸感极强，再加上适当的景观视觉空间，柔和建筑与环境的相互关系，使设计与环境融合。手绘方面线条流畅、准确，配色清新、淡雅，整体画面风格统一，让人感觉心旷神怡。

缺点：值班室没有入口；

建筑内部有一个厕所是黑房间，不利于排气通风，虽然设计没有绝对，但是设计初期应该注意这些小问题。

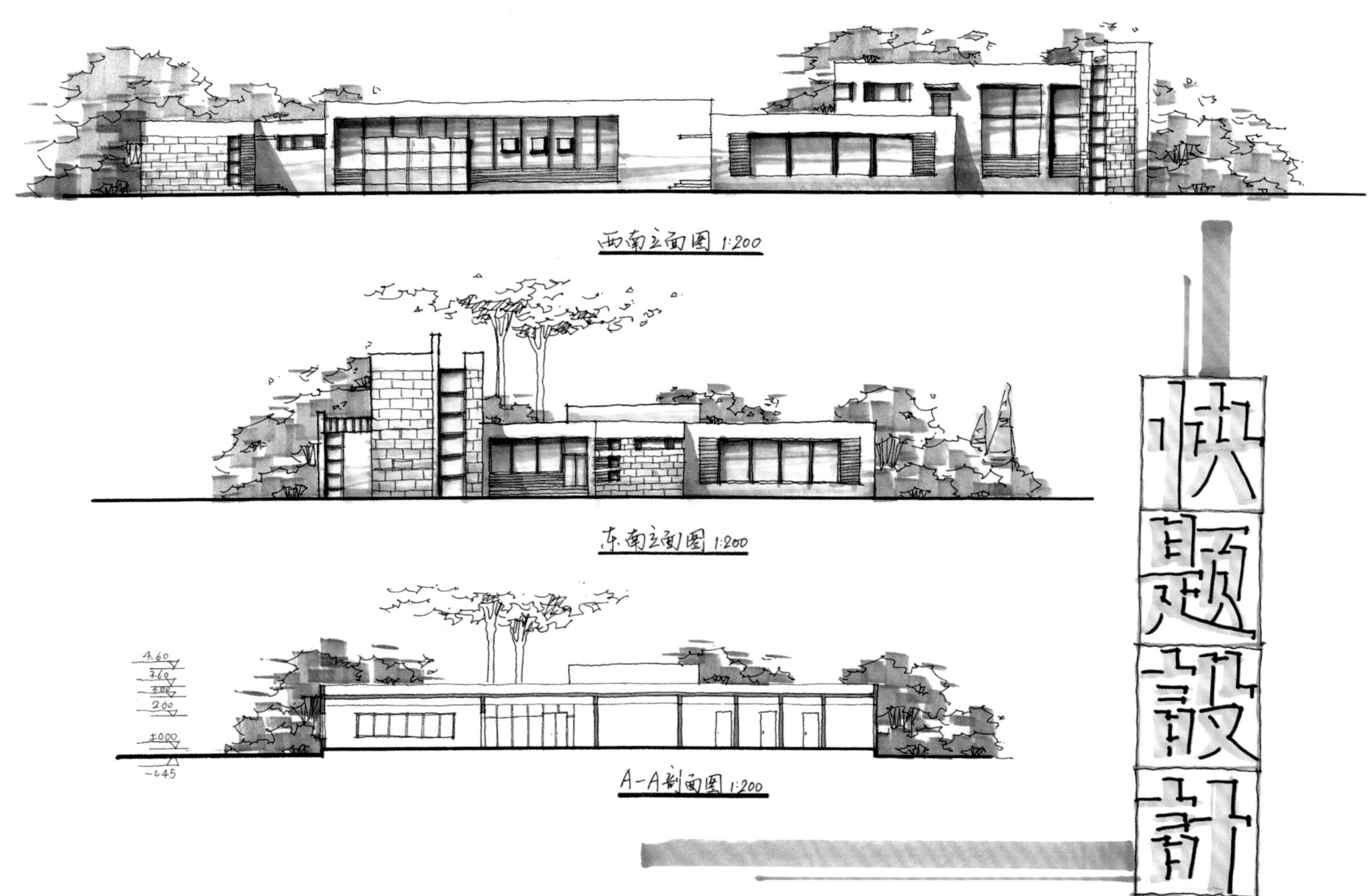

实例 3-30b 北京林业大学·邓慧娴·纪念展厅设计·A3 图纸·3 小时

优点： 画面整体排版布置紧凑、均衡。建筑外立面丰富多样的变化是该设计的亮点，外墙上的设计元素，在“矩形”之中寻求变化、对比。各个空间的相互组合最重要的是比例与尺度的把握，该设计的建筑外立面所呈现虚实变化、不同建筑材料的结合形式等都符合设计上的美学法则。整体画面用色冷暖色调结合，使画面显得纯净、一目了然。

缺点： 立面没有标高。

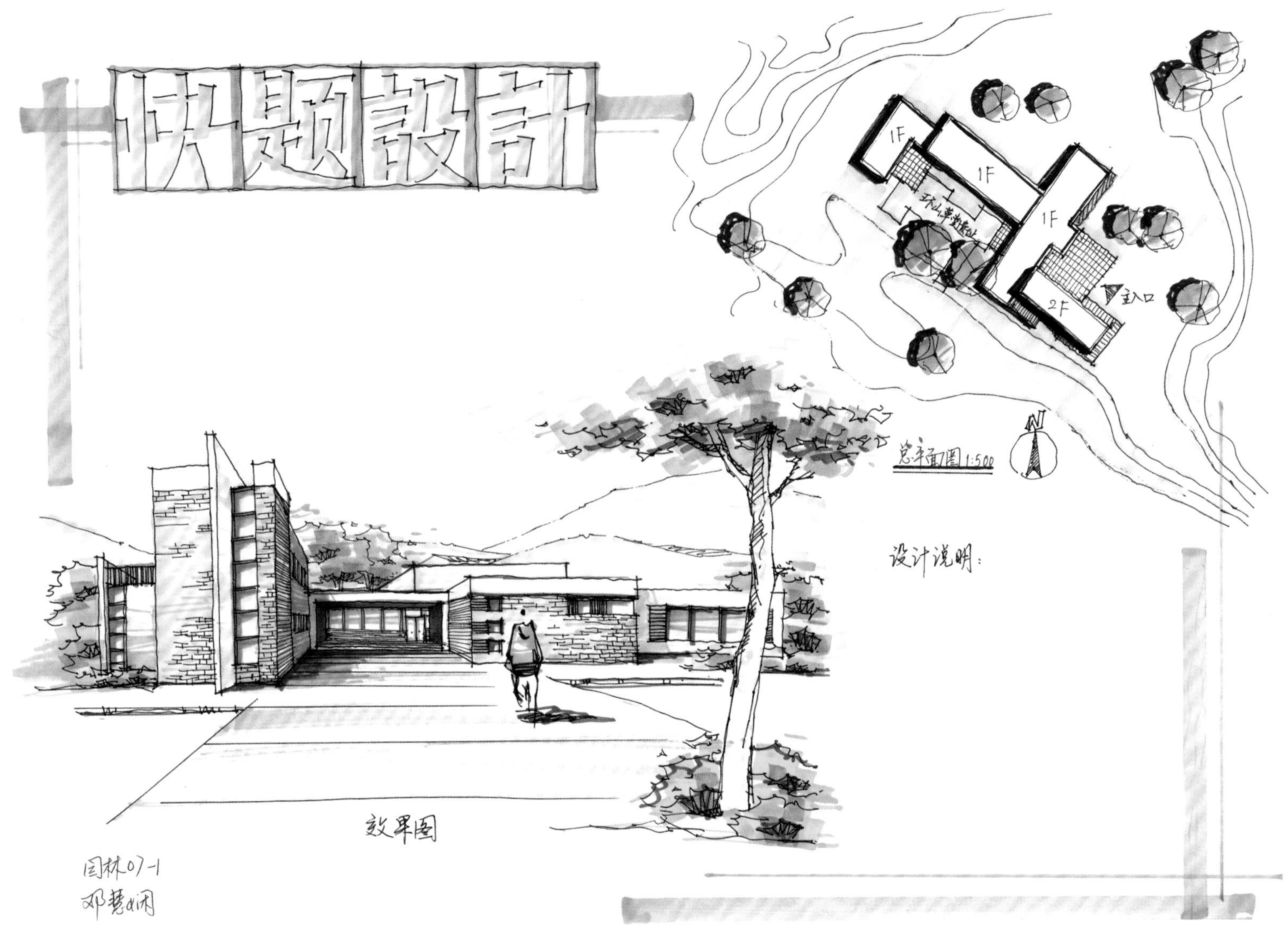

实例 3-30c　北京林业大学·邓慧娴·纪念展厅设计·A3 图纸·3 小时

优点：画面排版紧凑、整体统一感强。效果图采用一点透视，空间感把握的较好。形体为多个方形功能盒子的相互咬合与排列组合，空间感较为丰富。建筑物为规则矩形组合，配以活泼、轻盈、有动感的前景树则调动了整体的饱满气息，远景树的简单概括丰富了建筑立面，并且柔和了建筑的视觉空间，使得现代建筑显得不生硬单调，远处天空与山势的刻画丰富了画面的语言，由于配色上选择统一于整体画面清新淡雅的风格，所以不会显得多余。

缺点：设计说明不完整。

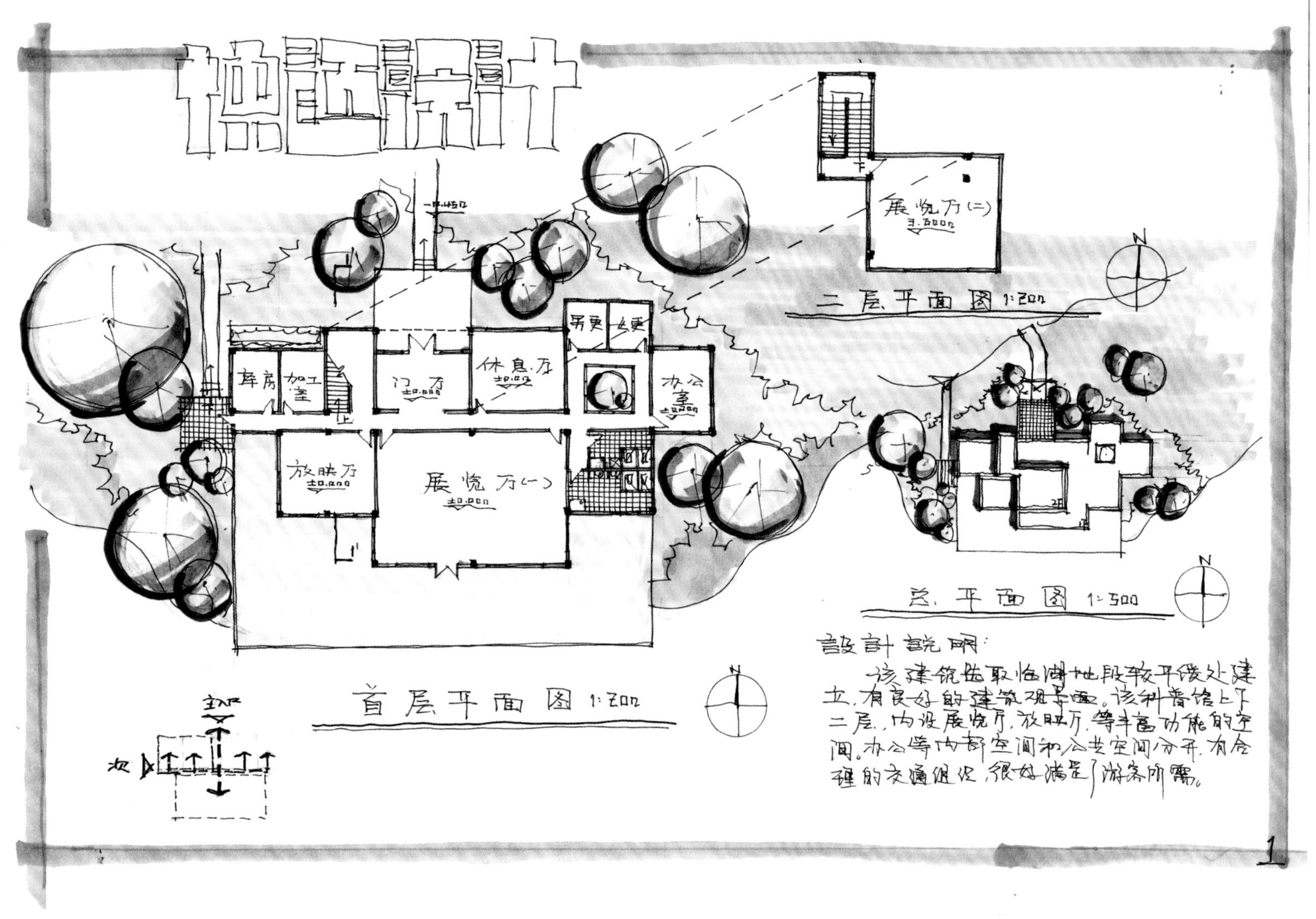

实例 3-31a 北京林业大学 · 张新霓 · 科普展览馆设计 · A3 图纸 · 3 小时

优点： 总体画面排版布置均衡，风格统一。平面功能分区明确，各个房间之间的联系紧密，从门厅进入建筑内部，游客可以选择休息或者直接进入展区，分别设置游客入口与工作人员入口，流线组织合理分配，空间功能组织多样化。并且从图面上看建筑与周围环境、道路也有一定的结合，不失为一个好的设计方案。整体画面灰色马克笔表现环境色与明暗关系等，较为节省时间，但是此法不是最佳选择。

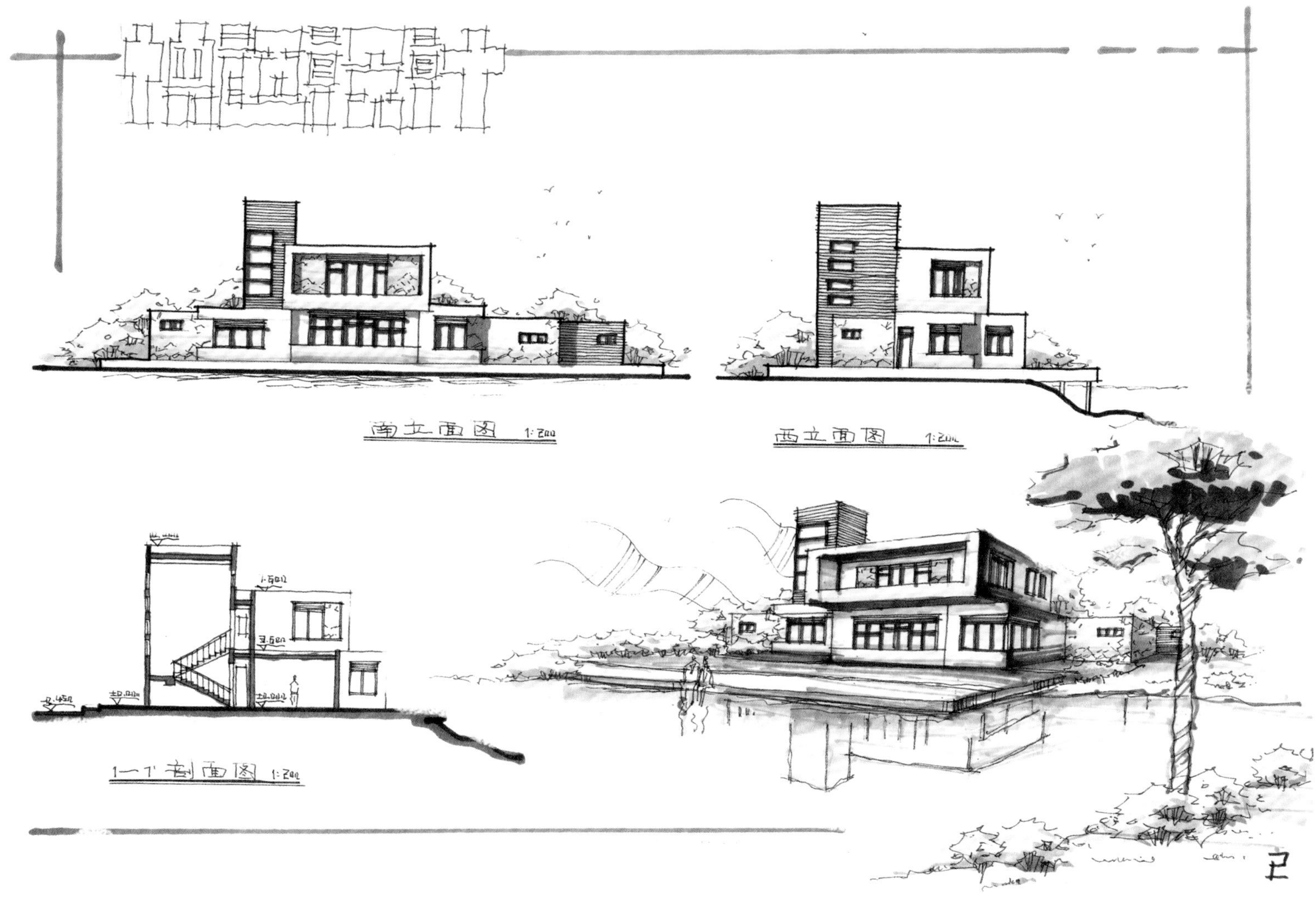

实例 3-31b　北京林业大学·张新霓·科普展览馆设计·A3 图纸·3 小时

优点： 画面整体排版结构合理有序，图幅紧凑、均衡。在建筑外立面表现了多种不同的建筑材料，玻璃材料与水泥墙体的契合表现手法熟练，背景树的外轮廓勾勒轻盈、灵动，柔和了冷酷的建筑外轮廓。作者形成了一套自己惯用的、比较成熟的空间处理方法，该效果图的刻画有主有次，这样的表现手法使得画面拉开了层次，有更强的进深感。画面右下角前景树的表现恰到好处，在总体构图中使画面总体有厚重感，并丰富了建筑环境。

缺点： 立面没有标高。

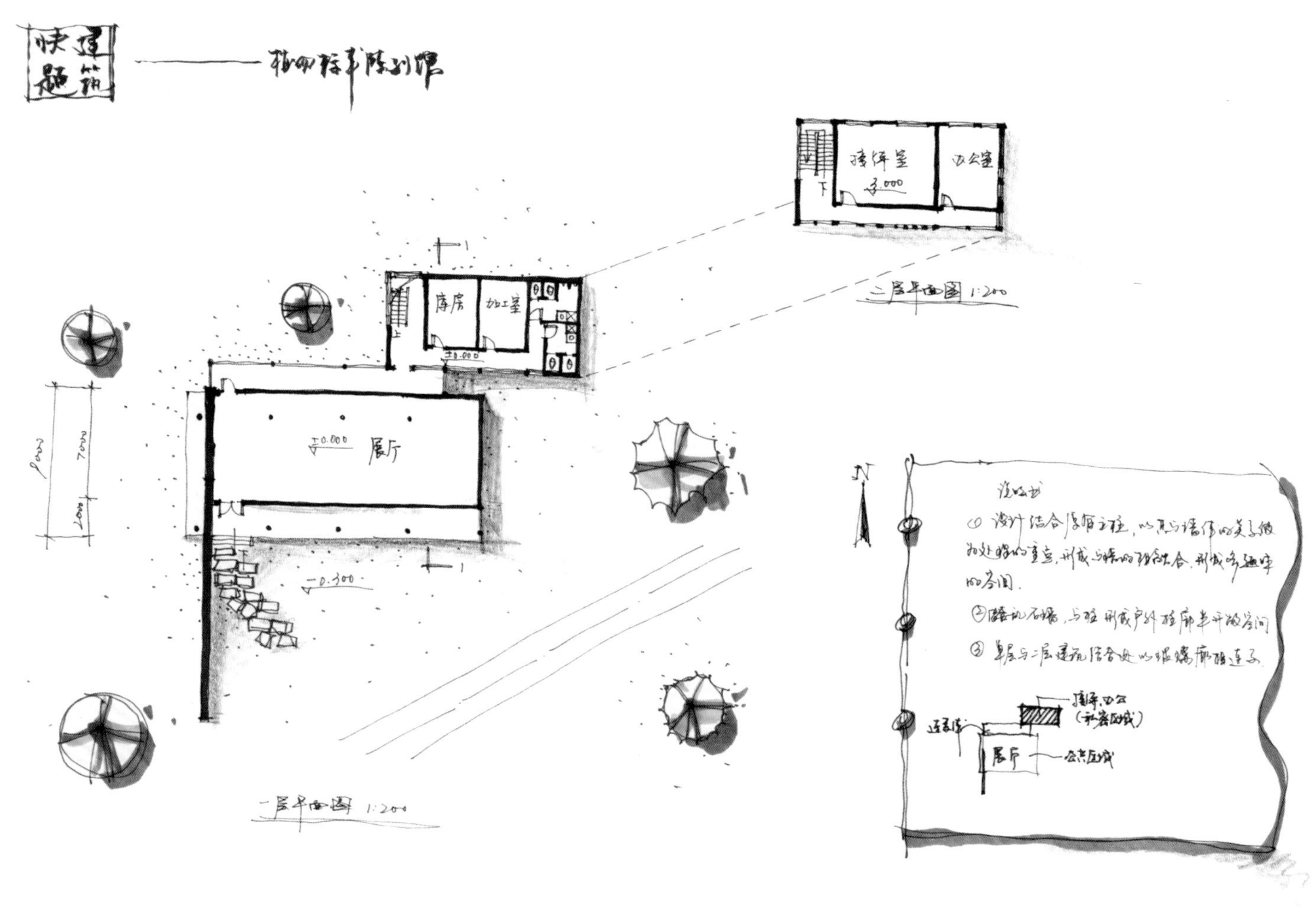

实例 3–32a 北京林业大学·王月洋·昆虫展厅设计·A3 图纸·3 小时

优点：建筑平面设计空间功能布局合理，空间设计与周围环境结合得比较好，利用伸展的矮墙将景观收入建筑范围成为前庭，展厅的前后廊形成灰空间，不仅作为动线连接了其他房间，并且作为建筑内部与外部的过渡空间，让建筑整体富有空间感上的层次变化。建筑本身处于比较开阔的场地，利用地形环境，将环境纳入自身空间是很好的做法。

缺点：版面构图散，排版略显凌乱。

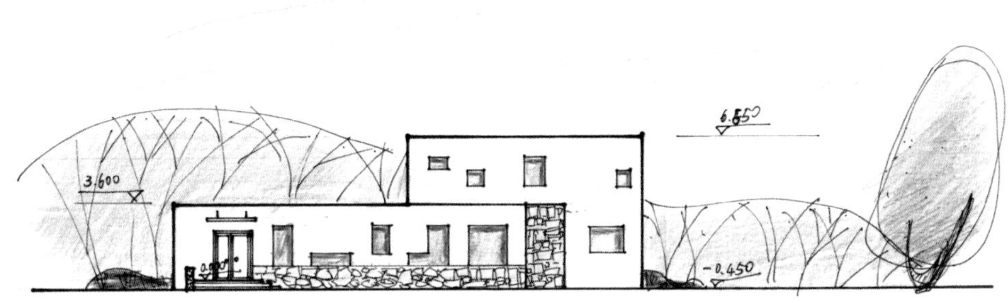

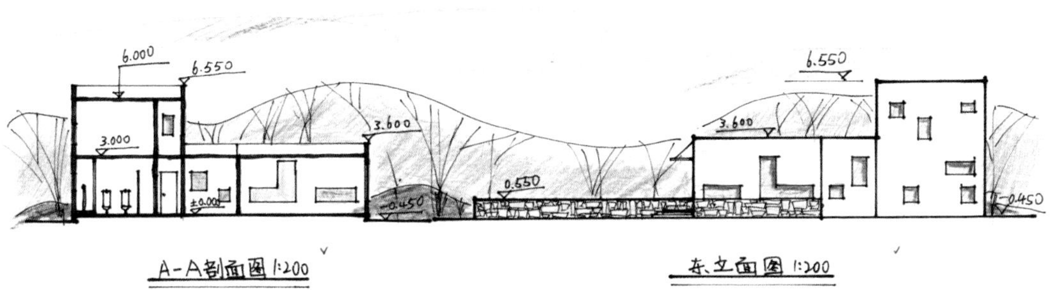

实例 3-32b 北京林业大学·王月洋·昆虫展厅设计·A3 图纸·3 小时

优点： 画面排版紧凑、均衡，画面整体风格和谐统一，线条干净、简练。建筑立面是两个方盒子的结合，利用不规则开窗形式丰富立面，有些许极简主义的味道，墙面干净、玻璃透净的视觉效果给人以一种艺术上的纯净美。建筑室内空间透视感把握的比较到位，运用一点透视以人的视觉高度展示室内设计，更明了、直观地表现建筑空间内部的尺度。手绘配色上选用色泽较清亮的彩铅来表现，体现一种干净、可爱的建筑风格。

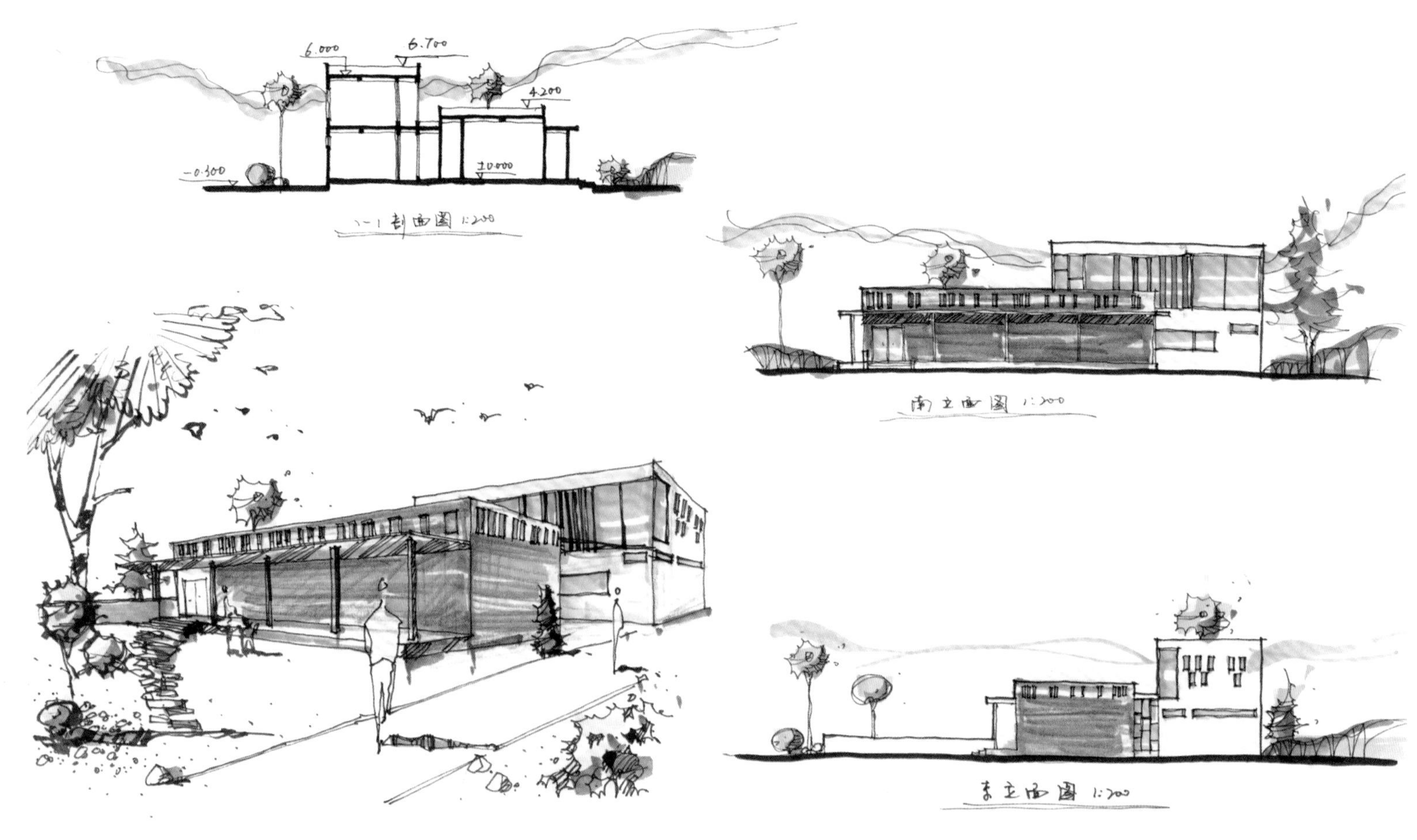

实例 3-32c 北京林业大学·王月洋·昆虫展厅设计· A3 图纸· 3 小时

优点： 版面布置紧凑、匀称，该设计为方案的另一立面设计表现，采取风格不同的立面表现，建筑细部装饰复杂化，竖线条元素的表达体现了节奏与韵律，玻璃窗的设计体现了对比与变化，色彩上选用暖色的实体外墙，与蓝色玻璃面形成鲜明的虚实对比。建筑周围环境的概括简洁、明了，立面配景树增添画面的尺度感。效果图近景树的表达不仅使构图更加完整，而且使画面变得活泼。充满动感。

缺点： 立面没有标高。

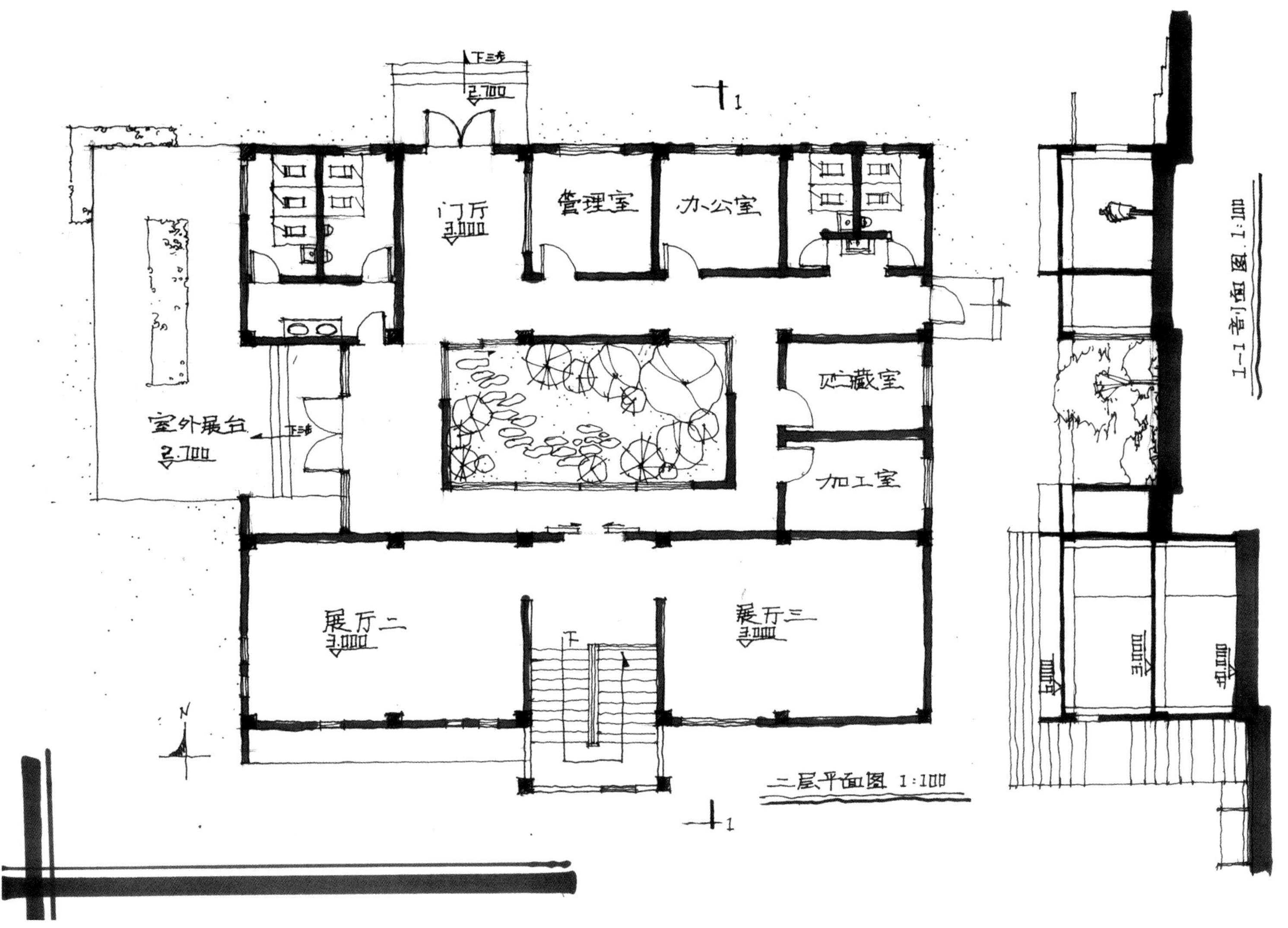

实例 3-33a　北京林业大学·纪茜·展览馆设计·A3 图纸·3小时

优点：版面排版紧凑。均衡，建筑平面功能分区合理、明确，各个房间之间联系紧密。建筑内部设置中庭，环形流线组织合理、通畅。不同的建筑入口疏导了不同需求的人流，使得内部空间游客与工作人员进出不会造成拥挤现象。建筑柱网结构条理清晰、分布均匀，使人一目了然。剖面图运用比例人，使人能直观地感受建筑的空间感。

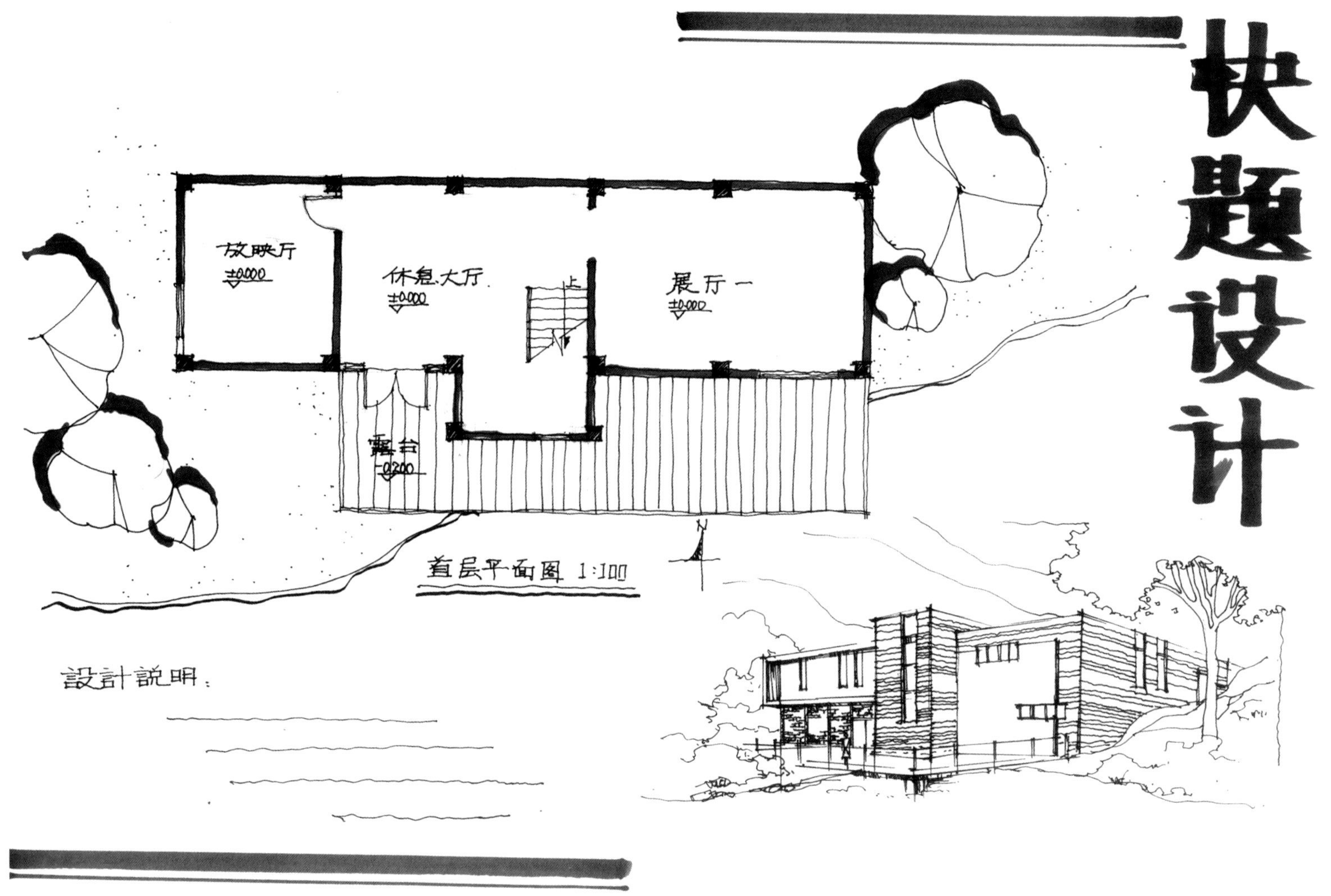

实例 3-33b 北京林业大学·纪茜·展览馆设计·A3 图纸·3 小时

优点：画面排版均衡，各图幅构图比例合宜。二层平面设置出挑阳台，使建筑整体进深错落有致，一层形成部分灰空间，建筑外观的虚实对比增加，平面的植物配景阴影部分刻画使得画面整体富有流动感。效果图的表现选用两点透视，主要表现南立面，笔墨的刻画有主有次，近景树的简单表现增加了画面的层次感，而远景的表现拉深了画面的深度。

缺点：设计说明不完整。

剖面图图位不正。

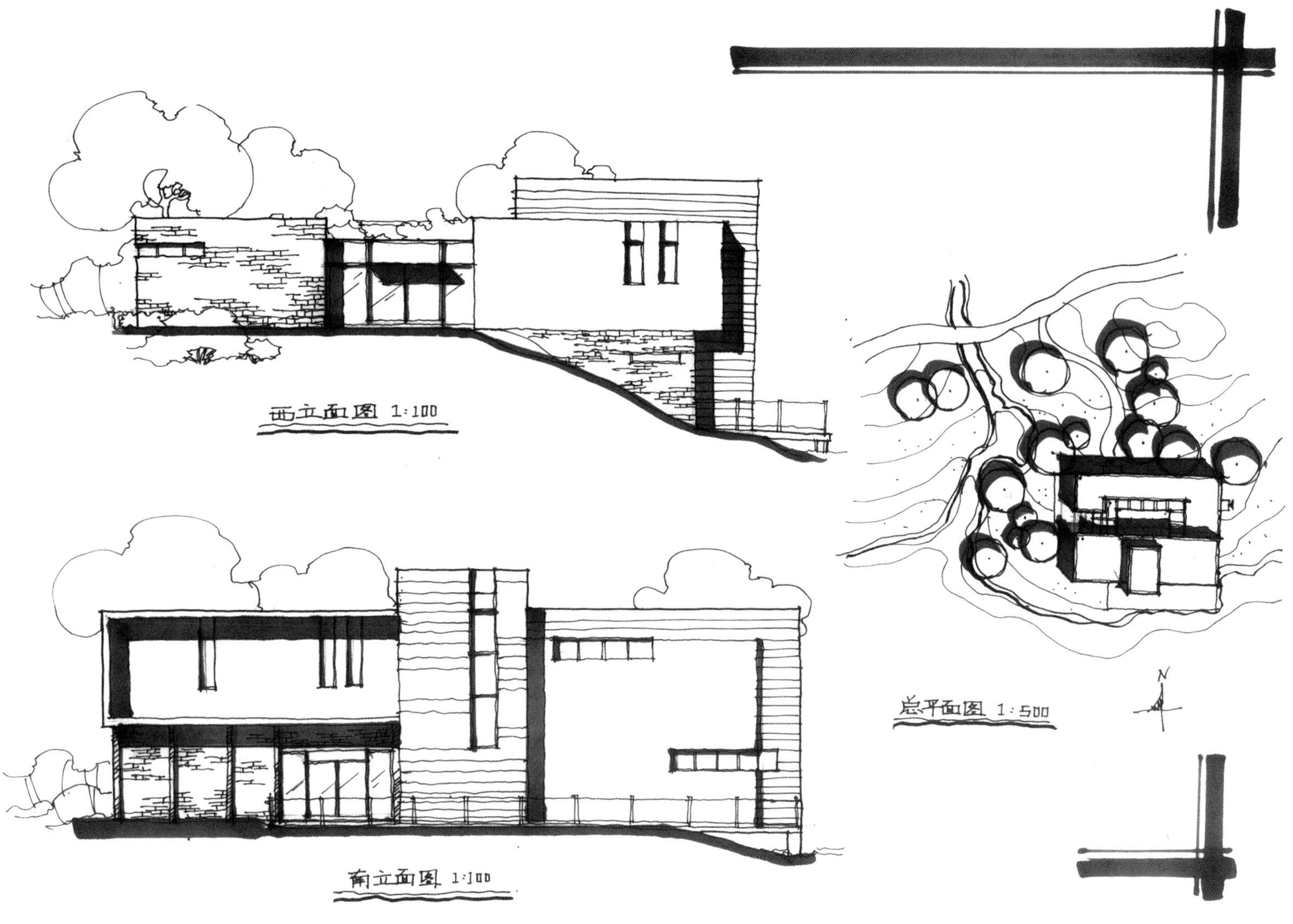

实例 3–33c　北京林业大学·纪茜·展览馆设计·A3图纸·3小时

优点： 画面排版紧凑、均衡，整体画面风格统一。徒手线条娴熟流畅，对建筑立面阴影的刻画强化了了建筑形体前后错落的变化，画面整体层次感加强。建筑由数个矩形盒子相互组合而成，立面的设计语言亦由矩形变化而自由组合而成，建筑外围扶手的结合使得建筑总体虚实的对比明显增加，体现出现代建筑艺术的处理手法。

缺点： 立面没有标高。

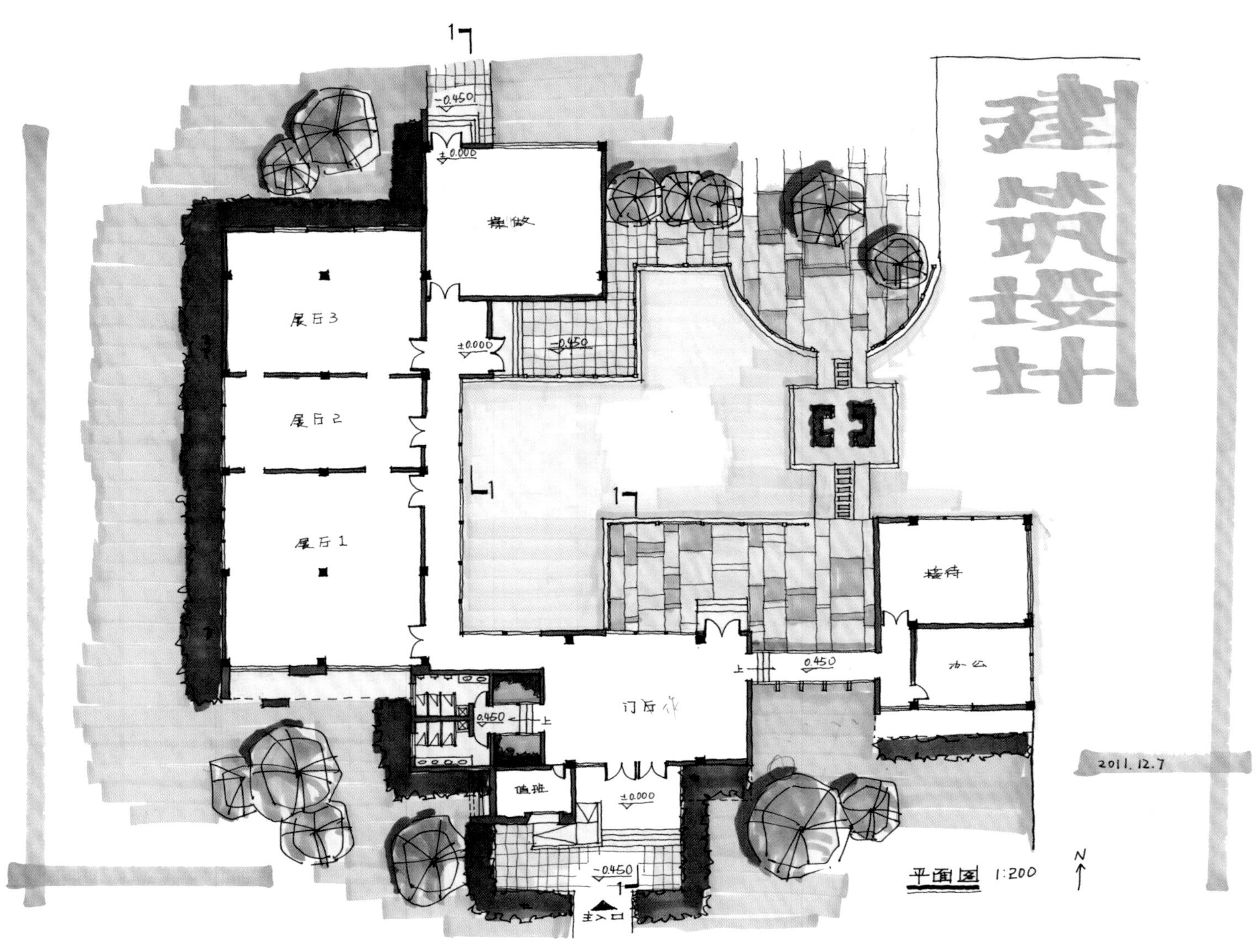

实例 3-34a 北京林业大学·刘沁炜·展示建筑设计·A3图纸·3 小时

优点： 版面排版均衡，构图完整。建筑平面设计功能分区合理，动静分区明确，与周围环境、道路都有一定结合。展区与办公区域分布在中庭两侧，以门厅作为衔接点。规则式的庭院景观设计与建筑平面形式和谐，设置主次入口，防止形成了环形死胡同流线组织。使得游客的观赏路线灵活多样，能更多角度地感受不同的建筑空间。

实例 3-34b　北京林业大学·刘沁炜·展示建筑设计·A3 图纸·3 小时

优点：画面排版均衡，整体感强。手绘表现图空间感极强，淋漓尽致地展现了设计的细部与整体，简单的几何形体的碰撞与结合形成极具现代气息的建筑风格，其所展现的建筑语言运用阴影、色泽的加深等不同手法，让建筑的比例与尺度更直观地表现出来，展示了作者平常深厚的观察学习力。对近景植物的表现，给画面整体增添几许动人的温暖，对植物的选择显示出独特的个性。而天空的表达则拓展了画面的视野，让画面更大气。

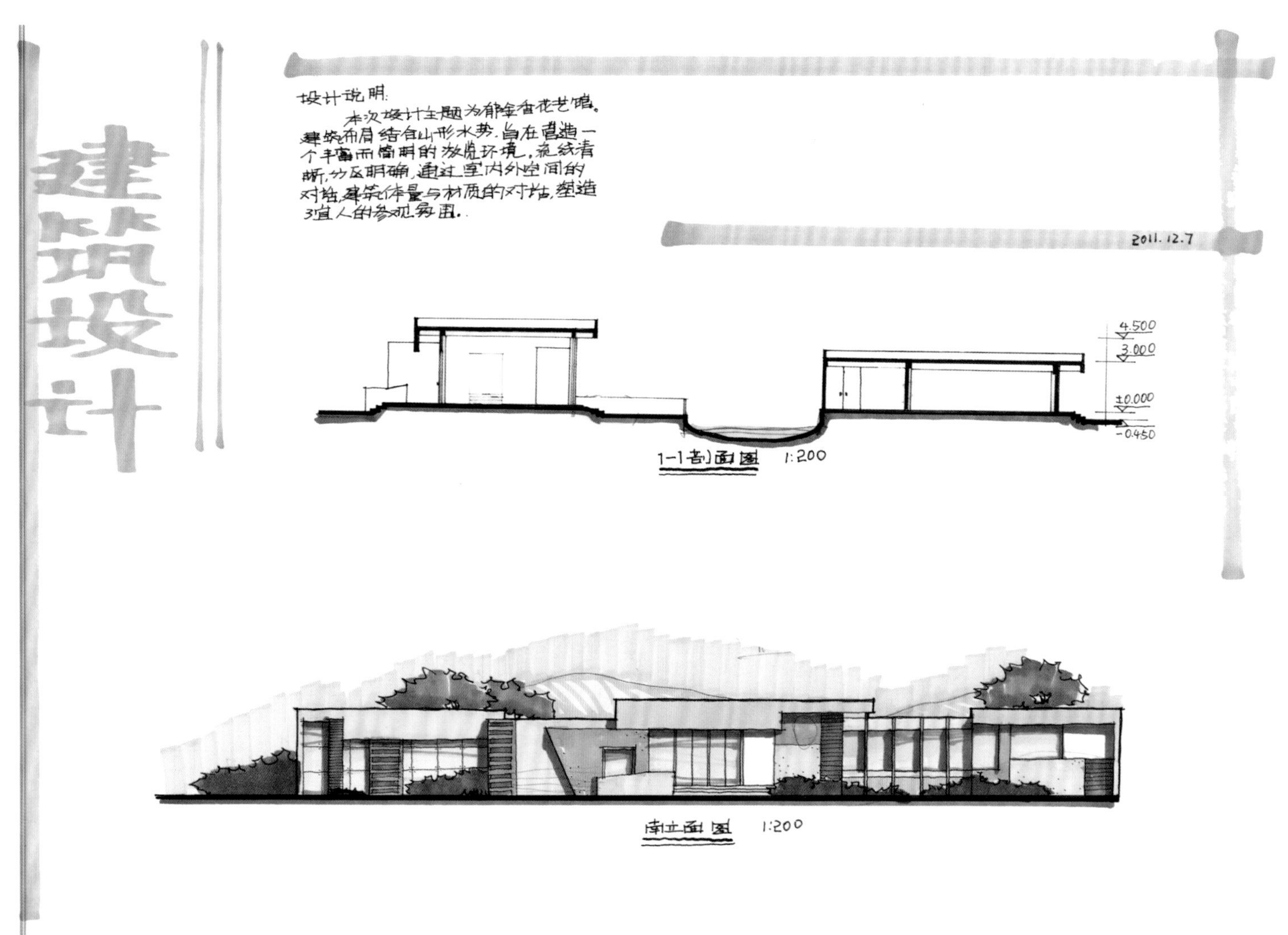

实例 3–34c 北京林业大学·刘沁炜·展示建筑设计·A3 图纸·3 小时

优点： 画面排版尚可，剖面图较清晰地表达了建筑内部结构与地形环境的关系。立面设计有较多的变化，片墙、门窗凹凸，门窗横条或者成片幕墙的不同方式组合丰富里里面空间。

缺点： 立面没有标高。
标题字体突兀。

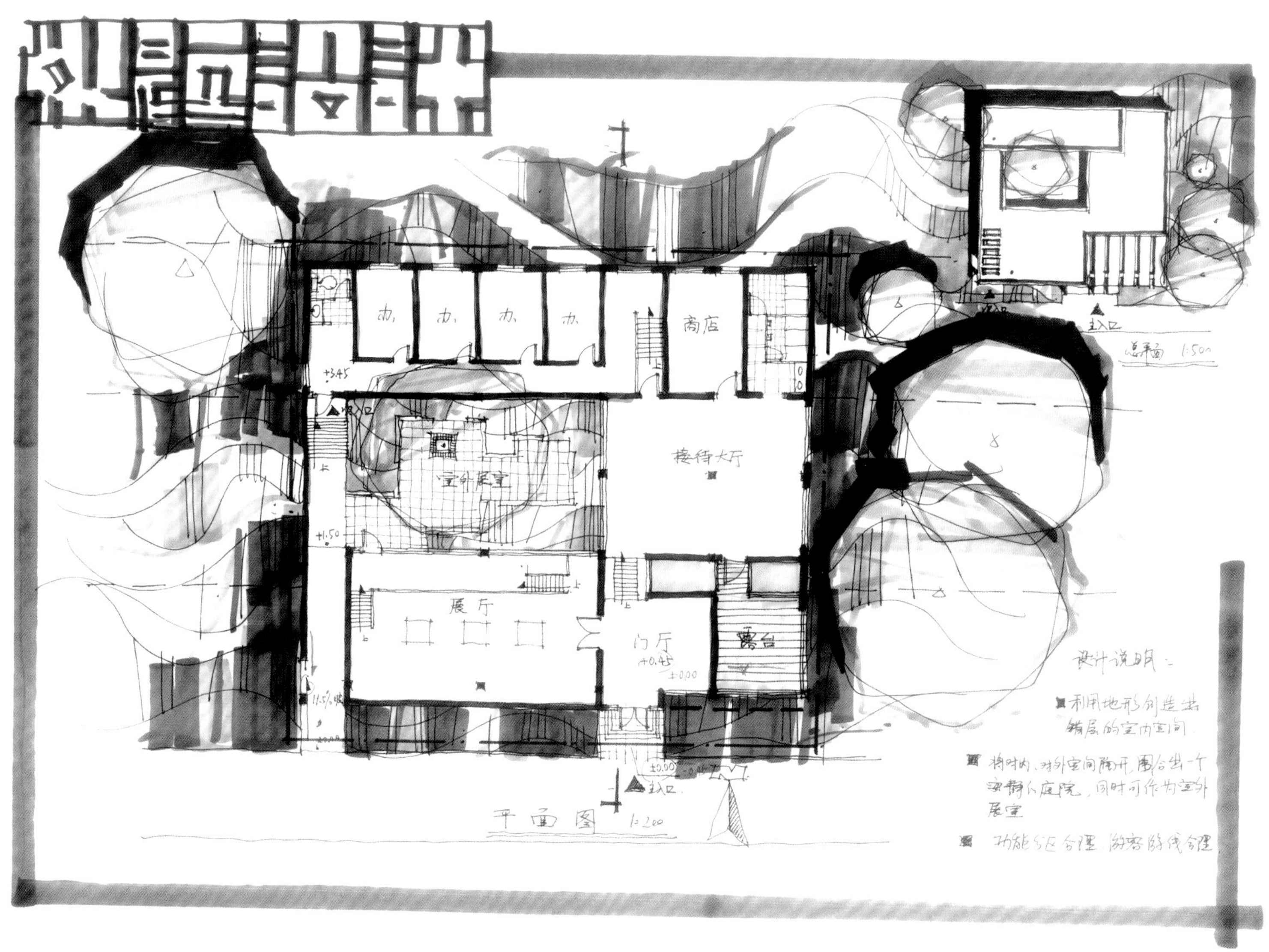

实例 3-35a　北京林业大学·程嘉鑫·展示建筑设计·A3 图纸·3 小时

优点： 画面排版匀称、和谐。马克笔笔触别具一格，让人有“草书”的眼前一亮，笔触狂乱但不失控。平面动静功能分区明确，流线组织安排合理，设置主次入口分别导向不同人群，使得内部人流有序不紊。建筑设计结合周围环境，内部所围合的庭院将建筑主要展示区域与办公区域等功能空间分割，同时以接待大厅连接，这是创作手法常用的局部与整体。总体建筑风格粗犷有力量，现代气息浓郁。

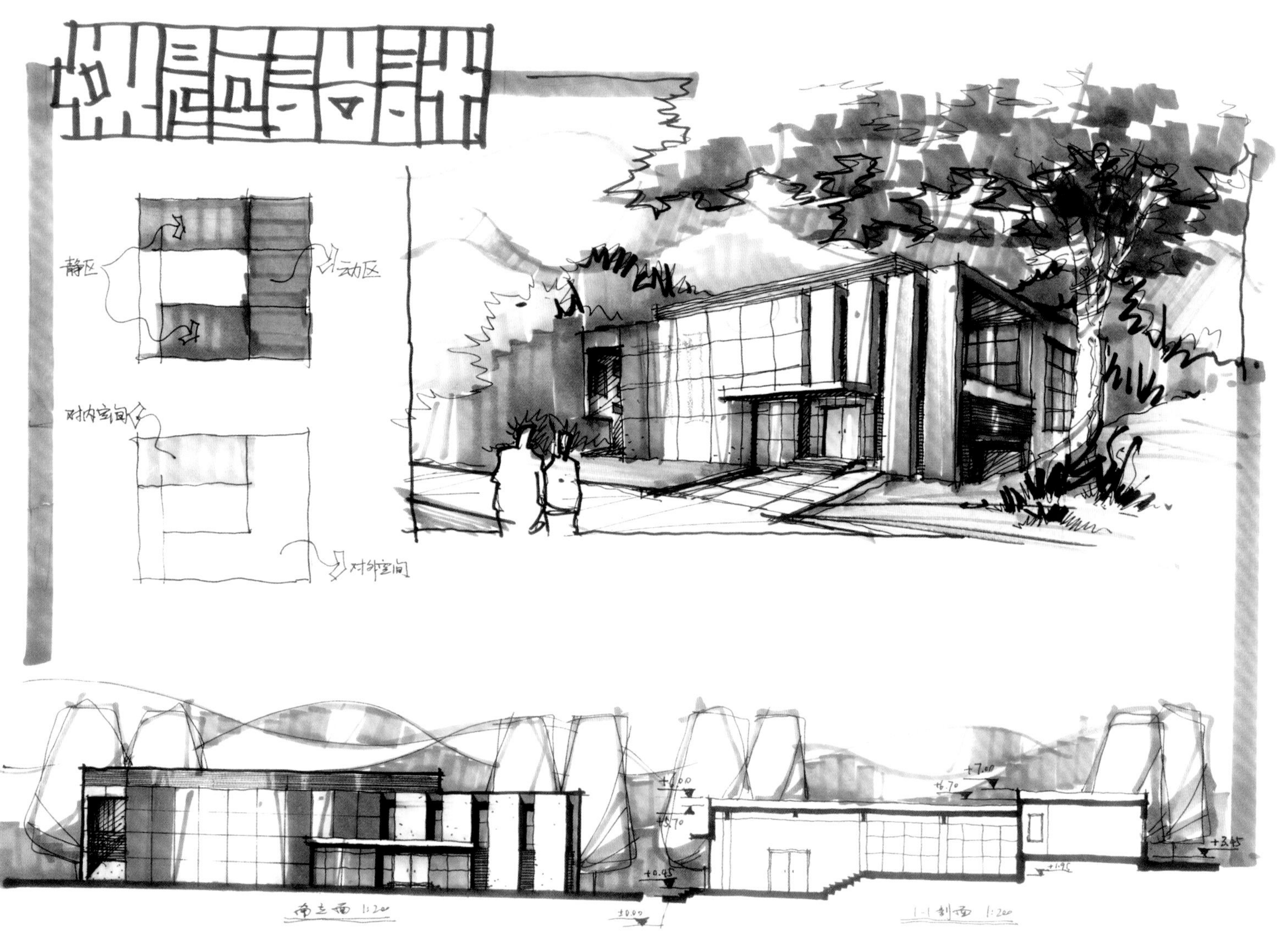

实例 3–35b 北京林业大学·程嘉鑫·展示建筑设计·A3 图纸·3 小时

优点：画面排版合理、紧凑，空出的地方以空间区域分析图补足，使画面构图完整。本建筑设计运用现代材料，立面刻画细致，方形空间的穿插与切割，形成丰富的空间感。墙体虚实对比强烈，大型方盒子体块实中有虚、虚中有实，成片的石墙上设计直线文理，与方格网的玻璃开窗形成鲜明对比。设计配色上主要以植物来衬托建筑主体，以绿色为主要内容，烘托环境色的同时，营造一种清新、舒适的现代建筑气息。

缺点：立面没有标高。

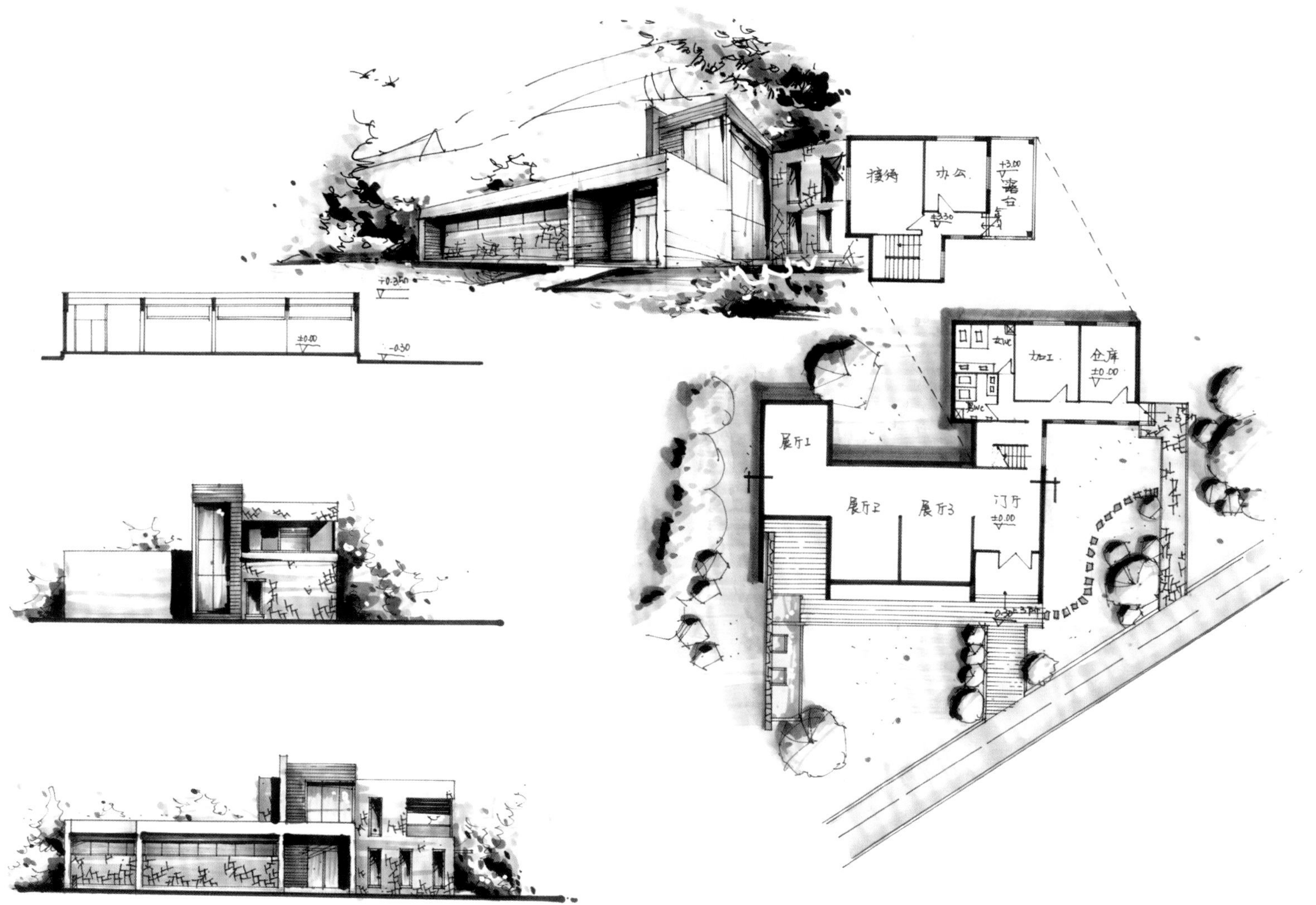

实例 3–36　北京林业大学 · 张诗阳 · 展示建筑设计 · A3 图纸 · 3 小时

优点： 画面排版匀称、和谐。画面构图完整，各个图幅比例布置相宜，建筑平面设计功能分区合理，展厅与办公区域分区明确，与周围环境、道路的联系紧密、有序，不失为一个好的设计方案。建筑功能决定了外形和内部空间都是方形空间，变幻的矩形开窗，丰富了立面语言。该设计的配色独树一帜，极具梦幻主义风格，彰显作者的艺术能力，使得画面总体不呆板，让人感觉该设计“有话说”，让人不禁瞩目。

缺点： 没有标明设计图类名称及比例大小；
缺少总平面图；
立面没有标高；
缺少设计说明。

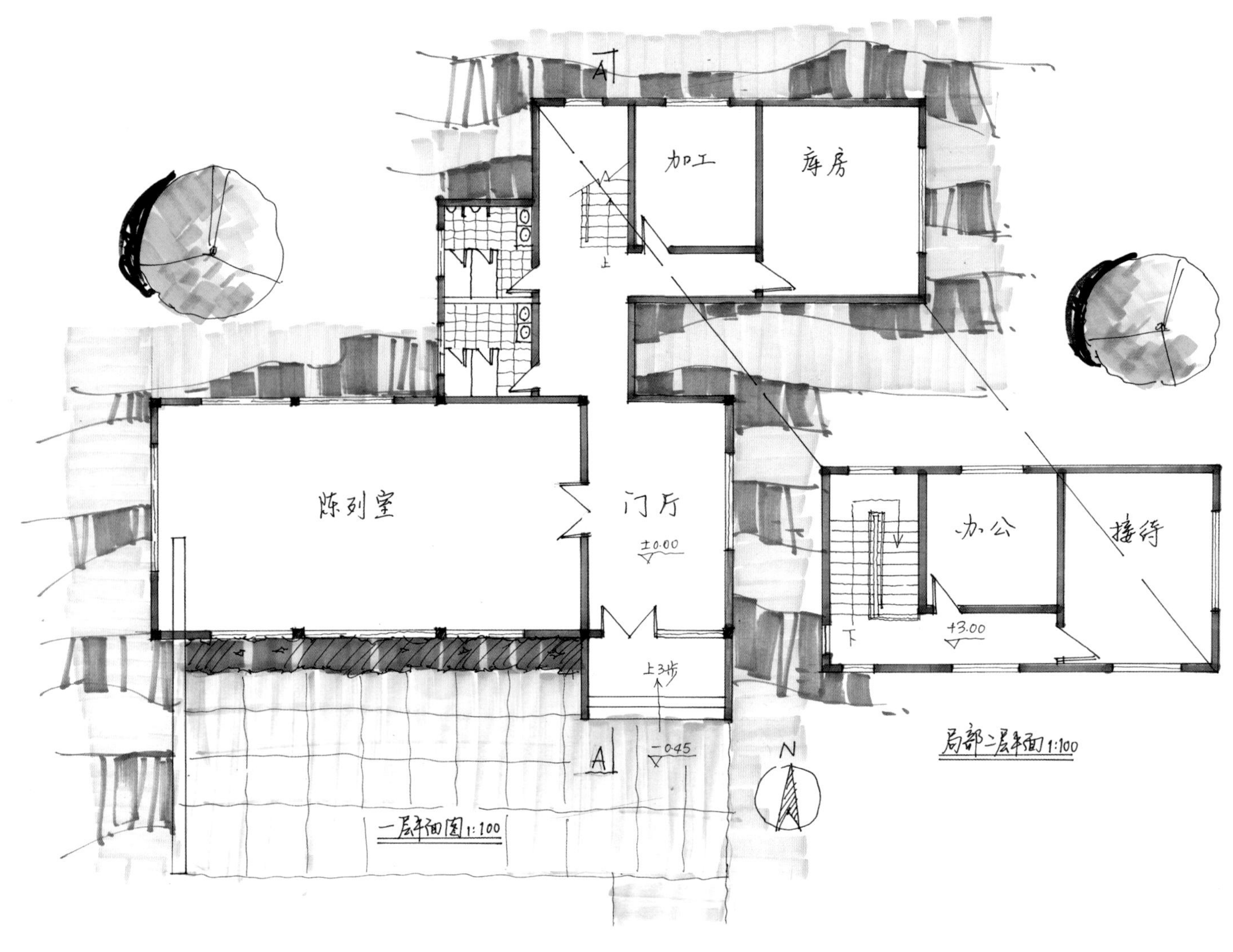

实例 3–37a 北京林业大学 · 邓慧娴 · 展示建筑设计 · A3 图纸 · 3 小时

优点： 画面排版均衡、完整，图幅设置有序。画面简洁干净，建筑物与周围环境有一定的表达。一层平面的功能分区合理、明确，交通组织流线通畅，入口空间要开阔通畅，该设计入口处的小型集散空间可以避免人流出入拥挤。手绘配景以充满动感的流线来对比建筑平面的规则式，以动衬静，动静结合，让画面整体富有节奏与韵律。

缺点： 没有设计说明。

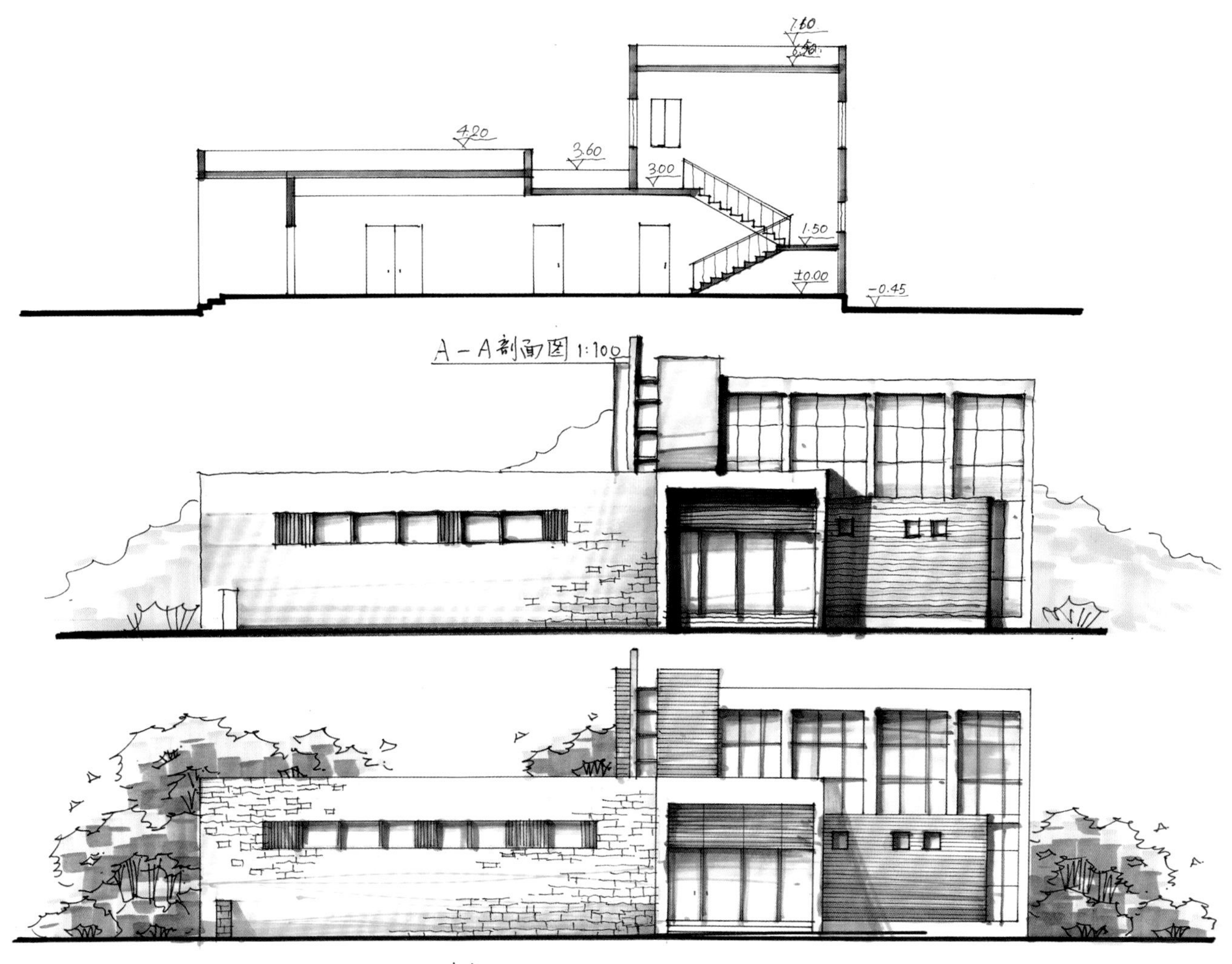

实例 3-37b　北京林业大学·邓慧娴·展示建筑设计· A3 图纸· 3 小时

优点：画面排版均衡、有序。剖面图女儿墙、室内外高差明确，结构体系、梁柱关系表达清晰、一目了然。

建筑立面的表达直观，细节刻画到位，清晰地表达了立面丰富的建筑材料，玻璃材料与石墙的鲜明对比使得立面视觉立体感强，多样的开窗形式繁复却不多余，配以适当的植物配景，即能塑造一个较完整的建筑外立面。

缺点：立面图没写名称及比例大小；

缺少立面标高。

A-A 刻面中上层墙下面应设梁支持。

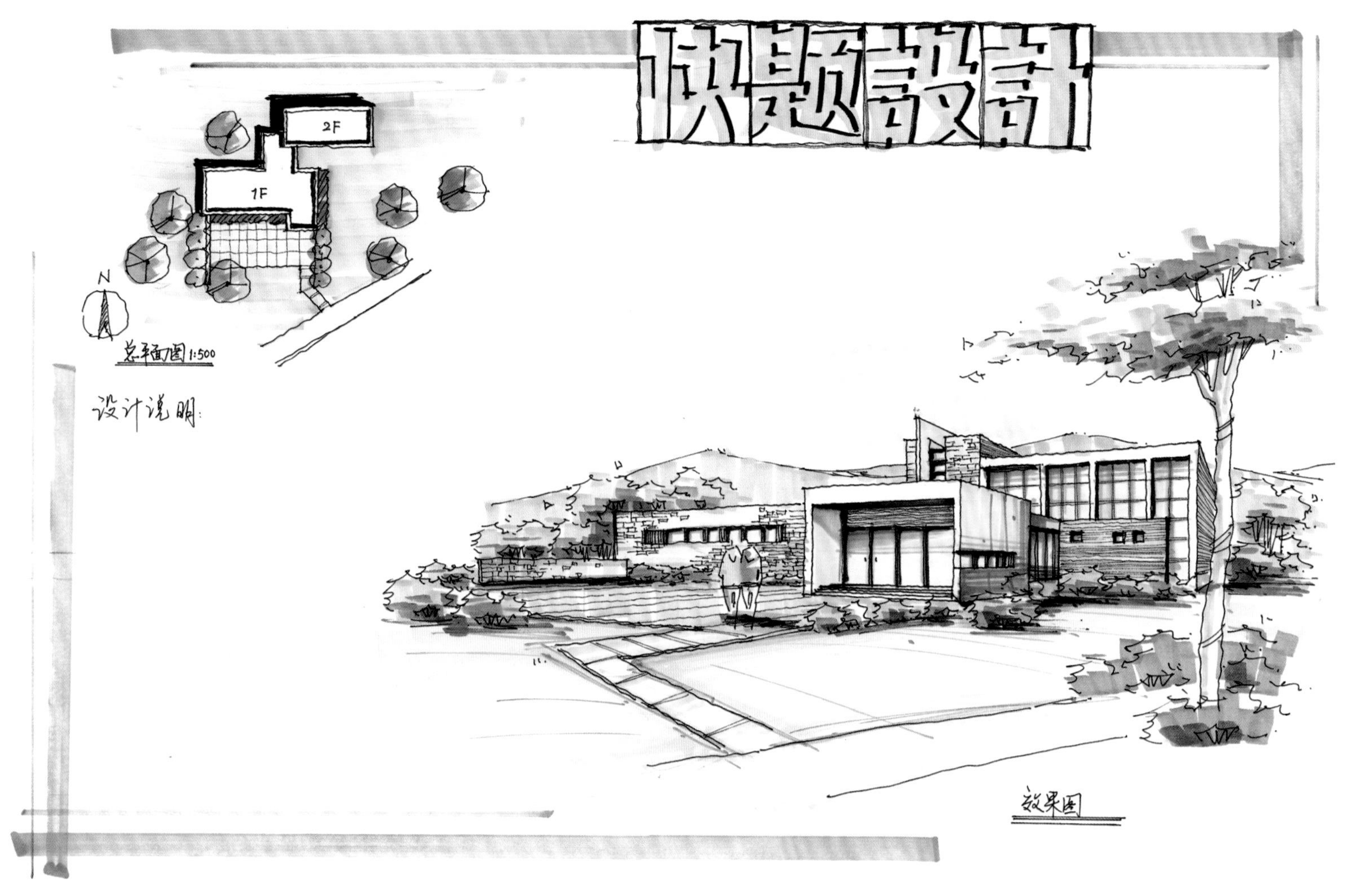

实例 3–37c 北京林业大学 · 邓慧娴 · 展示建筑设计 · A3 图纸 · 3 小时

优点：画面排版匀称、均衡。同样采用方形空间的设计，大小、高低的变化组合，竖高交通空间和横向的展览空间组合，立面石墙与玻璃开窗的虚实对比，都烘托出现代建筑韵味。部分墙面的留白，使得画面生动有力。前景树的刻画，丰富了画面内容，并且拓展了效果图的高度，使视野更宽阔。总体呈现一种清新亮丽的现代建筑风格。

缺点：设计说明不完整。

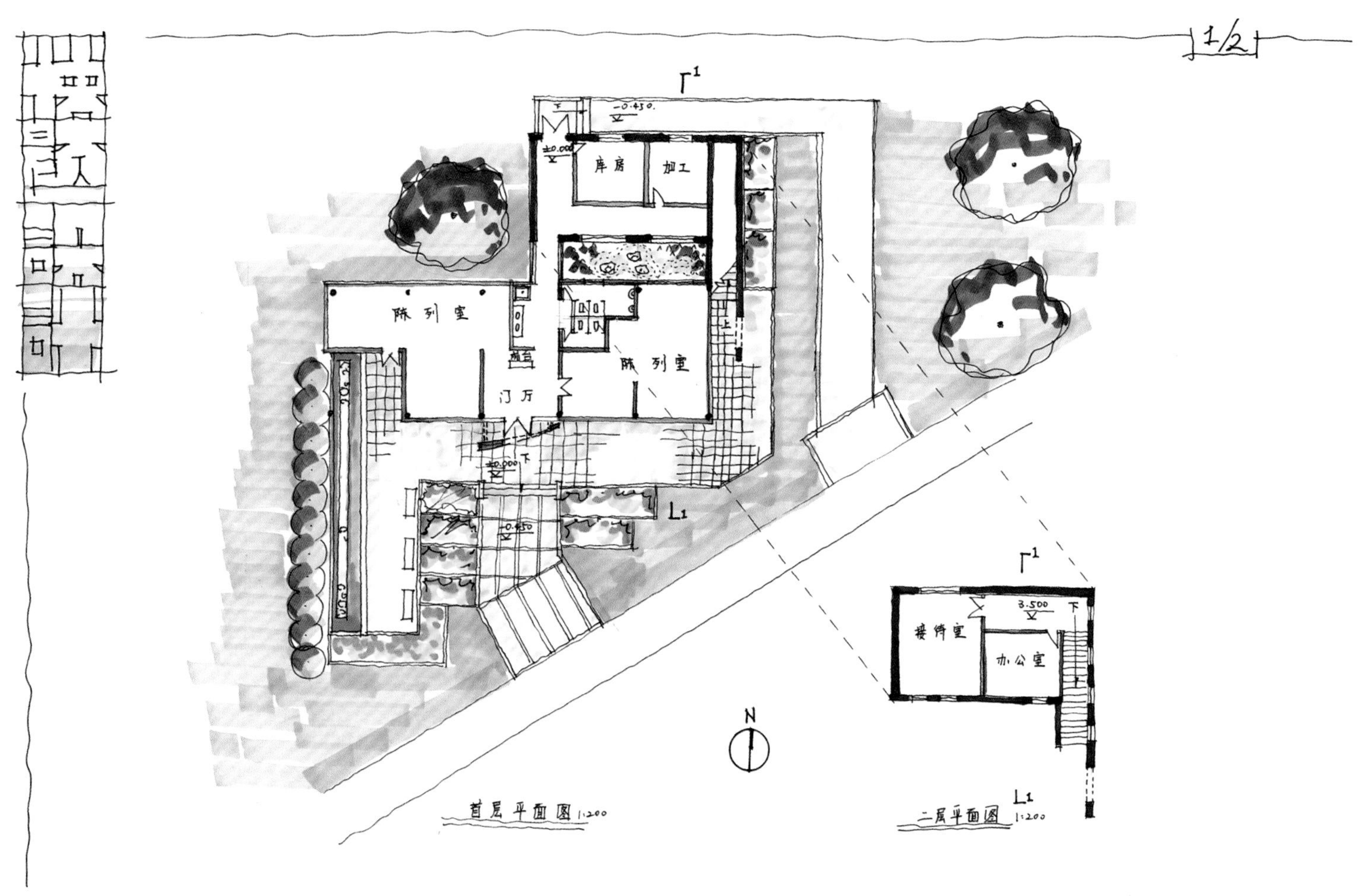

实例 3–38a　北京林业大学·程璐·展厅建筑设计· A3 图纸· 3 小时

优点： 画面排版尚可，布局匀称。建筑空间布局紧邻道路，设计主次出入口引导交通，疏导游客与工作人员两大不同人流，并且在主入口处设置小型集散空间，客观地解决了人流拥挤的问题。平面功能布局分区明确，各个房间的空间尺度比例谐宜，建筑内部安排小型庭院，引入外部景观，将两大主要功能分区分开，并防止厕所空间形成黑房间，

缺点： 缺少总平面图。

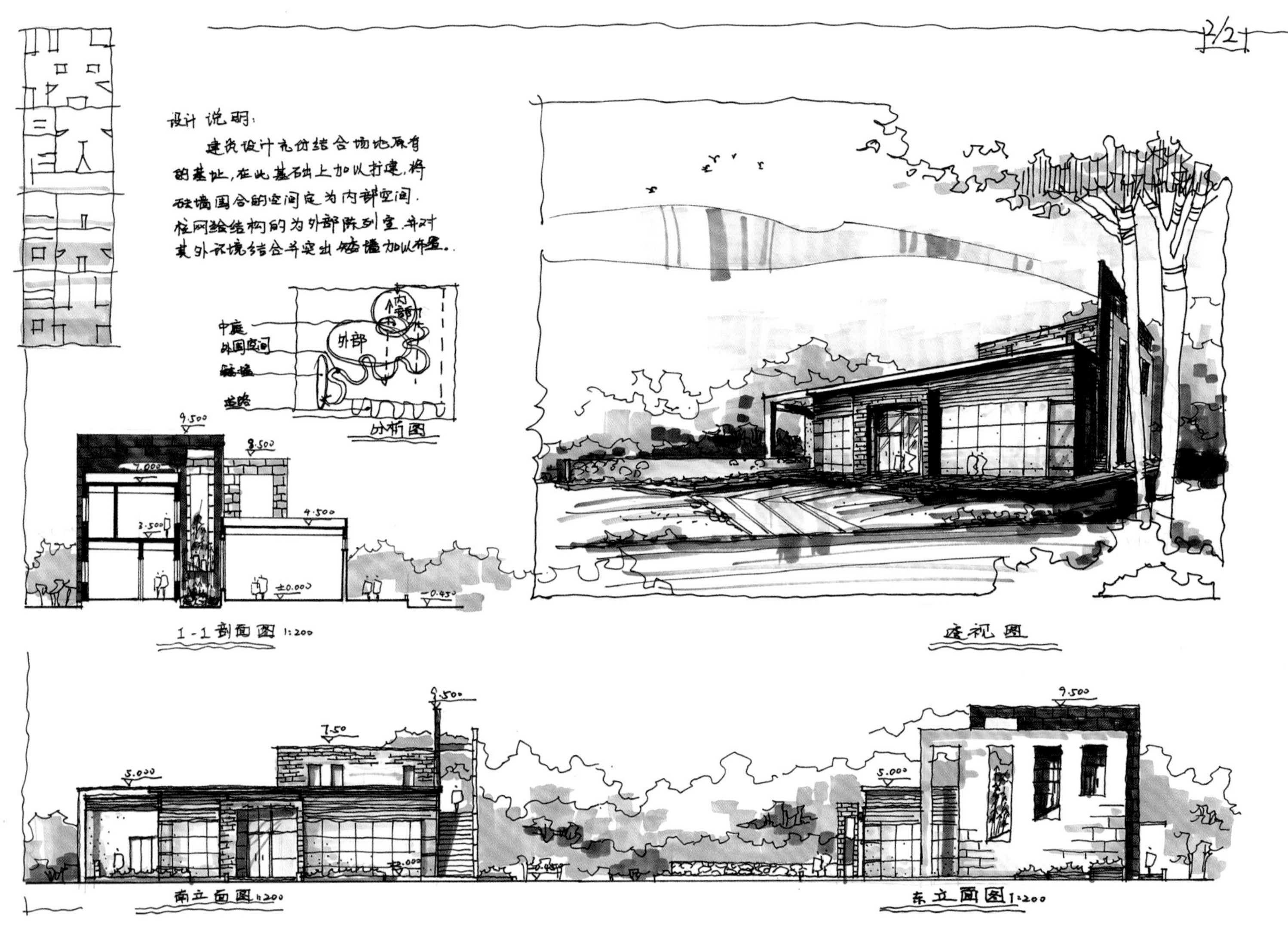

实例 3–38b 北京林业大学·程璐·展厅建筑设计· A3 图纸· 3 小时

优点： 画面饱满，版面排版匀称、和谐，图幅构图完整。建筑外立面造型丰富，表达出了不同类型的建筑材料，运用镂空的景墙增加外立面层次，将空间感延伸，另外门窗、洞口等阴影的表达，使得建筑外立面虚实的变化、对比更加立体。

缺点： 建筑设计元素过于花哨，对美感法则的运用要适当，宁少勿多。

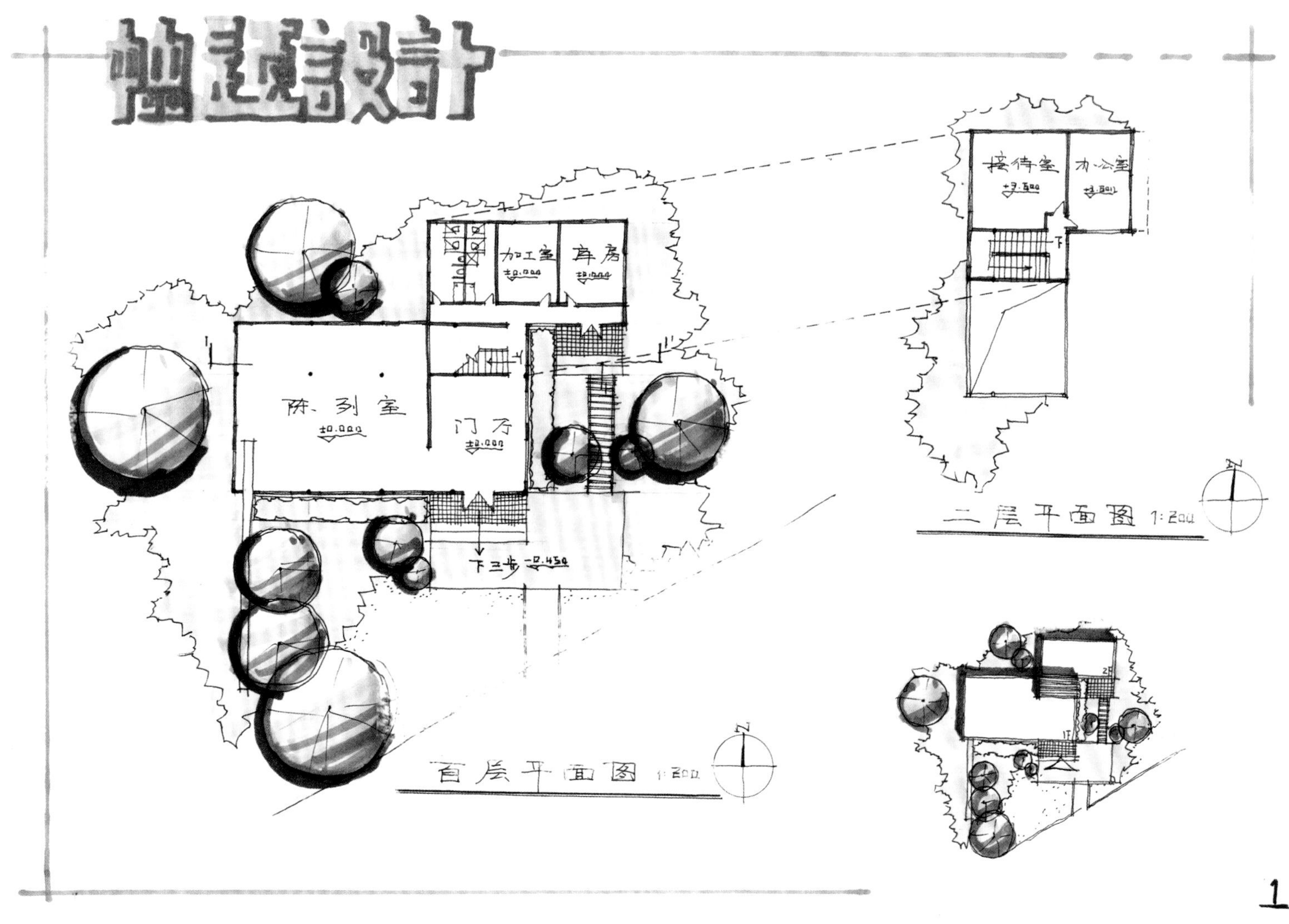

实例 3-39a　北京林业大学·张新霓·展厅建筑设计·A3图纸·3 小时

优点： 画面排版尚可。建筑平面功能分区明确，建筑平面功能分区将展示、办公、接待等三大功能区域合理安排，门厅作为加工区和展示区的衔接空间，使得各个空间之间的联系紧密又互不干扰。总平面图看出建筑与周围环境有一定的联系，地面铺装的设计有一定的流线引导功能。设计不同出入口分别疏导不同流向人群，半围合建筑形式围合一部分室外空间，不仅作为建筑景观空间，并且可以作为人流集散空间。

手绘马克笔植物配景巧妙地延伸了建筑视觉景观空间，铺地和周围植物烘托了一种现代建筑气息。

缺点： 马克笔笔触略有重叠，画面下的浑浊。

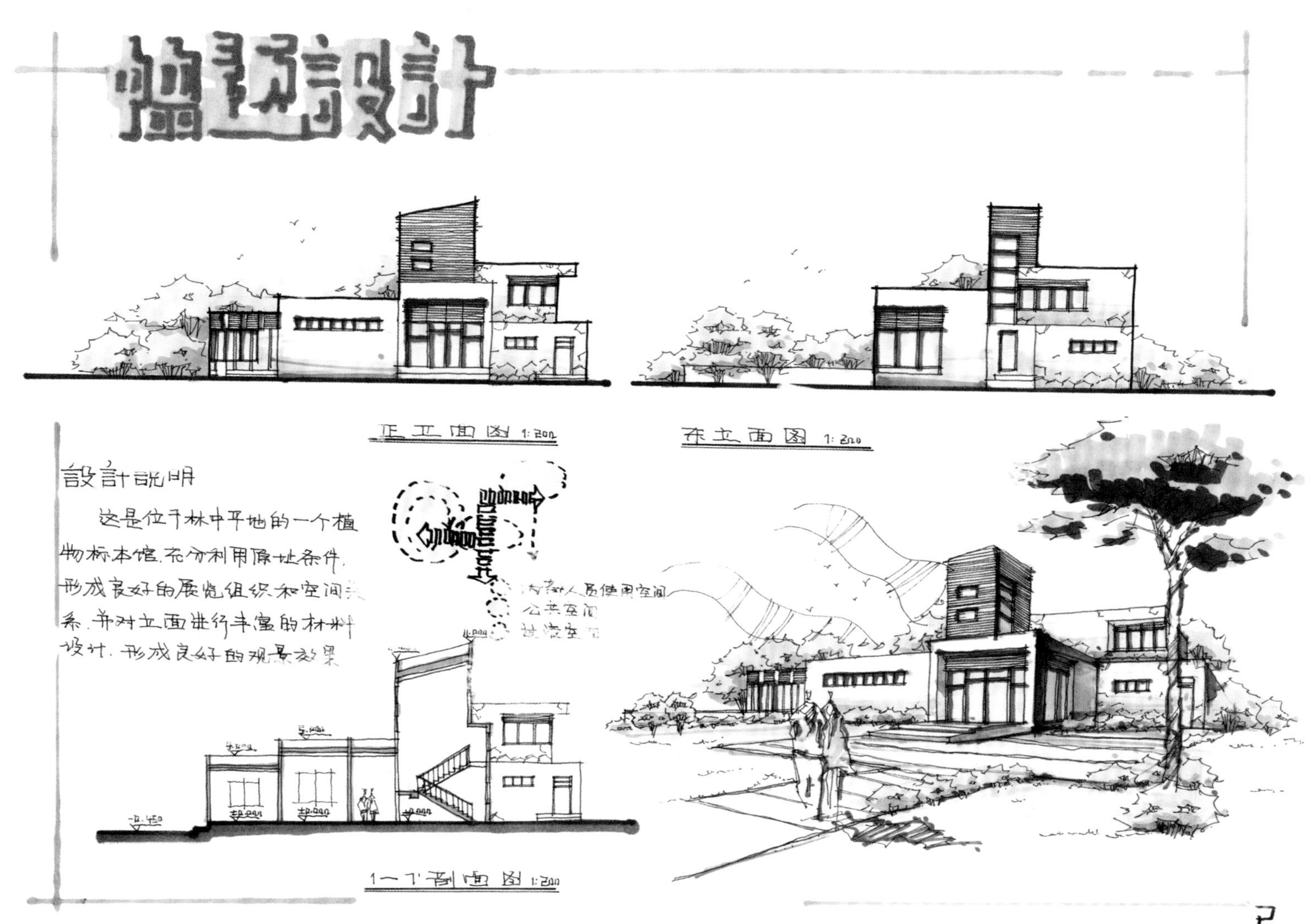

实例 3–39b 北京林业大学·张新霓·展厅建筑设计·A3 图纸·3 小时

优点：画面排版匀称、均衡。同样采用盒子式空间相互穿插的设计手法，大小、高低等的变化对比，竖高交通空间和横向的展览空间组合，立面石墙与玻璃开窗的虚实对比，都烘托出现代建筑韵味。部分墙面的留白，使得画面生动有力。前景树的刻画，丰富了画面内容，并且拓展了效果图的高度，使视野更宽阔。总体呈现一种清新亮丽的现代建筑风格。

缺点：立面没有标高

六、小型独立住宅

1. 概念及基本特征

独立住宅建筑面积一般限制在500m2以内，2—3层，建设基地环境优美，用地范围较大，地形多样。建筑本身的平面布局具有很大的灵活性，通常与周边的场地同时规划设计，如独院式别墅、艺术家工作室等都属于这种类型（图6-1，图6-2）。

图6-1 某独立住宅（来源：www.zijianfang.cn）
环境优美，与周边场地同时设计，通常带有院落，成为景观整体

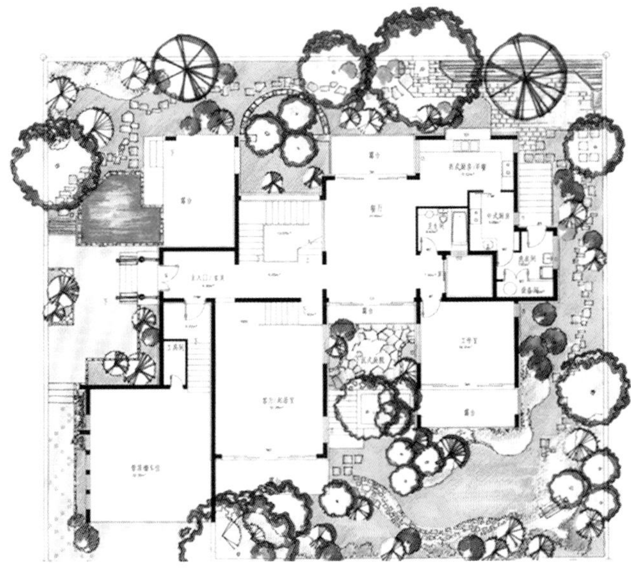

图6-2 某独立住宅平面图（来源：www.ddyuanlin.com）
独立住宅周边环境优美，设计通常结合地形，形式灵活。

住宅可以算最早出现的建筑类型，随着社会进步、科技发展、人类思想层次的提高，人们对独立小住宅的需求日渐增加。现代独立小住宅多出现在风景优美的自然景观之中，如乡村、山地、湖边、海边等地。使用者在此小住、度假，远离城市压力，贴近自然，进行身心放松。对于设计者而言，独立小住宅可以让创作灵感自由发挥。

独立小住宅建筑的特点是平面布置紧凑，尽量缩小辅助建筑面积，一般附带院落，结构较为简单，对地基要求不高，可采用地方性材料和工业废料，施工技术简单。

独立小住宅的庭院包括绿地、水池、道路、硬质铺装和小品等。庭院需要同时满足美观、实用两个条件。比如设有车库的住宅，应注意入口与车库之间的良好可达性，并留出一定的回车空间。入口应较为开敞，便于出入。屋顶花园或对内使用的私密庭院，既可以增加户外使用空间，又可以美化居住环境。大乔木栽植不宜靠近房屋，避免影响地基稳固及室内采光效果。屋顶花园应以灌木、地被植物为主，避免屋顶覆土过厚，加重建筑荷载，影响房屋使用。

2. 设计要点及规范

独立住宅的房间类型分为居住、辅助和交通三大部分。居住部分一般包括客厅、起居室、餐厅、卧室（主卧、次卧、儿童房、客卧等）、书房、工作室等，辅助部分包括厨房、厕所、浴室、储藏室等，交通部分包括门厅、走廊、楼梯等。客厅和起居室是住宅的中心，客厅用于接待宾客，一般靠近入口，起居室是家庭聚会的场所，它们都要求有很好的朝向，有通向室外优美景观的视线和出口，同时与餐厅有便捷的通道相连。客厅既要与住宅入口保持直接的联系，又要保持空间的相对独立，避免无关的人流穿行，干扰客厅内的活动。当建筑面积有限或简化功能空间时，在设计中将客厅和起居室合二为一。

卧室设计要根据家庭成员的情况而定，一般有供主人使用的主卧（带卫生间），给其他家庭成员使用的次卧，给儿童准备的儿童房，以及给客人使用的客卧。其中主次卧、儿童房对私密性的要求要大于客卧。卧室应选择良好的朝向，尤其是年纪大的长者居室要朝南向，并且要与卫生间临近，或在卧室内直接设置卫生间。

客厅、起居室与卧室等都可与阳台或室外平台、庭园相结合，形成室内外空间的交融。根据适用性的不同，工作室可选择不同的朝向，一般布置在比较安静的区域，其中无危险、较安静的工作室，如书房、画室等，宜与卧室有较方便的联系。在有些家庭中，有特殊爱好的家庭成员需要设置特殊要求的工作室，如隔音设施较好的音乐室，用于化学物理实验的实验室，以及健身室、运动室等，需要在布局、结构与构造处理上进行特殊设计。

厨房设计应考虑有良好的自然通风，次入口应与厨房有直接的联系；同时，厨房要和杂物储藏间、工人房之间有便捷的交通联系，厨房的另一侧应与餐厅直接毗邻。

卫生间一般与浴室一并考虑，布置如下：主卧中配卫生间，起居室、客厅、次卧、客卧等可共用卫生间。若建筑层数大于一层，每层均应设有公共卫生间，工人房可设置单独卫生间。应注意设计卫生间时上下楼层需对位，以方便安置给排水管道。

门厅是小型住宅的交通枢纽，起到过渡与转换的作用，可通过灯光、吊顶、铺装的变化来强调空间特征。在独立小住宅中，走廊和楼梯占主要的交通面积，一般尽量减少走廊与楼梯的面积。

除以上房间外，还可能设有车库、保姆房或工人房、储藏间等。一辆家用轿车的车库所占平面尺寸范围为 3～3.3m×5～5.5m，车库净空高度大于或等于 2.2m。保姆房或工人房适合与厨房有直接联系。储藏间可设置在采光通风相对较差的位置（如楼梯下），以充分利用空间。

独立住宅的功能关系如图所示（图 6–3）。

独立住宅的设计应绘制出主要家具的布置方式。客厅应配置沙发、茶几、电视、客厅柜、地毯、植物等。餐厅主要应配置餐桌椅、餐厅柜等。卧室应包括床、床头柜、衣柜，主卧还应配置更衣室或化妆间、卫生间及电视、沙发等。书房配置书柜 / 书架、书桌椅等，工作室按照不同的性质配置不同的家具。厨房需要放置电冰箱、水池、操作台等，并画出灶台位置。卫生间应至少配备淋浴器、马桶与洗手池，主要卫生间可设置浴缸。储藏室对家具没有特殊要求，通常可以不画。工人房或保姆房至少放置一张单人床、衣柜与桌椅。门厅应放置门厅柜及鞋柜等。

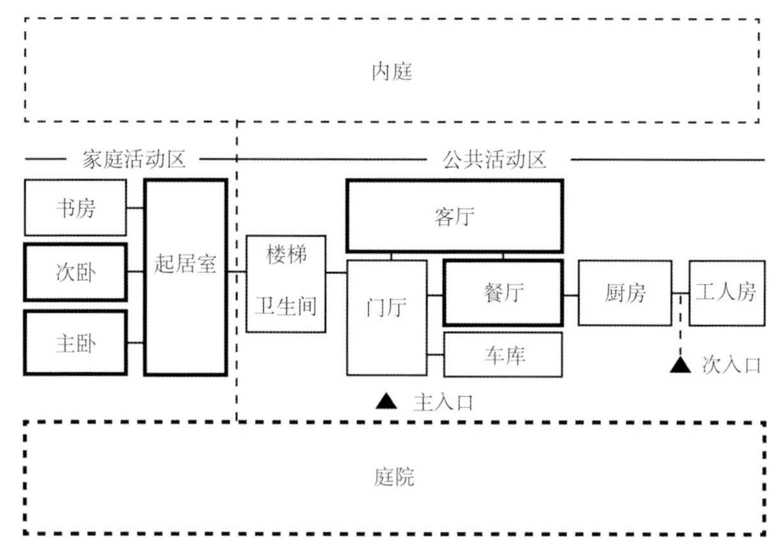

图 6–3 独立住宅功能流线关系图（绘图：魏轩）

在设计过程中，首先要明确各建筑部分之间的功能关系。一层通常作为公共区域，具有对外功能的房间，如餐厅、保姆房、车库等，通常放置在一层。二层则较为私密，一般卧室都设在二层。

根据 2003 年版的《住宅建筑设计规范》，“套内入口过道净宽不宜小于 1.20m；通往卧室、起居室（厅）的过道净宽不应小于 1m；通往厨房、卫生间、贮藏室的过道净宽不应小于 0.90m，过道在拐弯处不应小于 0.75m；当两侧有墙时，不应小于 0.90m。套内楼梯的踏步宽度不应小于 0.22m，高度不应大于 0.20m，扇形踏步转角距扶手边 0.25m 处，宽度不应小于 0.22m。”

6.3、案例

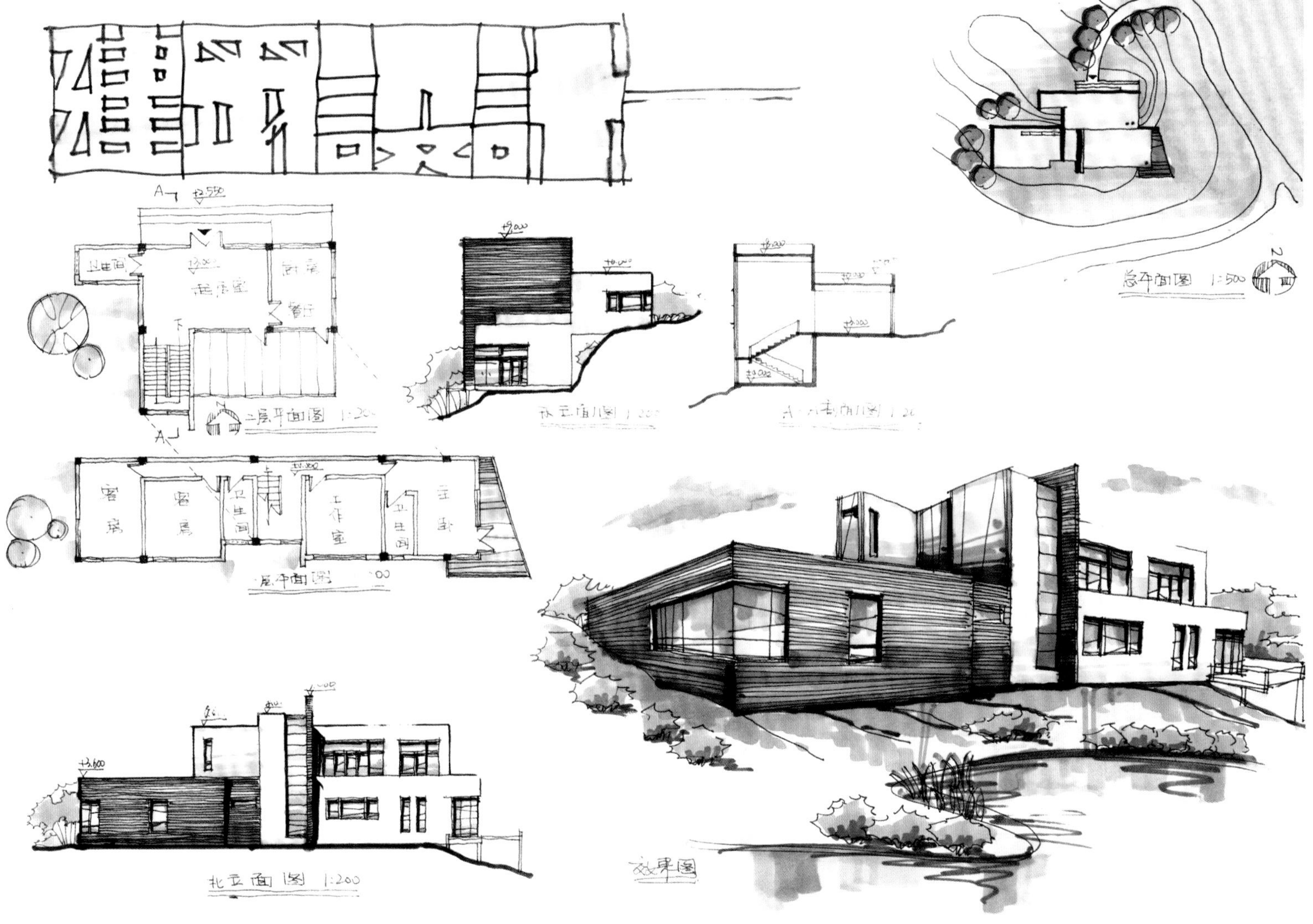

实例 3–40　独立住宅设计 · 李砚然 · 北京林业大学 · A3 图纸 · 3 小时

优点： 画面排版均衡、紧凑，图幅完整。建筑结合地形设计，充分与地形融合，利用坡地的高差为建筑增色，即化不利为有利。坡地竖向处理比较繁琐，但空间立体景观比较丰富。建筑平面设计中各功能布局安排较为妥当，将二层起居室作为主入口，沟通其他各功能房间。任务书上的各类房间以及不同的流线组织设计都比较合理，能够从整体上满足了小住宅的建筑功能需求。建筑外立面运用木材、玻璃、清水混凝土等材料，建筑语言丰富但不显得繁杂。利用各种变形的“矩形”元素安排门窗，与盒子式建筑外轮廓相适应，从而设计语言相对统一。设计配色浓墨重彩，建筑自身各类材料的刻画细致，笔墨主要描绘建筑北立面，主次描绘有序，前景水面的描绘使得画面整体变得轻盈，富有动态美。

缺点： 没写设计说明

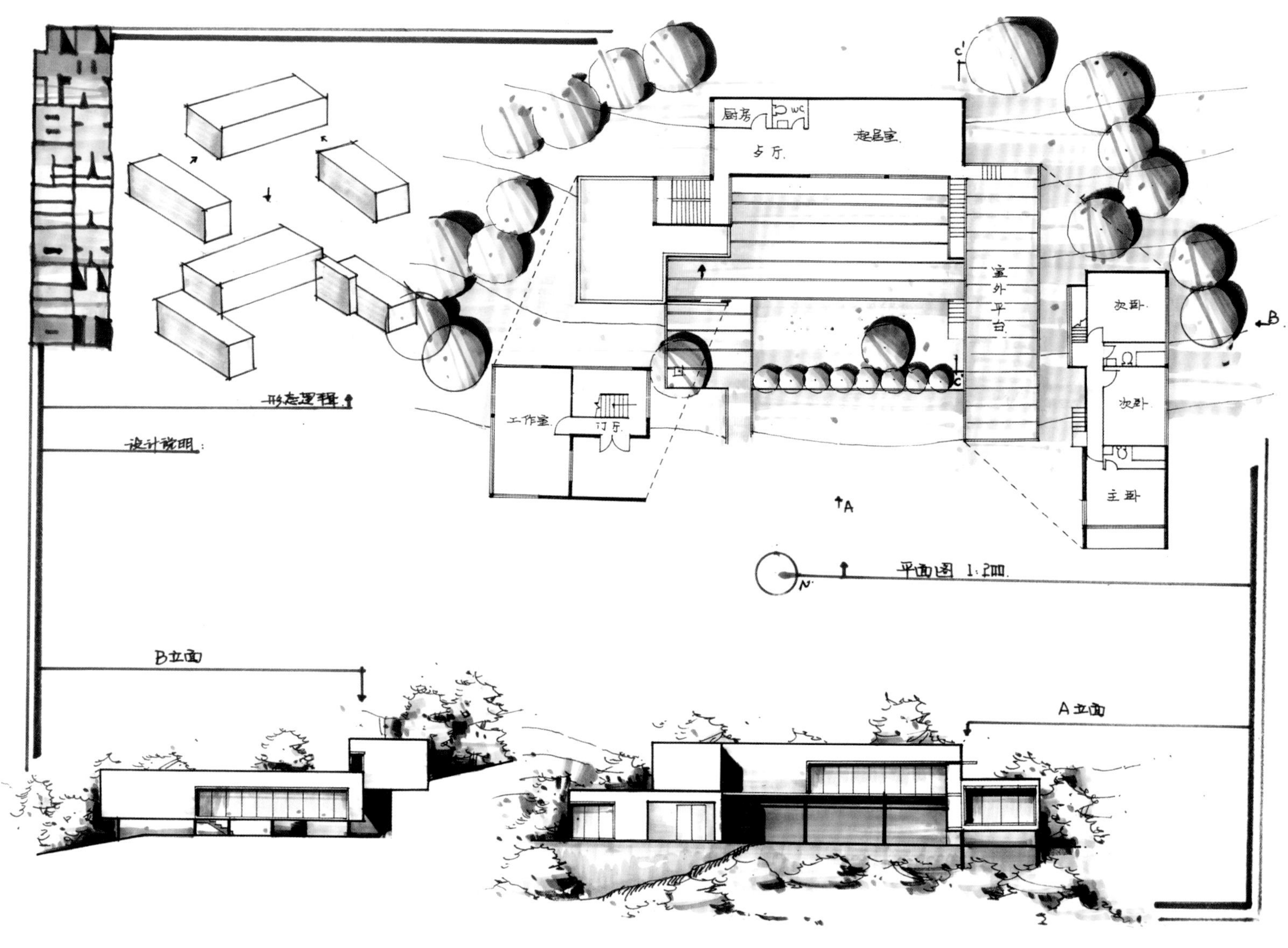

实例 3-41a 独立住宅设计 · 张诗阳 · 北京林业大学 · A3 图纸 · 3 小时

优点： 版面设计简洁大方，排版匀称。平面空余处以建筑构思分析图填补，不仅使图幅饱满，并且直观明了地展现了设计的创作过程。建筑平面结合地形设计，将高差引入室内，起居室、餐厅等居住空间放在首层，且朝向较好，用楼梯分隔入口空间与起居室，这样做使得客厅既与住宅入口保持直接的联系，又保持空间的相对独立，避免无关的人流穿行，干扰客厅内的活动。整体建筑就是将不同功能分区分别放在相对适宜的高地，然后相互之间结合地形围合成庭院式建筑，想法比较独特。植物配景从形态、颜色两方面柔和建筑外轮廓的硬线条，画面显得优美动人，烘托一种现代景观式住宅建筑。

缺点： 没有立面标高；

首层平面楼梯画法有误，台阶应画出箭头标示上下；

房间名称没有标注完整。

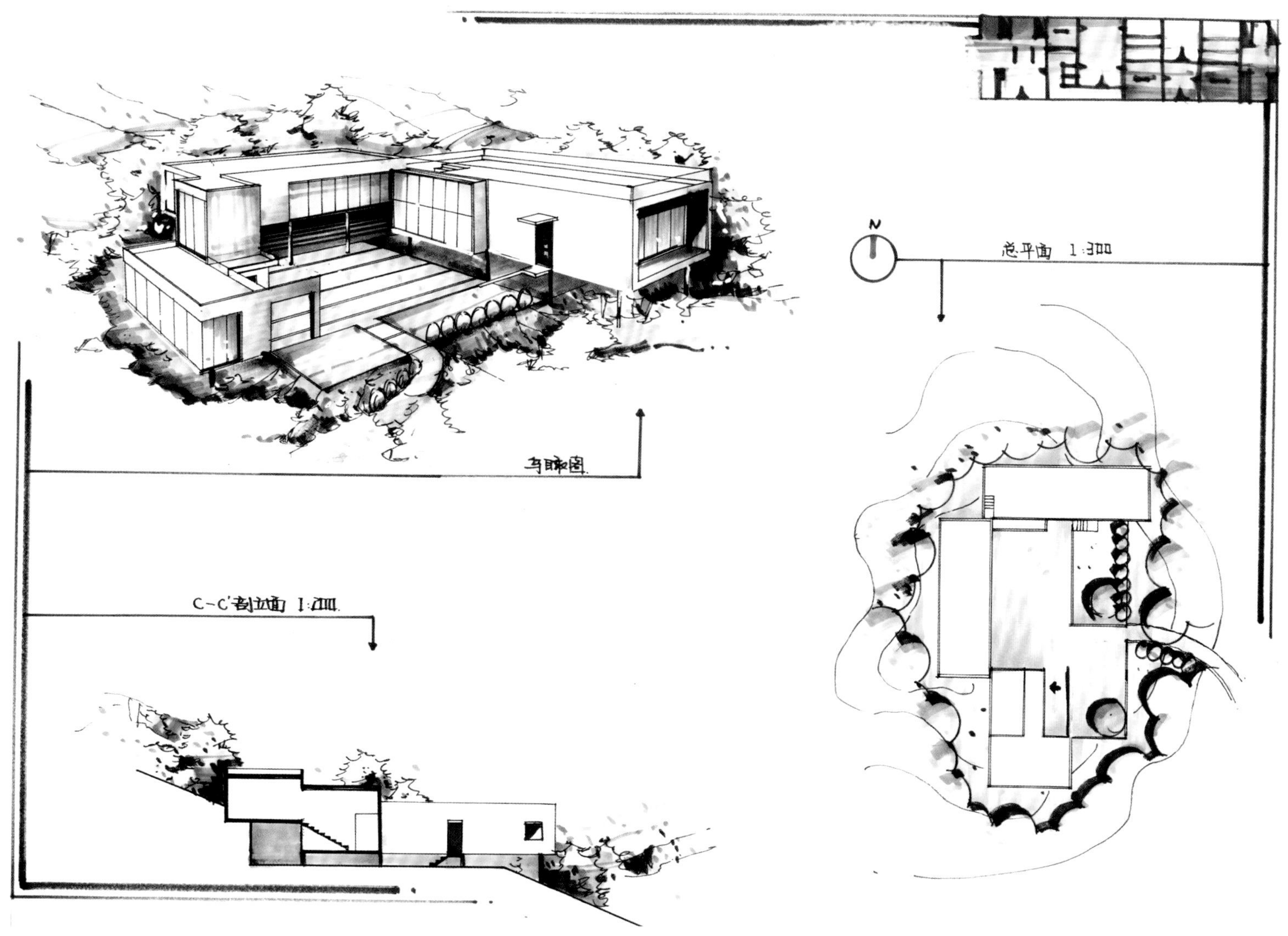

实例 3-41b　独立住宅设计 · 张诗阳 · 北京林业大学 · A3 图纸 · 3 小时

优点：画面排版尚可，整体画面风格统一，下笔稳重有思路。图幅重点刻画效果图，从图中可以明确地看出客厅、起居室与卧室等都与室外平台、庭园相结合，形成室内外空间的交融。作者对空间感的拿捏比较到位，对周遭的景观写意概括，主要以色彩的明暗关系表明画面的层次关系，画面前景将周围地形环境较细致地表现出来，使得建筑总体表现出一种在风景优美的自然景观之中，远离城市压力，贴近自然，让人身心放松。

手绘线条流畅自如，灵动地表现了建筑周围的环境，选用紫色调营造一种梦幻的住宅理想地。

缺点：剖面图没有标出标高。

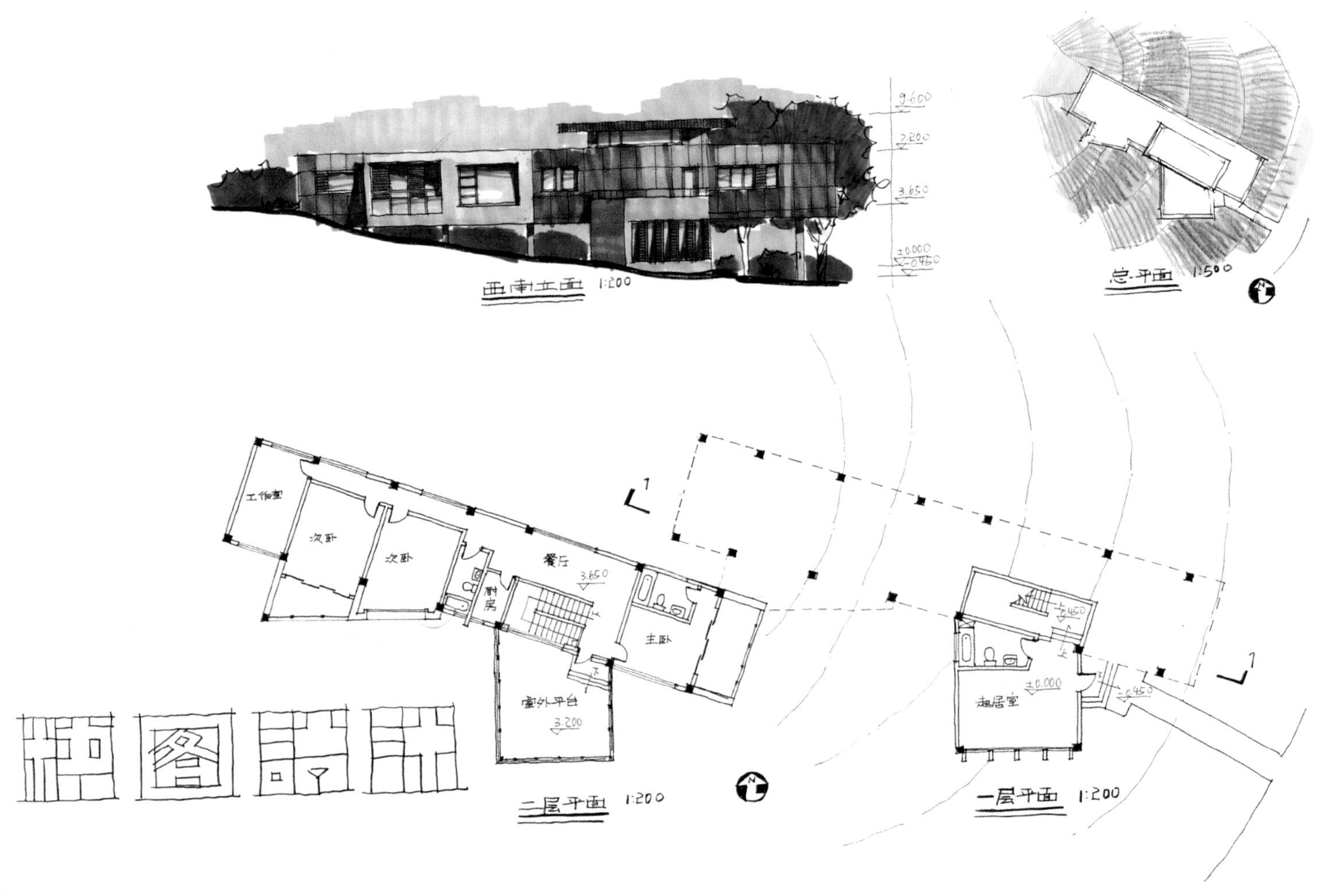

实例 3–42a 小型独立住宅设计 · 刘沁炜 · 北京林业大学 · A3 图纸 · 3 小时

优点： 方案进行了具有特色的高差设计，并结合到整个排版中。建筑外立面应用体块、柱状元素，与庭建筑周围的条形景观呼应，使建筑与周边环境进行了良好的融合。

平面划分清晰，一层为较开放的生活区域，二层为私密生活区域。一层门厅与起居室结合，与道路关系联系紧密，空间设计较为灵活。平面主要采用带状交通空间，节约面积。制图较为严谨，平面、立面与剖面的画法上都没有错误。

立面设计上使用的元素较为统一完整，体块感较强。

缺点： 整体版面稍显凌乱，头重脚轻。

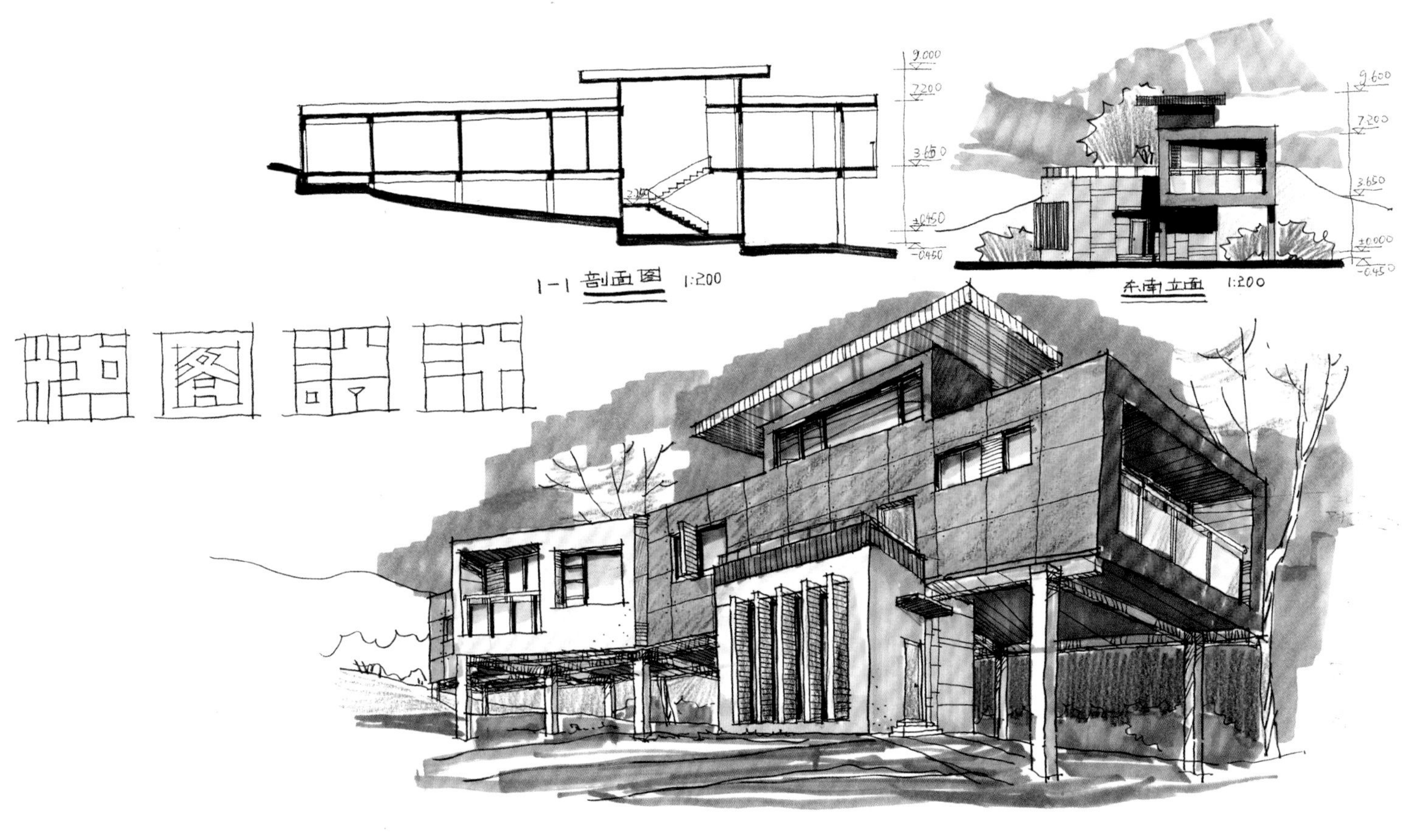

实例 3–42b　小型独立住宅设计 · 刘沁炜 · 北京林业大学 · A3 图纸 · 3 小时

优点：画面排版尚可，整体画面风格统一，图面画风稳妥有序，给人以建筑的力量感。马克笔笔触迅速、准确。图幅重点刻画效果图，从图中可以明确地看出客厅、起居室与卧室等都与室外平台、庭园相结合，形成室内外空间的交融。设计中运用柱子营造丰富的空间感，大面积的灰空间将建筑与室外融合，拉深了景观角度。

建筑立面运用竖线的连续排列，形成视觉上的跳跃感，富有节奏与韵律。

对周遭的景观写意概括，主要以色彩的明暗关系表明画面的层次关系，画面前景将周围地形环境较细致地表现出来，使得建筑总体表现出一种在风景优美的自然景观之中，远离城市压力，贴近自然，让人身心放松。

手绘线条流畅自如，灵动地表现了建筑周围的环境，以红色为主要颜色，渲染出了强烈的现代建筑气息。

缺点：缺少设计说明。

七、入口建筑

1. 概念及基本特征

入口建筑一般是指为了进行一定范围的场地内部空间与外部的分隔、联系及管理，而设置于出入口处的一类建筑。入口建筑既是建筑群体的一个组成，又是城市组景的一部分。

入口建筑包括大门及相应的服务性建筑（如接待室、值班室、管理室等），用以提示、控制场地边界，组织引导人流、车流，营造入口空间及场地标识、美化街景等。

2. 分类

根据入口建筑所从属的建筑群或风景区的性质，大致可分为行政类入口建筑、教育类入口建筑、经济类入口建筑、居住类入口建筑和文娱类入口建筑。

(1) 行政类入口建筑

政府机关大门一般采用对称、严谨的形式以及平和、厚重的色彩以体现庄严、平等、民主、公正的特点。

(2) 教育类入口建筑

既校园大门，是学校建筑群和校园空间的序幕，是学校文化内涵的最直接展现，对校园整体风格特征的塑造起到非常重要的作用。通常，中小学的校门活泼明快，色彩亮丽；而高校的大门大气稳重，富有文化底蕴和精神内涵。

教育类入口建筑设计应考虑与周边环境的协调：处于闹市区时应尽量封闭一些，同时后退留出足够的安全距离和停车位，这样可以使校园与外界尽量隔开，形成一个安静的学习环境；相反，处于郊区时应适当开敞、开阔。

(3) 经济类入口建筑

入口建筑对于从事商品生产、流通、交换等活动的经济团体机构主要实现两个功能：首先是，通过特殊风格化的大门突出其产品的特色以实现对外最大化的广告效应；其次，把大门视为对单位内部员工的精神展示，增进员工的团结，提高工作效率。

(4) 居住类入口建筑

居住区入口建筑应与居住区内整体建筑、园林景观风格相适应。有些居住区入口建筑尺度较大，体现出小区内现代、豪华、气派的氛围；也有些尺度较小，体现出体现亲切、宁静、温暖的小区特色。

(5) 文娱类入口建筑

所从属的区域以文娱、文体类活动为主。此类入口包括种类很多，如综合性公园、植物园、动物园、儿童公园、体育公园、纪念性公园的入口及风景名胜区入口等。以观赏游览为主的区域（如观赏游览公园、风景区等），入口建筑倾向于欢快活泼，形式、色彩多样；以纪念为主的区域（如纪念性公园），入口建筑则倾向于庄严、肃穆，形式、色彩根据主题而有较为特殊的风格。

3. 设计要点及规范

(1) 建筑组成及功能

入口建筑通常包括出入口、警卫、管理（传达）、值班、会客、卫生间（或公共卫生间）等部分。车、人流从出入口进出；警卫负责车、人流的监管；管理（传达）负责到访者与内部的联系，兼信件等的收发；值班为值班人员提供休息空间；卫生间根据出入口类型的不同，可以是仅服务于值班人员的，也可以设计对外开放的。会客是用以接待来宾。（图 7–1，7–2）

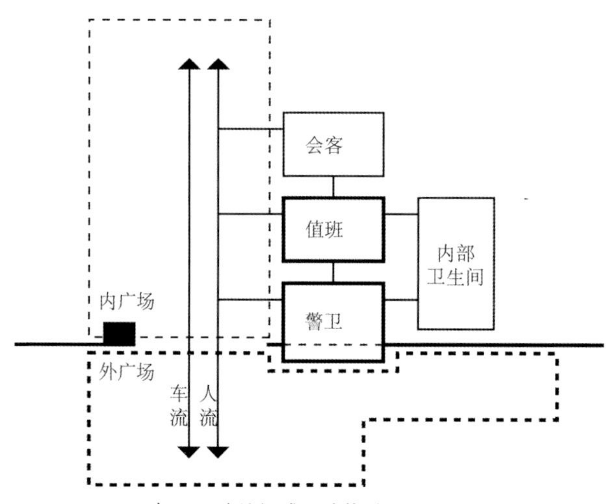

图 7–1 一般入口建筑组成及功能关系图（绘图：王昱）

入口建筑的组成内容需要根据具体情况确定，规模较小的入口建筑往往将警卫和管理合设，或者省去会客、卫生间；城市公园、自然风景区等公共活动场所，则需要设置售票、检票以及游客接待室、小卖等。（图 7–3）

根据车、人流量及出入口内部场地性质的不同，车、人流的组织形式不同。（图 7–4，7–5）

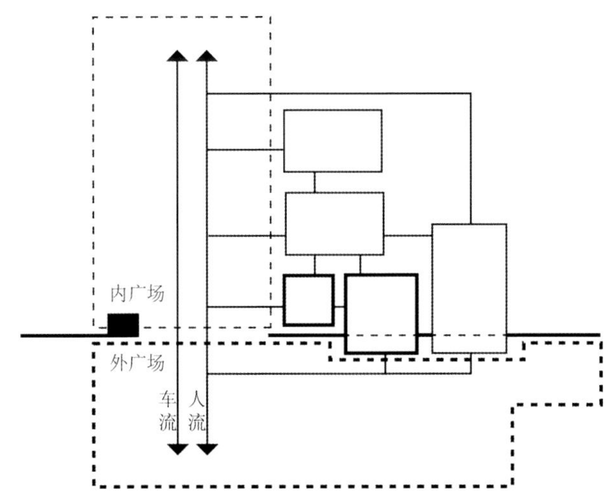

图 7–2 公园入口建筑组成及功能关系图（绘图：王昱）

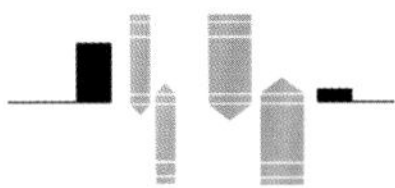

车、人流不分，适用于一些车流、人流量不大出入口。

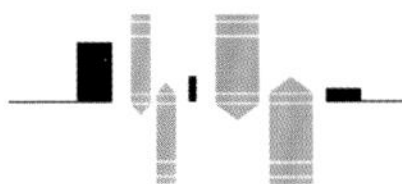

车、人流分开，均在门卫一侧，适用于以人流为主，车流较少的出入口。

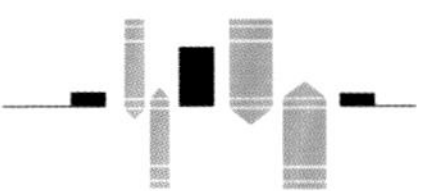

车、人流分开，均在门卫两侧，便于对车、人流管理，适用于车流较多，而且对车流进出要进行检查的出入口。

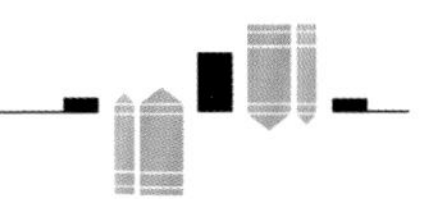

车、人流分开，进出分于两侧，便于对车流管理，适用于车流较多，而且以车流进出检查为主的出入口。

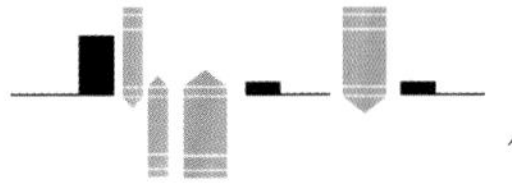

车流进出分开，适用于院内场地深度较小，但必须回车的出入口

图 7–3 出入口车、人流组织的一般形式（绘图：王昱）

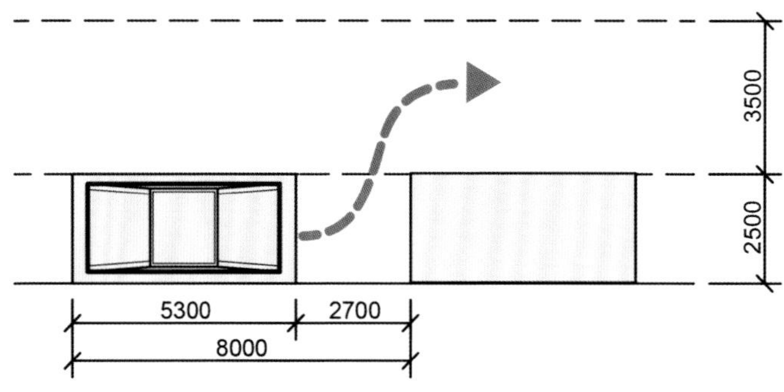

图 7–4　平行式停车位布局方式及尺寸简图（单位：mm）（绘图：王昱）

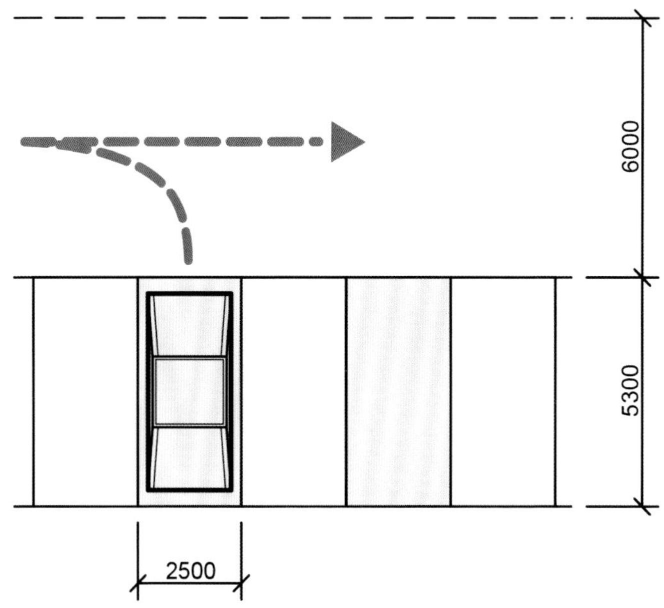

图 7–5　垂直式停车位布局方式及尺寸简图（单位：mm）（绘图：王昱）

(2) 规范

1) 出入口一般包括车、人流。

两股车辆并行宽度 7000–8000mm；

单股人流宽度 600–650mm；

双股人流宽度 1200–1300mm；

三股人流宽度 1800–1900mm；

自行车推行宽度 1200mm 左右；

小推车推行宽度 1200mm 左右。

2) 合理设置警卫、管理室的位置，最好能看到门内门外的所有情况。大门面积过大时可靠近车、人流设置 1–2 个单独的警卫室，这种警卫室需要容纳两人，面积应大于 4m2。警卫、

图 7-1 一般入口建筑组成及功能关系图（来源：自绘）

管理室的门，应使警卫人员能以最短的路程到达出入口。

考虑值班人员的工作质量与身体健康，应使警卫、管理室有较好的室内环境，设计时需要考虑选择良好的朝向——入口建筑以南北朝向为宜，警卫、管理室观察窗尽量南向、东向，避免冬天西北风吹入。

3) 售票室一般有两种布局方式，与入口建筑组成一体或单独设置。每个单独的售票位不应小于 2m2，两个售票口间距不应小于 1200mm。售票室前应预留足够的广场供游客购票时停留等待之需。检票室或检票口应设置在游客进入时必经的关口上，如今多用电子检票闸机代替。

4) 出入口内外应设置一定面积（根据车、人流量确定）的内、外广场，一方面用于集散，另一方面与入口建筑，其他植物、标志、小品共同组成入口空间序列。

5) 如需要设置停车场，面积较小时可与出入口广场合设，面积较大时则应单独设置车辆停放场，自行车可按 1.2–1.5m2/辆，汽车停车位尺寸为 2.50–3.00m*5.00–6.00m。（图 5–4，5–5）

6) 入口建筑与所属场地内建筑群、园林景观相统一。包括空间体量、形体组合、立面处理、细部做法、材料、质感的统一。

7) 因地势宜设置标志、灯、花坛、喷泉、水池、山石、树木、雕塑、亭、廊、花架、装饰小品等细部结构、装饰。

7.4、实例

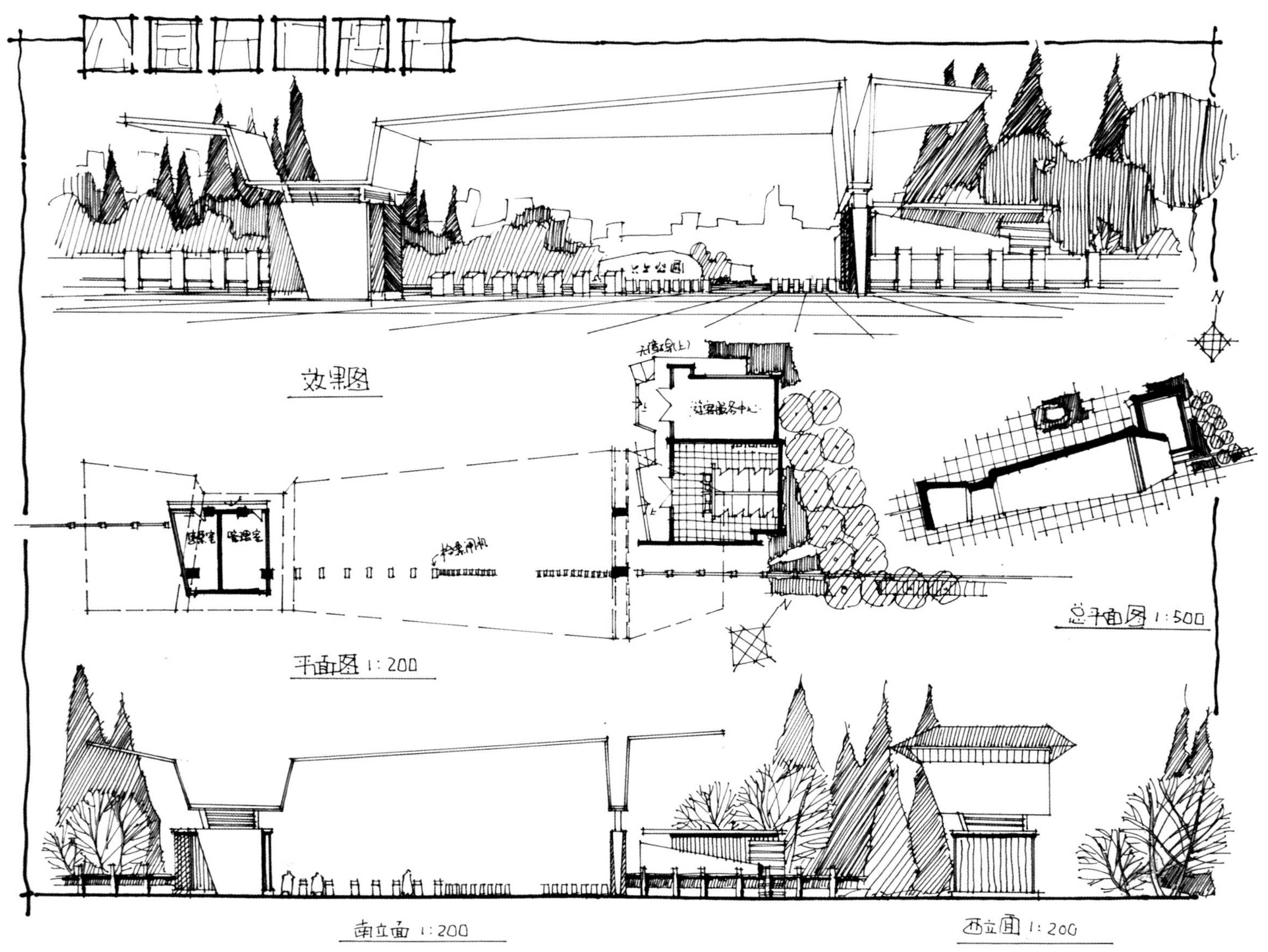

实例 3–43 北京林业大学・王昱・公园大门设计・A3 图纸・4 小时

优点：对于人流和车流进行了划分，建筑形式灵活，设置了人工售票室和电子检票口，有效对人流进行组织。

卫生间与游客服务中心设置了无障碍通道。

大门形式灵活，现代感强，体现出公园的特色。大门的两组建筑造型、材质相似，彼此相呼应。

里面明暗对比强烈，光影效果明显，突出建筑的立体感。效果图透视准确，显示出大门轻盈、宏伟的特点。配景植物层次丰富、形态简单，凸显建筑形态。

缺点：平面图、总平面图都没有标注出入口方向。大门承重结构影响公共卫生间的交通，管理室位于人流一侧，车流的管理不便。

西立面屋顶表达不清楚。

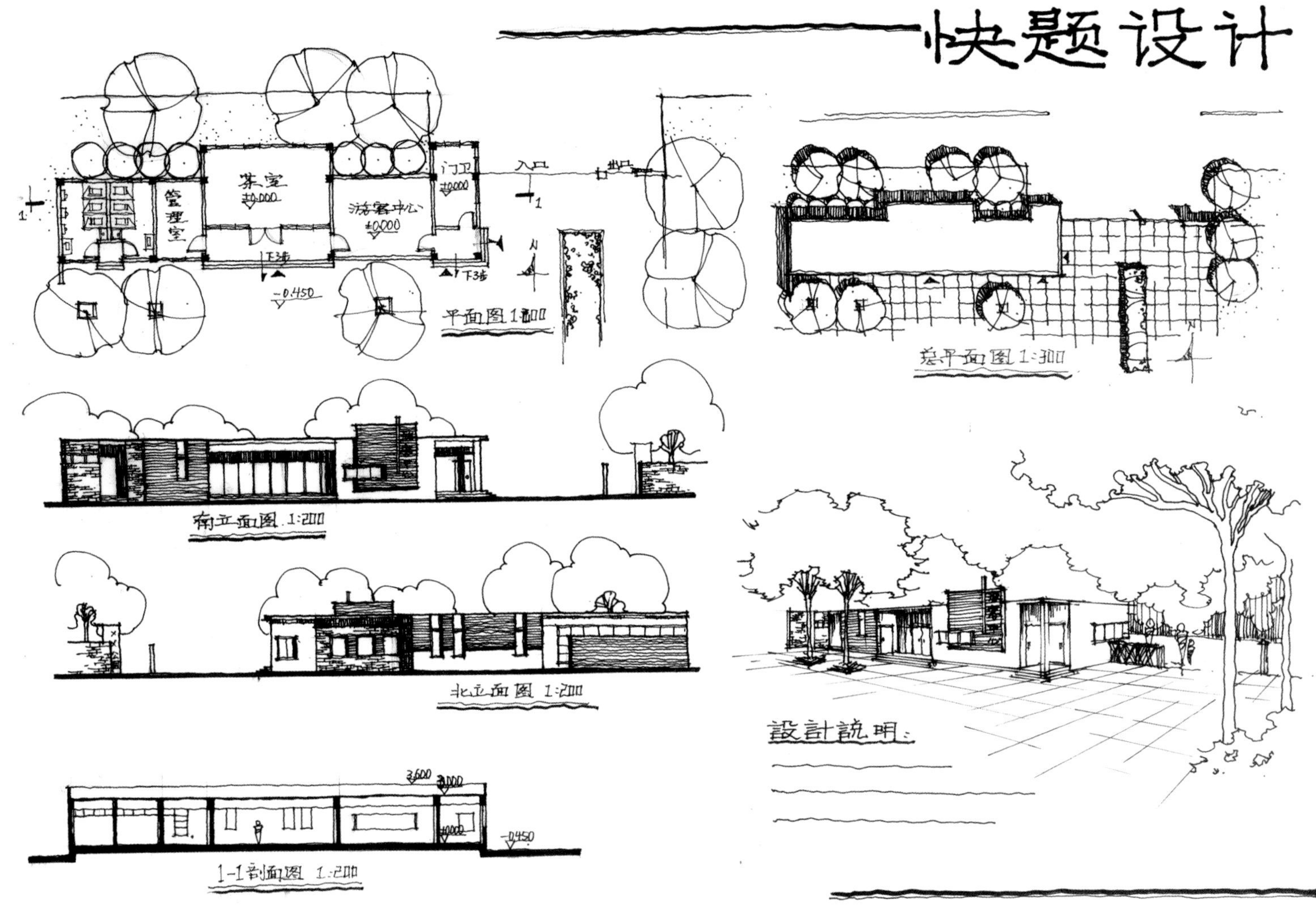

实例 3-44 北京林业大学·纪茜·公园大门设计·A3 图纸·3 小时

优点： 画面排版均衡、完整，各个图幅比例和谐。

建筑平面功能分区安排合理，主入口进入建筑内部后游客直接进入茶室，茶室前留有一定的集散分流空间，疏导不同动线人群，避免了人流拥挤。

效果图选用两点透视，制造了强烈的空间感。手绘线条流畅自如，运用娴熟。植物配景以白描的形式简单刻画，使得画面生动灵活。

缺点： 缺少立面标高；

设计说明不完整。

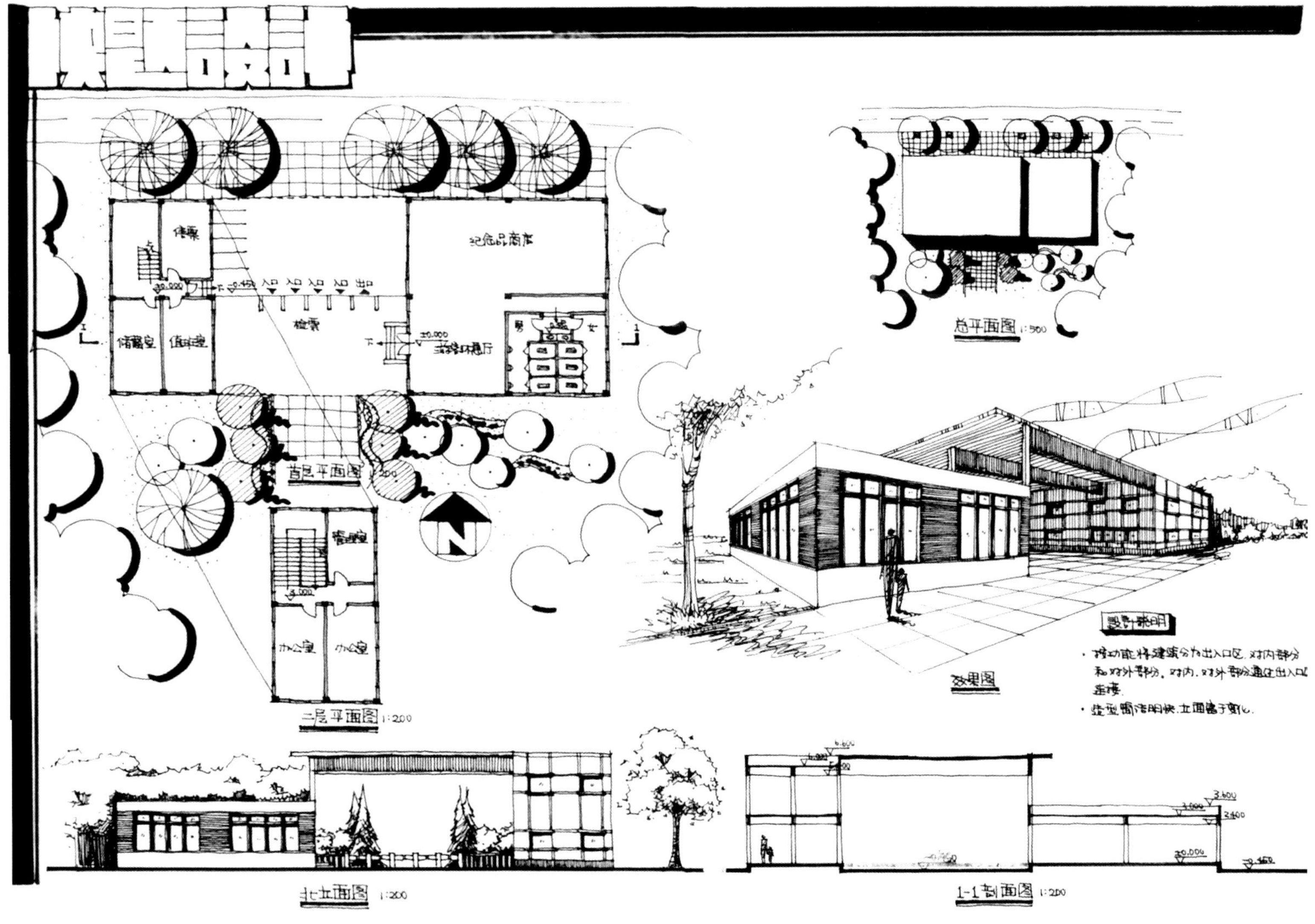

实例 3-45　北京林业大学・魏晓玉・入口建筑设计・A3 图纸・3 小时

优点： 画面构图完整，排版均匀。和谐。各图幅比例相适宜。画面排版均衡、完整，图幅设置有序。画面简洁干净，建筑物与周围环境有一定的表达。一层平面的功能分区合理、明确，交通组织流线通畅，入口空间要开阔通畅，该设计入口处的小型集散空间可以避免人流出入拥挤。手绘配景以充满动感的流线来对比建筑平面的规则式，以动衬静，动静结合，让画面整体富有节奏与韵律。

缺点： 缺少立面标高。

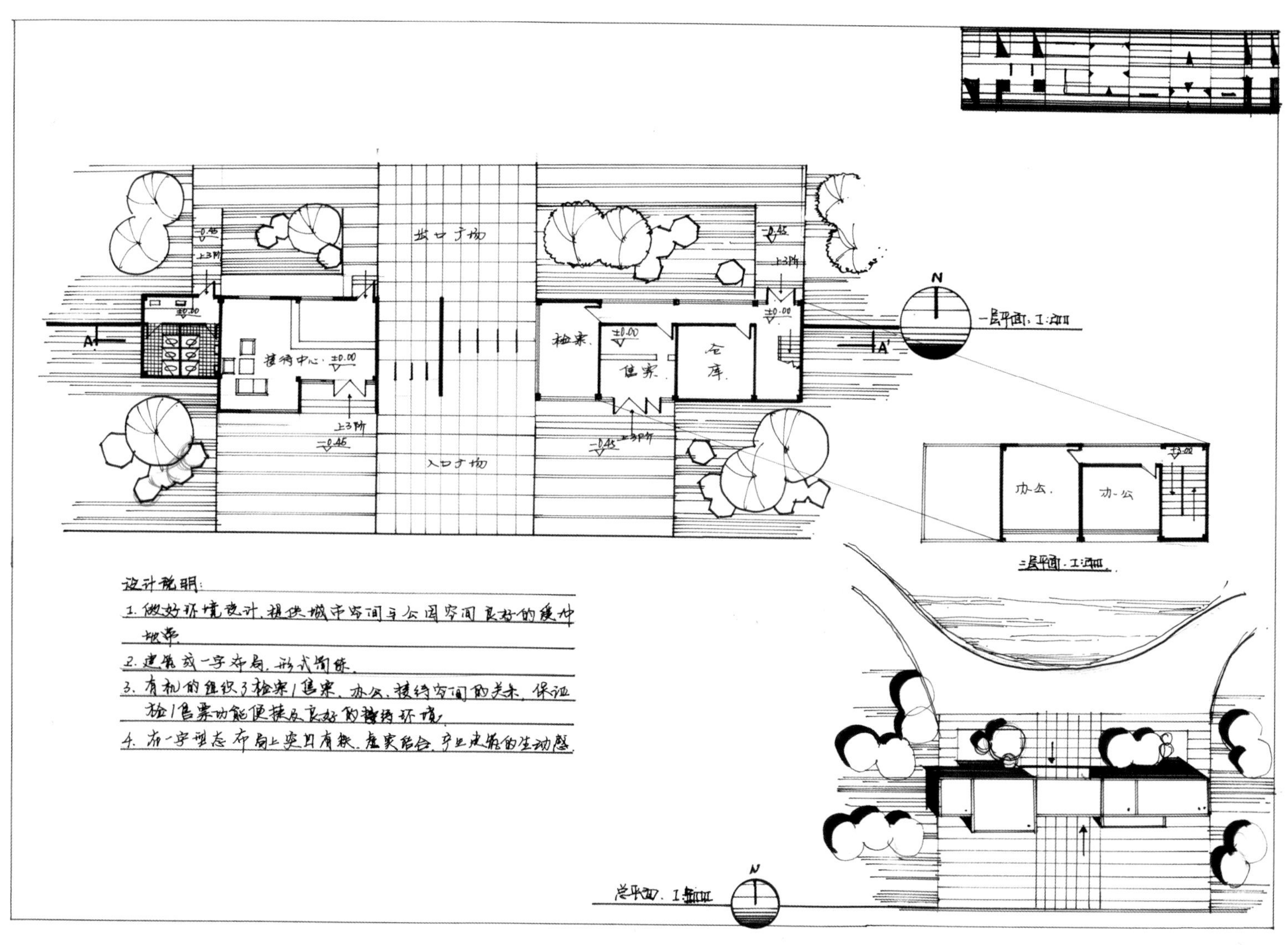

实例 3–46a 北京林业大学·张诗阳·入口建筑设计·A3 图纸·3 小时

优点： 画面排版均衡，各图幅所占比例适宜。其植物配景丰富了图面，并明了地表现了建筑与周围环境的尺度与比例关系。建筑总平面图周围的植物配置与建筑体块之间的关系较为和谐，不同种类的植物营造不同的景观效果，使得建筑空间感的延伸有更好的景象。

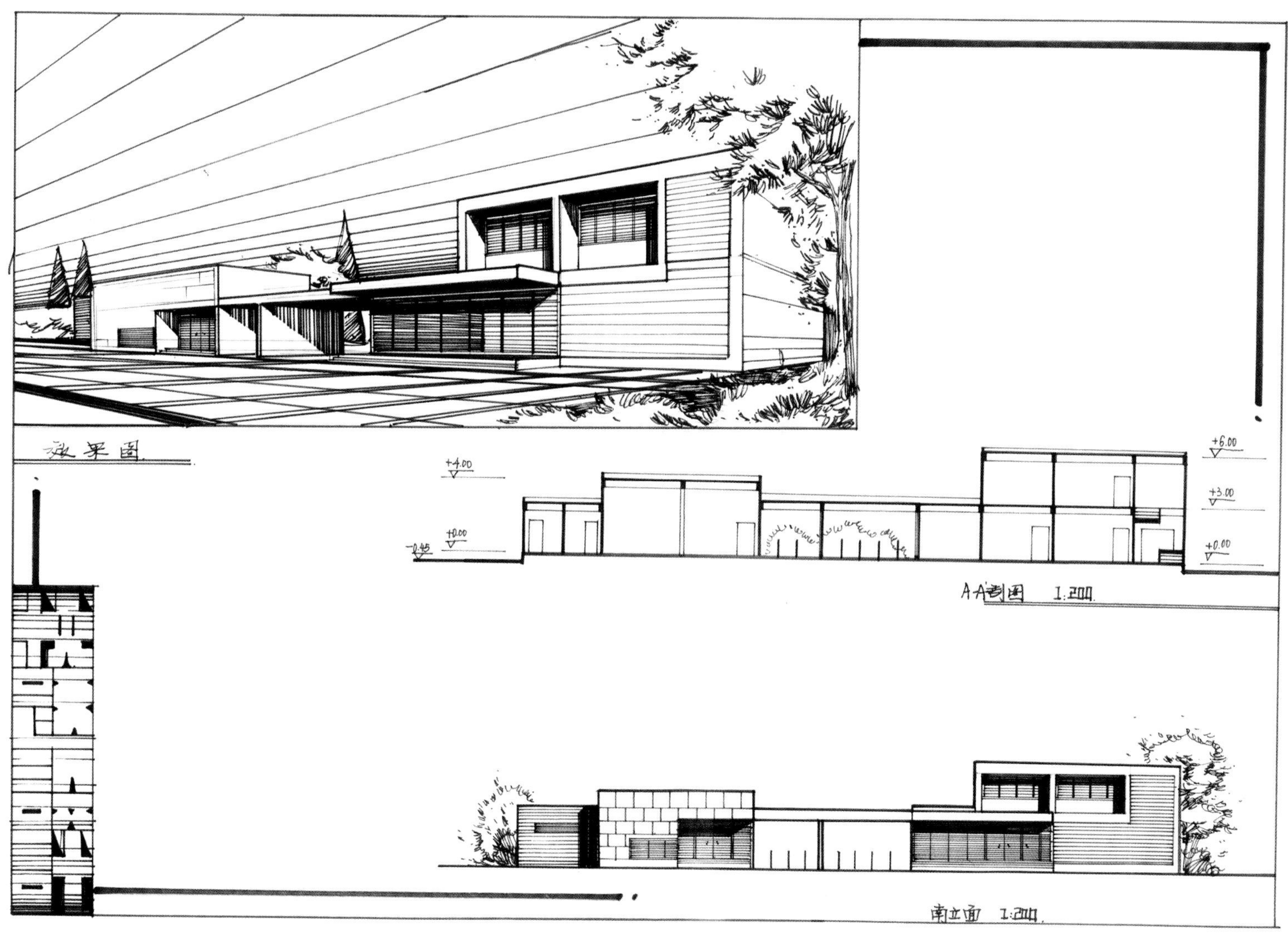

实例 3-46b 北京林业大学·张诗阳·入口建筑设计·A3 图纸·3 小时

优点： 画面排版均衡，各图幅所占比例适宜。剖面图较准确地表现了建筑切剖处的内部结构，其植物配景丰富了图面，并明了地表现了建筑与周围环境的尺度与比例关系。

对效果图的刻画要有重点，以较少的笔墨略去其他，重点表达某一立面角度。以自由生长的植物对比精密、现代的建筑造型，使得画面富有生气。该手绘线条流畅、娴熟，对建筑及景观的细部描写刻画到位，营造了一种自然式的建筑环境。

缺点： 缺少立面标高。

八、观景建筑

1. 概念及基本特征

在园林风景区或城市开敞空间中，常出现主要供人观赏风景的一类建筑。此类建筑多根据游览路线的性质、景点分布而建。观景建筑的设计重点在于通过运用对景、框景等手法处理建筑与景点的关系，达到视线通透，视域开阔的效果，满足人们对观景视线的需求。观景建筑包括亭、台、楼、阁、轩、榭、舫等，既可采用中国古典园林建筑的传统形式，也可根据具体情况创设别具一格的现代建筑或二者结合。观景建筑在成为游人观景之所的同时，本身也可成为园林中风景构图的一部分，点缀园林景观。因此在设计的过程中要充分考虑建筑的选址以及相应的处理手法，以达到最佳观景效果。根据观景建筑的观景面可将其划分为一面观景、两面观景、三面观景、四面观景四个类型。

2. 设计要点及规范

一面观景建筑：观景范围较为固定和局限，视线延伸单一直接，一般位于庭院一角、道路尽端、花间林下、密林深处等视野较为封闭，景观相对明确和突出的位置。建筑形式上可将观景面之外的其他各面用园墙、植物等作以围合，突出所观之景。（图 8–1）

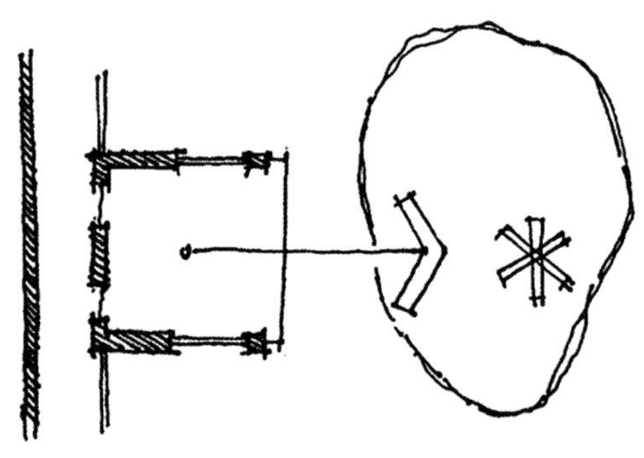

图 8–1　一面观景建筑视线分析（绘图：刘梦）

两面观景建筑：一类为在相邻较近的一个面域内观景的建筑（图 8–2a）；另一类为从相反两个方向分别观景的建筑(图 8–2b)。前者可位于道路岔口、庭院侧旁、山谷溪涧等具有一定的开敞视域范围，又靠近空间边界，对视线有一定限制的场地；后者可设计为园廊、园桥等带状建筑，前后观景；若为园亭、榭舫等类型，则可与廊、桥等相结合，成为组群建筑中的一个观景点。常位于水边石矶，道路连通点等需要连接景观或引导景观序列的位置。

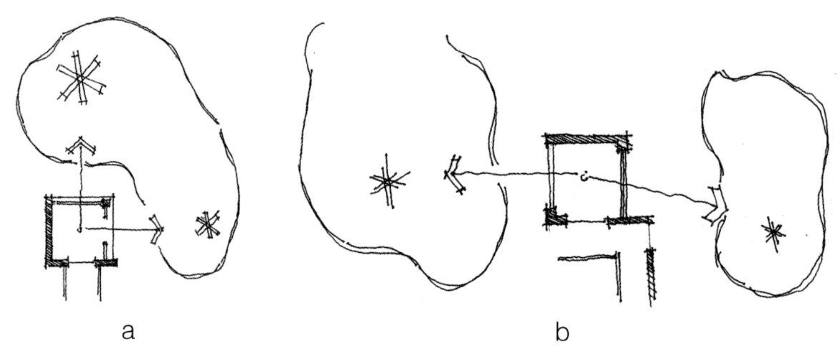

图 8–2 两面观景建筑视线分析（绘图：刘梦）

三面观景建筑：观景范围较为开阔，除游客背向之外，视线均可达。常位于疏林草地、山坡台地、临水岸边、台阶之上，或与建筑相连、与墙体相依。建筑可突出于整个环境之中，以强调观景之用，如水榭，也可做抬高处理便于开阔视域。（图 8–3）

四面观景建筑：建筑开敞、通透，可 360 度赏景，视野之内均有景可观。多位于广场之中、园路交汇点、湖岛之上、山巅屋顶等四面无遮挡物的开阔空间。通常作为点景建筑，应着重表现建筑自身的形态，宜鲜明、突出，体现建筑的特色。（图 8–4）

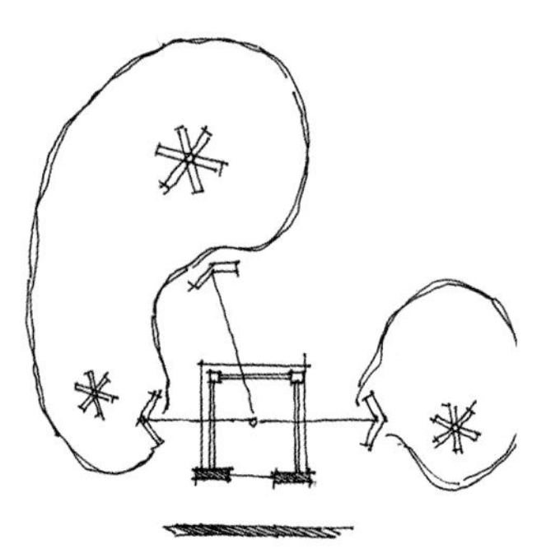

图 8–3　三面观景建筑视线分析（绘图：刘梦）

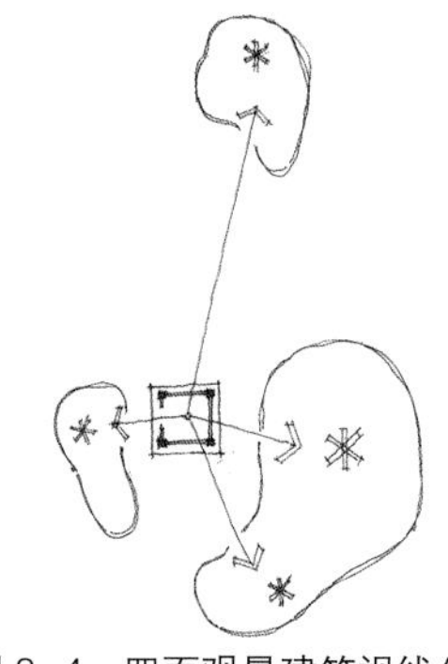

图 8–4　四面观景建筑视线分析（绘图：刘梦）

8.3、实例

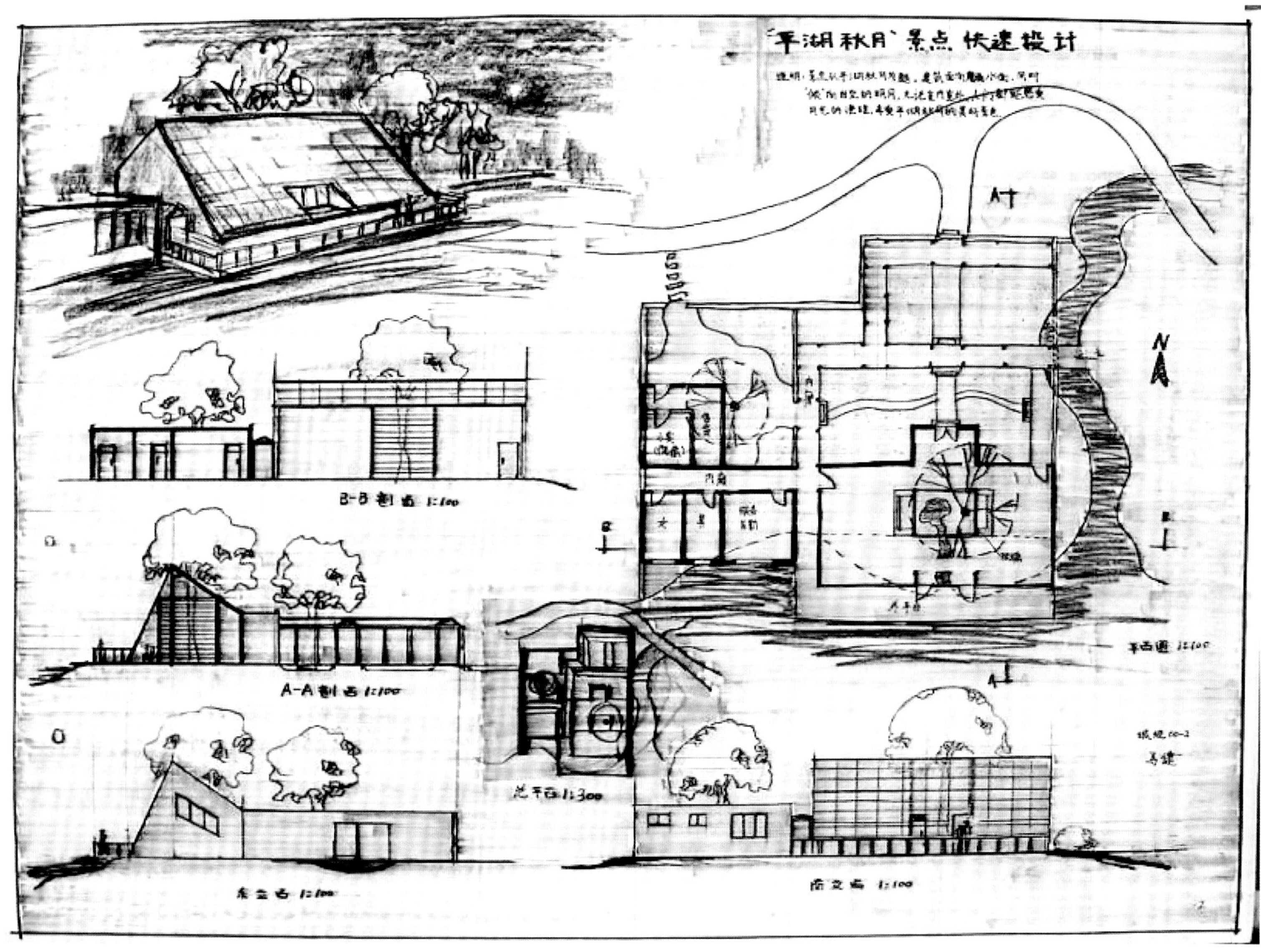

实例 3-47 北京林业大学 · 马健 · 观景建筑设计 · 3 小时 · A1 图纸

优点： 功能分区明确，小卖靠近周边道路，观景建筑与服务建筑分开设置；流线关系清晰，较合理；

建筑布局与环境结合较好，傍水而建，同时创造大小庭院，增加景观层次，实现小中见大，符合观赏游览建筑的特点；

空间塑造、形体的起落具有特色，大坡屋顶的运用，使得建筑具备历史与时代的双重特点，也使建筑本身的标识性增强；

线条基本功较扎实，表现较好；色彩冷暖对比，效果鲜明；透视图采用炭笔表达，有一定特色；构图饱满。

缺点： 总平面图未能清晰表达建筑与周边环境的关系；立面如将材质作进一步表达，效果将更好；

缺少必要的高程标注；标题字不够醒目。

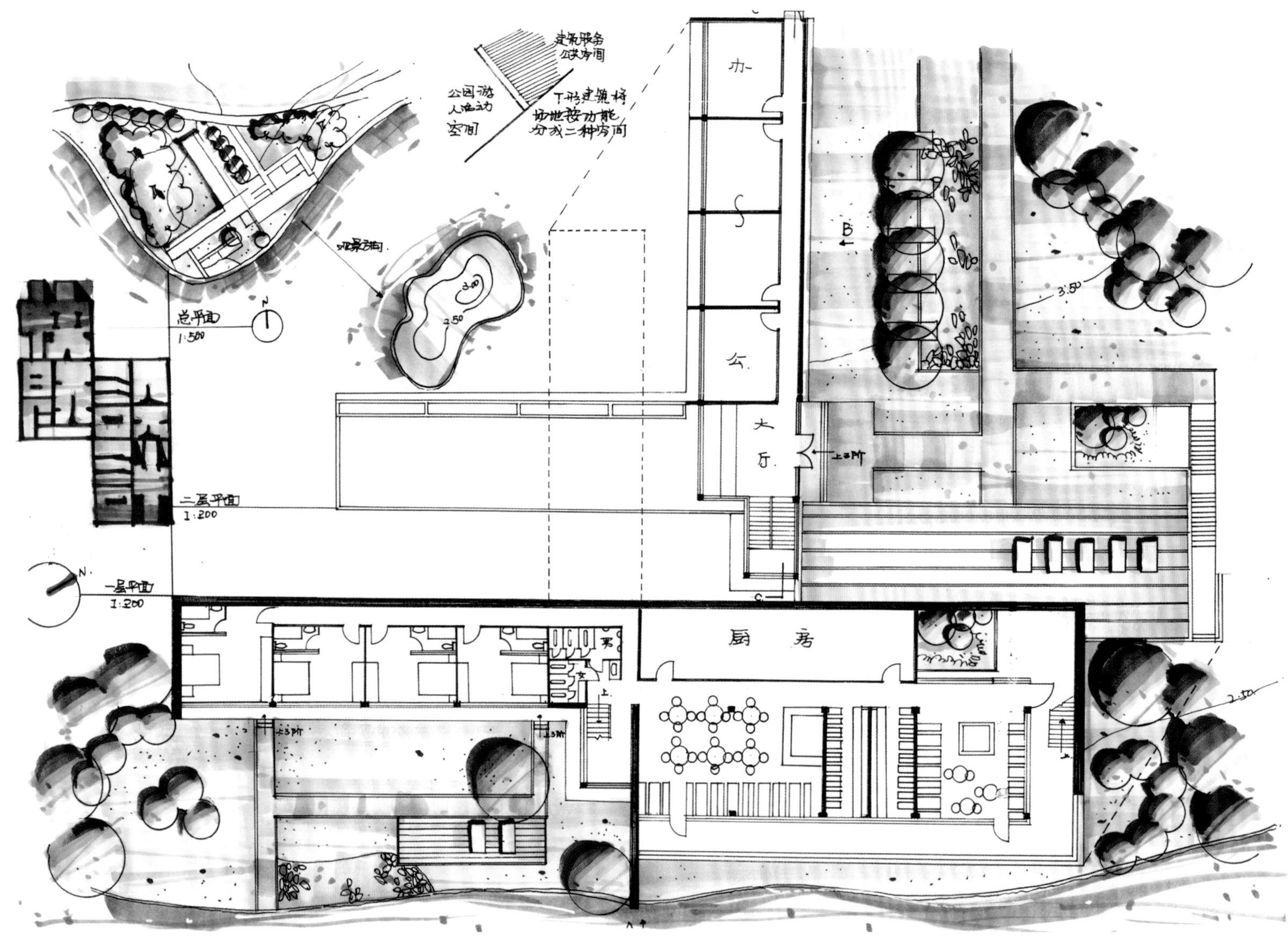

实例 3–48a 北京林业大学 · 张诗阳 · 观景建筑设计 · 3 小时 · A1 图纸

优点：画面排版优美、匀称，构图完整、和谐；

平面功能分区明确，餐饮区靠近周边道路，观景建筑与服务建筑分开设置；流线组织关系合理；

建筑布局与环境结合较好，傍水而建，由多个矩形长方形盒子互相衔接，建筑体块感强，不同的角度增加景观层次，实现小中见大，拓展视觉空间。符合观赏游览建筑的特点；

空间塑造、形体的起落具有特色，大坡屋顶的运用，使得建筑具备历史与时代的双重特点，也使建筑本身的标识性增强；

色彩冷暖对比，效果鲜明；透视图采用炭笔表达，有一定特色。

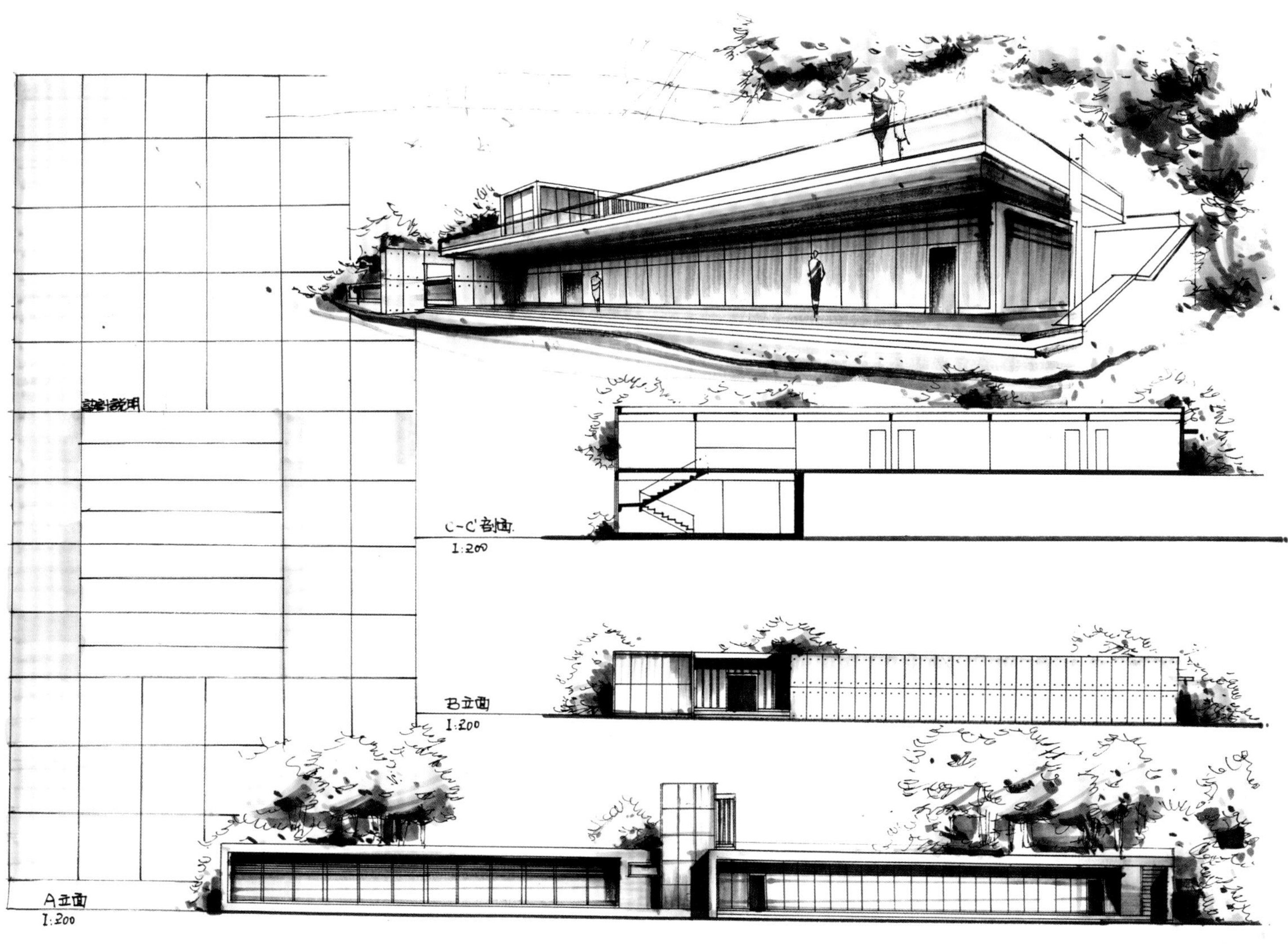

实例 3-48b　北京林业大学 · 张诗阳 · 观景建筑设计 · 3 小时 · A1 图纸

缺点：剖面图缺少标高；

立面图缺少标高；

设计说明不完整；

C-C 刻面中楼梯与楼板相撞。

九、公共卫生间

1. 概念及基本特征

公共卫生间（既“公共厕所”、“公厕”）是在道路两旁或公共场所设置的，供公众使用的，用于大小便、洗漱并安装了相应卫生洁具的房间或建筑物。

公共卫生间一般包括男厕、女厕、管理室、工具间(设备间)，根据需要可设置母婴室、第三卫生间（指专为协助行动不能自理的异性使用的厕所，如女儿协助老父亲，儿子协助老母亲，母亲协助小男孩，父亲协助小女孩等。）(图 9–1)

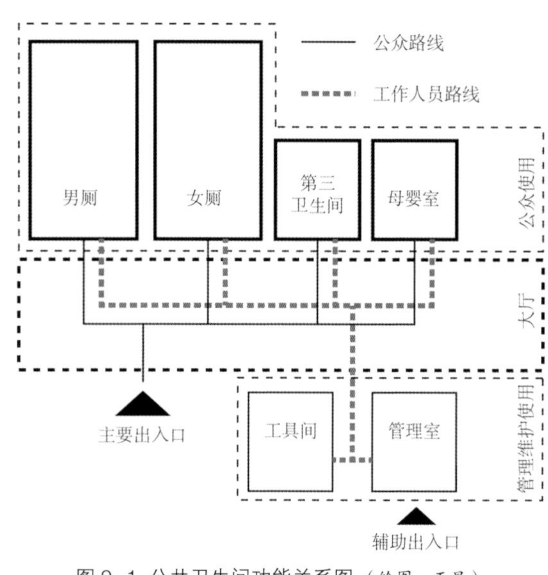

图 9–1 公共卫生间功能关系图（绘图：王昱）

男厕包含小便厕位（如需要可设置儿童小便厕位）、大便厕位、无障碍厕位；女厕包含大便厕位和无障碍厕位。服务于男女厕所使用、管理者的洗手盆、拖布池等可设于男女厕所中，也可单独设置。第三卫生间包含坐便器，洗手盆、放物台等；母婴室应包含婴儿打理台、放物台等。

2. 设计要点及规范

(1) 设计要点

1) 公共卫生间的规模根据游客数量和服务半径而定，单独设置时，一般在相对隐蔽又易于寻找、交通便利的位置，尺度不宜过大。

2) 风格和色彩要与周围环境、建筑相协调，不应太过于突出和夸张。在满足私密性需求的同时兼顾通风和采光。

3) 室内室外应设有一定空间满足人流集散的需要。

4) 应考虑无障碍设计：

建多层公共卫生间时，无障碍卫生间间应设在底层。

公共卫生间的平面设计应合理布置卫生洁具和洁具的使用空间并应充分考虑无障碍通道和无障碍设施的配置。

(2) 设计规范

1) 根据《城市公共厕所设计标准 CJJ14–2005》，公共卫生间室内净高宜 3.5~4.0m（设天窗时可适当降低）。室内地坪标高应高于室外地坪 0.15m。

2) 厕内单排厕位外开门走道宽度宜为 1.30m，不得小于 1.oom；双排厕位外开门走道宽度宜为 1.50 ~ 2.10m。

3) 卫生间管理间面积宜为 4~12m^2，工具间面积宜为 1~2m^2。

4) 男、女厕所厕位分别超过 20 时，宜设双出入口。

5) 大便器应以蹲便器为主，并为老年人和残疾人设置一定比例的坐便器。

6) 无障碍通道按轮椅宽 800mm 长 1200mm 设计进出通道宽度坡度和转弯半径，无障碍卫生间间内应有 1500mm × 1500mm 面积的轮椅回转空间。

7) 公共厕所的建筑通风、采光面积与地面面积比不应小于 1:8，外墙侧窗不能满足要求时可增设天窗，南方可增设地窗。

8) 常用卫生洁具的平面尺寸及使用空间如下:（图 9–2，9–3，9–4，9–5，9–6，9–7）

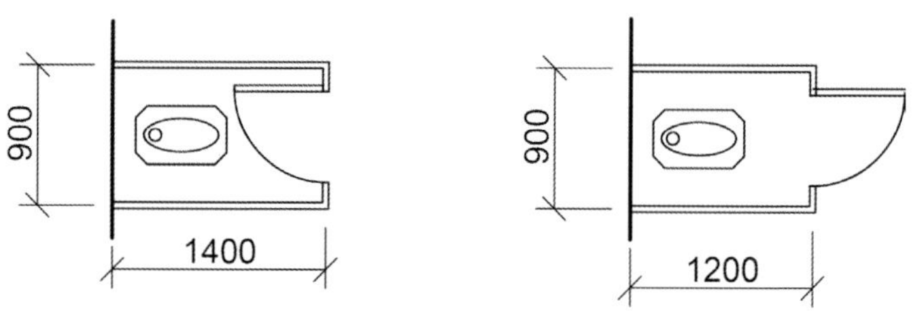

图 9–2 卫生间大便厕位尺寸（单位：mm）（绘图：王昱）

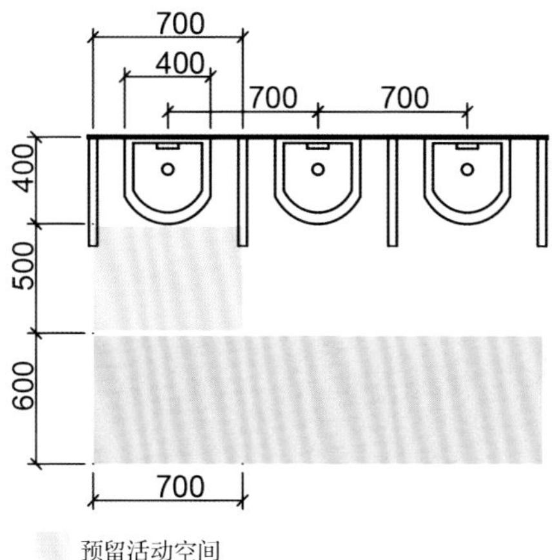

图 9-3 小便器及使用空间尺寸示意图（单位：mm）（绘图：王昱）

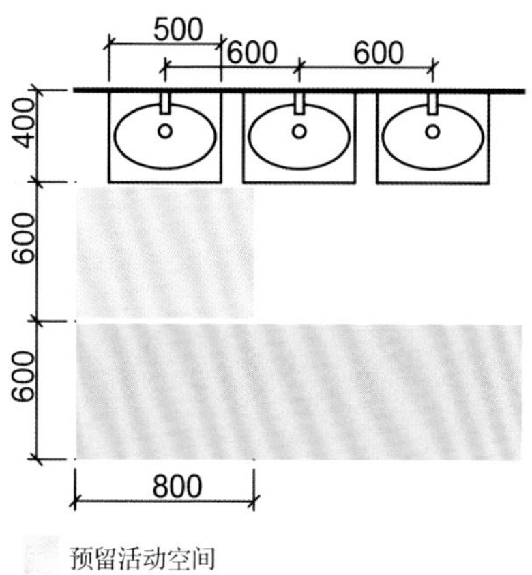

图 9-5 洗手盆及使用空间尺寸示意图（单位：mm）（绘图：王昱）

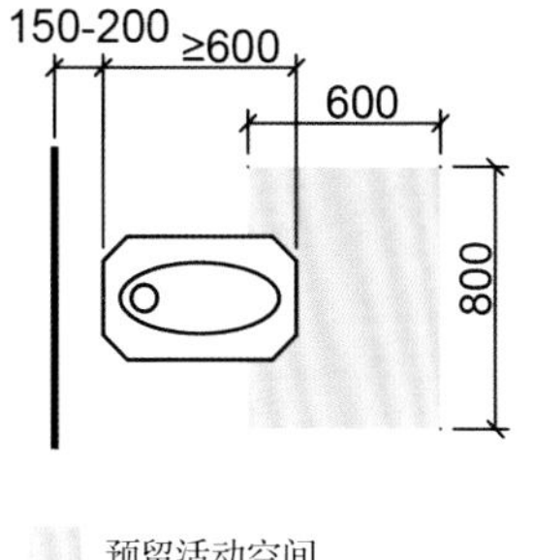

图 9-4 蹲便器及使用空间尺寸示意图（单位：mm）（绘图：王昱）

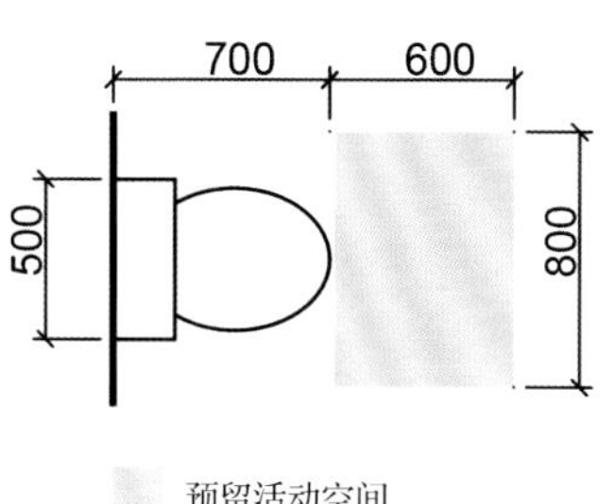

图 9-6 坐便器及使用空间尺寸示意图（单位：mm）（绘图：王昱）

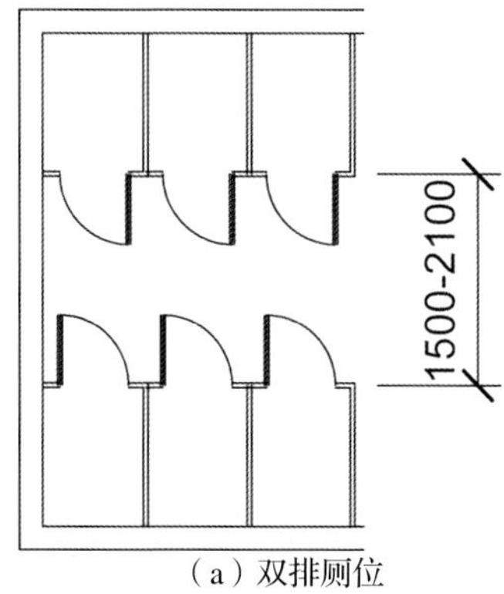

（a）双排厕位

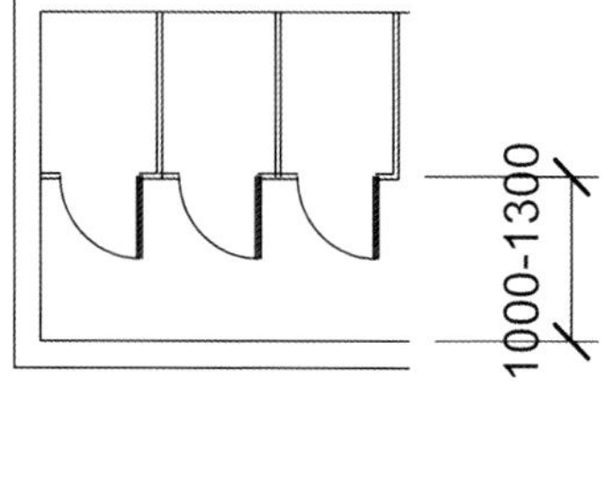

（a）单排厕位

图 9-7 卫生间大便厕位走道尺寸（单位：mm）（绘图：王昱）

9.3、实例

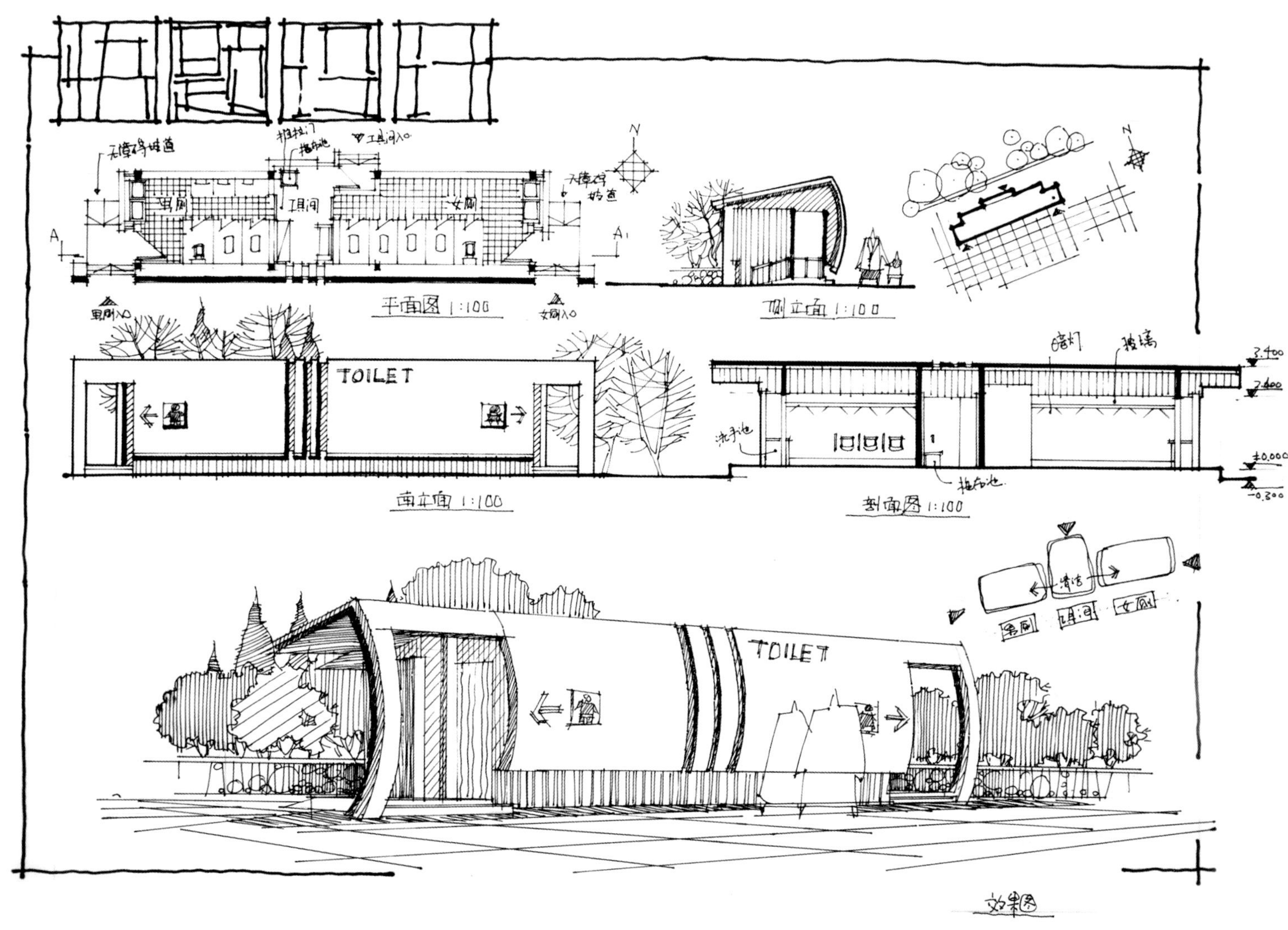

实例 3–49　北京林业大学 · 王昱 · 公共卫生间设计 · A3 图纸 · 4 小时

优点： 建筑尺度小，符合独立式公共卫生间外形、体量、色彩与周围环境相称而避免过于凸显的特点。造型简单明快，整体性强。

人流量较小的小型公共卫生间，利用建筑外的广场作为集散空间，男、女厕于两侧分设入口，大大节省了建筑的交通空间。工具间设于中间位置，分别向男、女厕开门，方便清洁维护；对外单独开门，方便工作人员出入而不影响卫生间的使用。

卫生间洁具线性排列，节省铺设管道成本。设置了无障碍通道和无障碍厕位。建筑外立面设计简洁统一，设有明确的标识。

缺点： 平面窗体表示不明确，男、女厕自然光照明效果差，男厕洁具过于密集，交通空间略小。没有考虑通风问题。

建筑外环境交代完整，位置过于开阔。

效果图明暗对比较弱，某些部分面和面之间的关系表达不清楚。

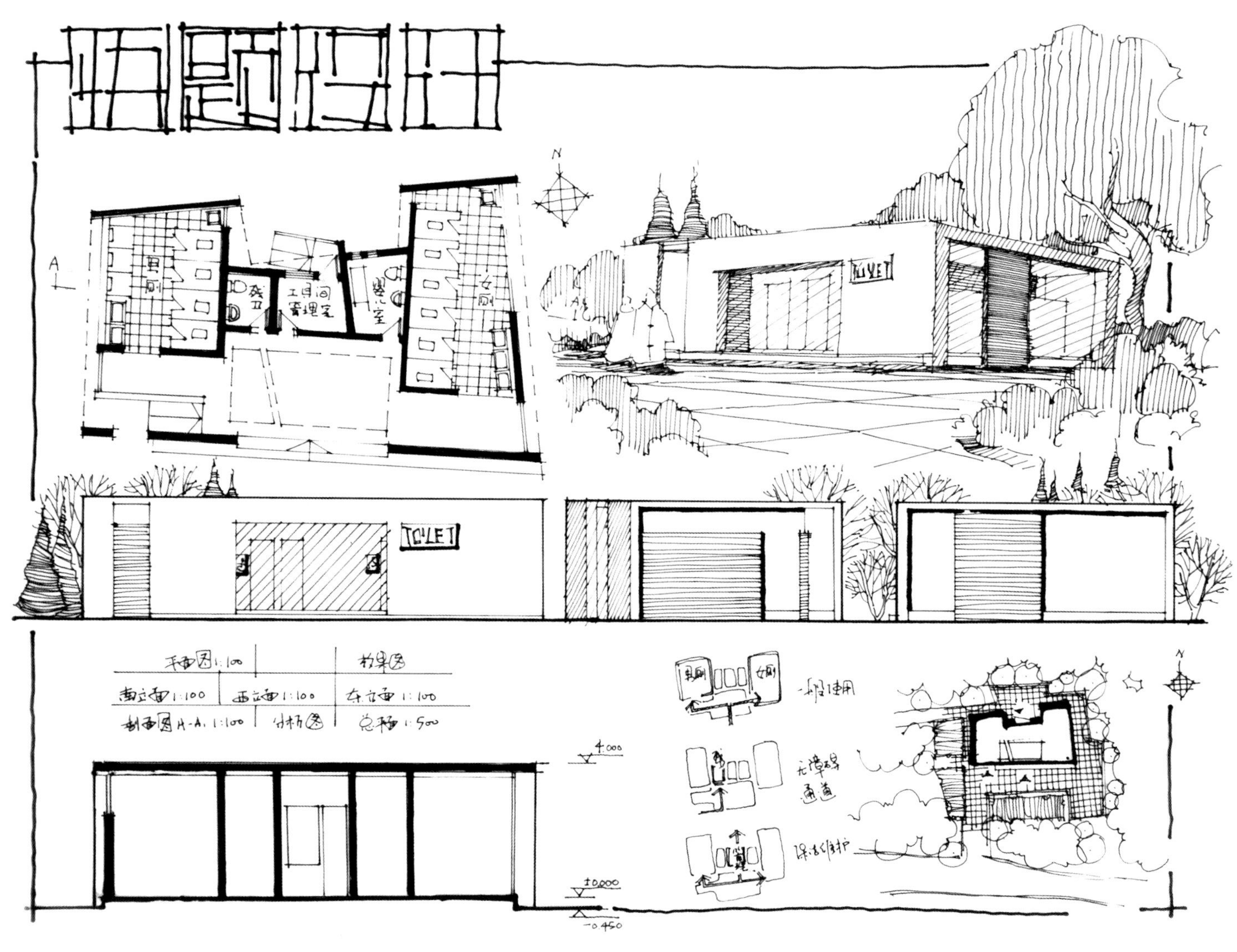

实例 3–50　北京林业大学 · 王昱 · 公共卫生间设计 · A3 图纸 · 4 小时

优点： 建筑内各房间尺寸、布局合理，设置了一定面积的公共集散空间（前厅）。男、女厕，第三卫生间，管理室，母婴室均与入口前厅相连，管理室又于另一侧单独设置工作人员出入口。交通设计合理，同时满足一般人群使用、特殊人群使用以及工作人员清洁管理的需要。设计大方简洁，空间形式丰富灵活。门厅处设置天窗，充分利用自然光照明。

建筑外立面高度适宜，不同明暗结构所占比例适宜。效果图透视准确，明暗关系明确，配景的加入有效地突出建筑本体。图纸排版完整、统一。

缺点： 工具间与管理室合设，面积略小，功能混杂。女厕开窗面积过大，私密性弱。平面图没有标注室内外地坪高度。立面图配景植物比例有误，体量过小，难以体现建筑的真实尺度。剖面图没有考虑屋顶的汇水、排水。

十、书报亭、摄影亭、售卖亭设计

1. 概念及基本特征

书报亭是售卖书报杂志的小型建筑，摄影亭是提供摄影服务的小型建筑，它们都具有很强的可观赏性，通常布置在风景区、公园的主要景点处和城市中人流量较大的街道、广场等地方。

此外，书报亭、摄影亭还可具有许多其他功能，如贩售饮料、零食、提供公用电话、信息咨询等。此类建筑面积小，结构灵活，造型活泼，风格多样，有可移动式和固定式两种建造方式。此外还有更简易的自助式摄影装置，无需建筑。

2. 设计要点

报刊亭包含售卖与储存两个部分。出于管理方便的考虑，单纯功能的查询室和售卖间一般是彼此隔断的两个独立的活动空间。摄影亭包括拍摄间与图片加工间两个部分。

虽然建筑面积很小，但报刊亭、摄影亭的功能也需要分为对内和对外两种。售卖、查询、拍摄间属于对外功能，储存、图片加工间属于对内功能。这类建筑平面组织较为简单，不需要非常复杂的交通流线。

售卖部分应该与储存部分要有直接的联系，方便货物的存放和提取，尽量减少交通空间。拍摄间和售卖间应方便顾客出入，储存间应较为私密、隐蔽。

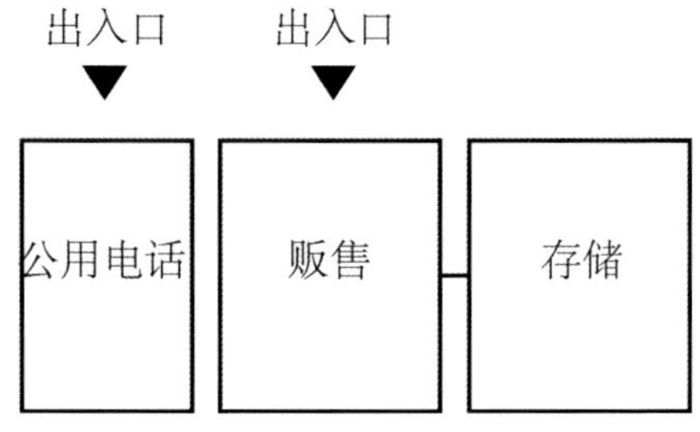

图 10–1 报刊亭功能流线关系图（绘图：王昱）

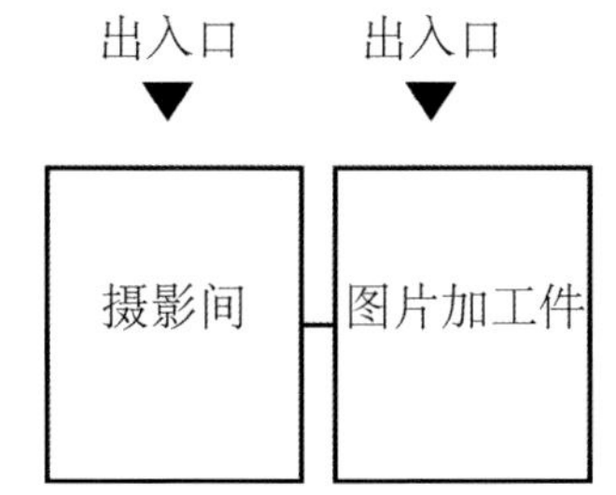

图 10–2 摄影亭功能流线关系图（绘图：王昱）

报刊亭、摄影亭功能简单，位置明显，建筑造型应醒目，立面灵活多样，整体风格以活泼为主，色彩上应鲜明稳重，避免形成晦涩、阴暗的色调，体现生动、清晰的视觉形象。

可移动报刊亭、摄影亭的结构设计应以轻便小巧为主，材料一般选择钢管、金属板、玻璃、塑钢或张拉膜等。报刊亭、摄影亭功能流线关系如图（图 10–1、图 10–2）。

10.3、案例

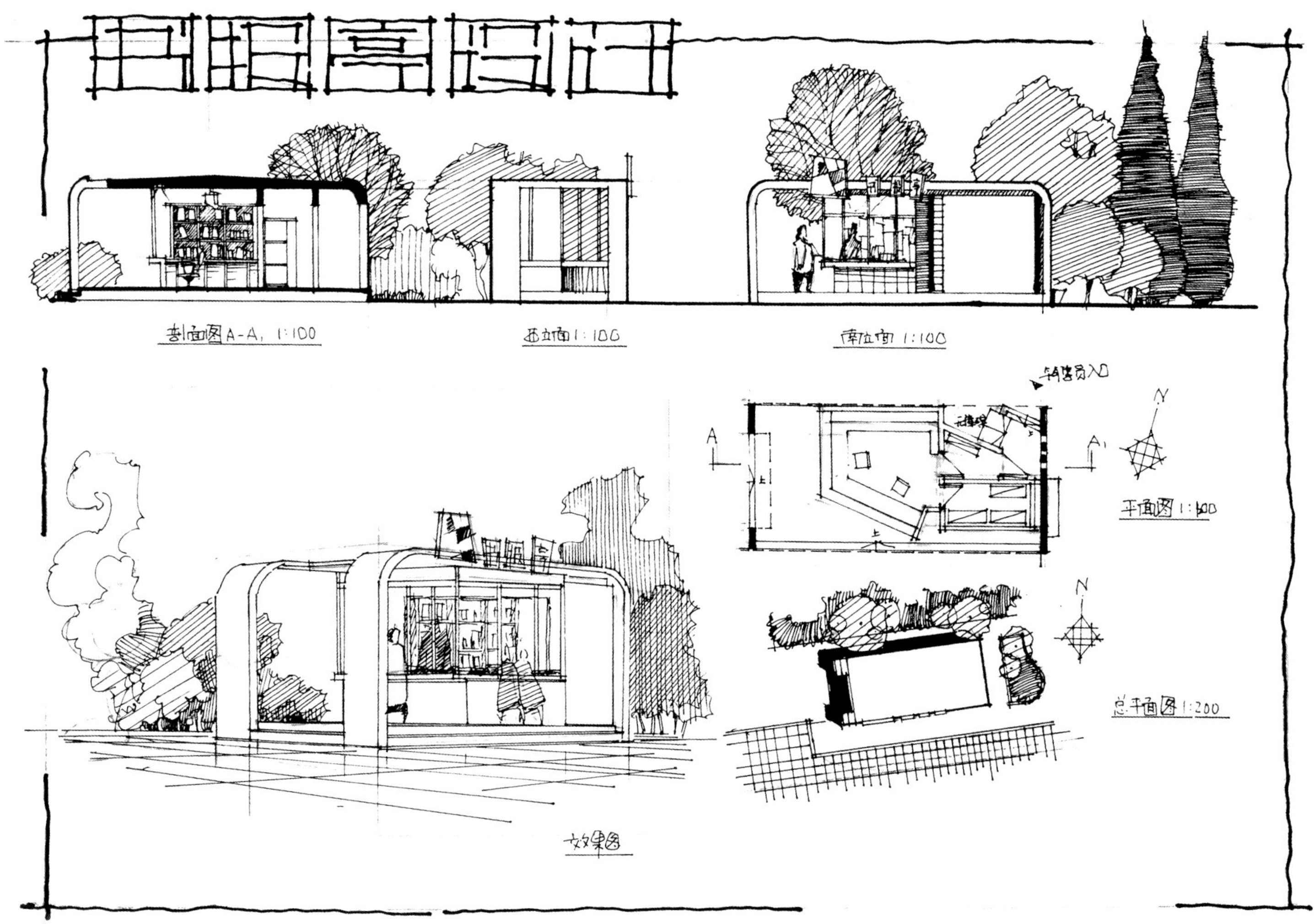

实例 3–51　报刊亭快题设计 · 王昱 · 北京林业大学 · A3 图纸 · 3 小时

优点：整体性较好，排版布局匀称整洁，画风简洁清晰。设计将书报亭前的遮雨棚结合结构考虑，整体感强，造型轻盈，充满现代感。图面表达方面重点突出，阴影表明了建筑立面的进退关系，配景突出了报刊亭的建筑主体。

缺点：售卖窗口前均设置台阶，未设计无障碍设施。方案设计了排水，并画出了排水槽，但未在图面上标出说明，易被判断为制图错误，需要注意。效果图的建筑部分略为简陋，体块的进退关系表现得不明显。

十一、其他

以上介绍的类型无法囊括所有的园林建筑，还有很多其他功能的园林建筑，如园林小卖部、园林小品等。

1. 小卖部

风景区或者城市园林中，为满足游人在游园时临时购物、饮食等方面的需求设置的售卖设施。它是现代园林中必不可少的组成部分，既要满足游人的消费需要，也要为游人提供较好的休息、赏景场所，丰富园林景观。一般园林小卖部适宜独立设置，常选择园林中游人必经之处和游人量大的地方或有特色的地段，也会设置在园中的休憩场所方便游人休闲使用。

小卖部规模不需太大，内容也相对简单。通常分为永久型小卖部和流动型小卖部，永久型小卖部的设计，可做成单间的小卖亭，也可以设置多房间的小卖部。多房间的小卖部在其组成上主要有：营业厅、售货柜台、贮藏间、管理室及简单的加工间。（图 11-1）小型的则仅在一个房间内分割成不同功能的几个空间。在小卖设计中不仅要考虑建筑本体的造型特点，还要和其他园林要素结合起来，形成一个统一的功能多样的休闲场所。为开展各类活动的需要，有的小卖部常常结合一些景点、休息点或入口附近的接待室、餐厅、茶室分散设置，以提供方便的服务。

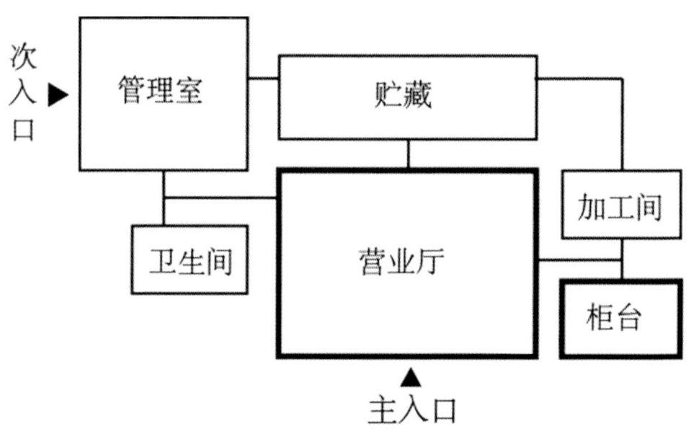

图 11-1 综合小卖功能流线关系图（绘图：刘梦）

小卖部的位置要确保方便的交通和顺畅的运输，但由于小卖通常不作为园林的主景，所以小卖的选址不能放在主要景点的观赏视线上。还要根据园林的性质、规模和活动设施，结合景点的分布及销售的类型和内容，来考虑其体量和风格。在满足各个功能的流线顺畅的基础上，小卖可以有一定的主题特色，但不能给环境造成任何视觉上和物质上的破坏。因此可以根据园林的地方特色、文化特色等来确定小卖部的建筑形式和结构，宜轻巧灵活，既独特新颖，又与园林的性质、风格相协调，与园内景点和环境互相衬托，简洁大方，还应具有一定的观赏效果，外形要注意对主要景点起到烘托作用。但当小卖作为主景的时候，要注意在与园林整体的风格相协调的同时表现出其特色，可通过整体的建筑造型和周边景观的设计来突出自身的售卖主题。

小卖部的营业厅可根据季节的不同，室内外相互结合，并应尽量创造室外活动环境。例如室外营业厅一般出现在南方，北方则只在夏季、春季使用。各类的小卖部都要有一定的库房面积以便存入物品，稍大面积的小卖部可采用绿化布置或简易隐蔽小院，这样既不影响景观，又能保证安全保管。面积较小的小卖部则根据其具体面积做相应的房间设计或省略该部分。

2. 园林小品

园林小品是在景园环境中供休息、装饰、照明、展示和服务、管理的小型构筑物设施，是园林景观中的重要元素之一，具有引导、交通、标识、分隔空间的作用，讲究外观形象的艺术效果。

园林小品是风景园林建筑中独有的一类，包括花架、景墙、桥、指示牌、地标等。

(1) 景墙

景墙是园内划分空间、组织景色、安排导游而布置的围墙，能够反映文化，兼有美观、隔断、通透的作用的景观墙体。

设计时可以运用一定的构图与装饰手法，如线条、材质、色彩、光影、空间层次的组织等，以创造出不同风格与感觉的园林景墙。

(2) 花架

园林环境中，花架以其独特的造型和攀附其上的植物成为特殊的景点，一般利用其所处位置来划分组织空间，引导游览路线。花架在景观中有时也起着有亭、廊的作用，可以如同亭子一般形成独立观赏点，再次组织对环境景色的观赏；又可以像廊一样发挥建筑空间的脉络作用，暗示游览方向。其通透的构架形式以及攀附其上植物的使花架较之其他的小品形式显得更通透灵动，富有生气。

根据支撑方式，花架可分为立柱式，复柱式、花墙式等。

根据其上部结构受力不同可分为简支式、悬臂式、拱门钢架式。

花架的设计常常与其他小品相结合，如在廊下布置坐、供人休息或观赏植物景色。半边廊式的画架可以在一侧墙面开设景窗、漏花窗，周围点缀叠石小池形成吸引游人的景点。

一般来说，花架的高度应控制在 2.5–2.8m，适宜的尺度给人以易于亲近、近距离观赏藤蔓植物的机会，过低则压抑沉闷，过高则会有遥不可及之感。花架的开间一般控制在 3–4m，进深跨度则常用 2.7m、3m、3.3m 等规格。在满足承重的前提下，花架的构件截面和长度都不宜过大，否则会显得笨拙臃肿。

布置花架时一方面要格调新颖，另一方面要注意与周围建筑和绿化栽培在风格上的统一。

(3) 花坛

花坛是在具有几何形轮廓的植床内，种植各种不同色彩的花卉，运用花卉的群体效果来体现图案纹样，或观赏盛花时绚丽景观的一种花卉应用形式。

依花材分，花坛分为盛花花坛和模纹花坛。

依空间位置分类，分为平面花坛、斜面花坛和立体花坛。

花坛在设计时应使其风格、体量、形状诸方面与周围环境相协调，在绘制平面图时应做到以下两点：

1) 标明花坛的图案纹样及所用的植物材料。

2) 依照设计的花色上色，或用写意手法渲染。

小品设施是在景园环境中供休息、装饰、照明、展示和服务、管理的小型构筑物设施，是园林景观中的重要元素之一，具有引导、交通、标识、分隔空间的作用，讲究外观形象的艺术效果。

3. 实例

廊架快速设计

廊架平面图 1:50

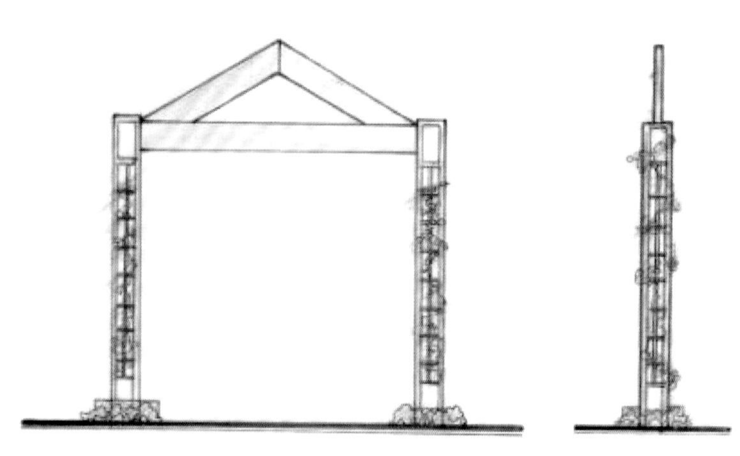

廊架正立面图 1:50　　廊架侧立面图 1:50

廊架透视图

实例 3–52　北京林业大学 · 邓炀 · 廊架设计 · 3 小时 · A3 图纸

优点：本方案小品设施与植物进行了很好的融合，属于典型的园林小品设施；

廊架设计简单大方，方便施工与批量生产；

采用木材为主要材料，给人以亲近之感，适合用于室外。

缺点：设计时应标出基本的尺寸、标高和周边植物的名称；

受限于设计的内容，图面稍空，可丰富透视图的内容，配景层次可进一步加强。

花架快速设计

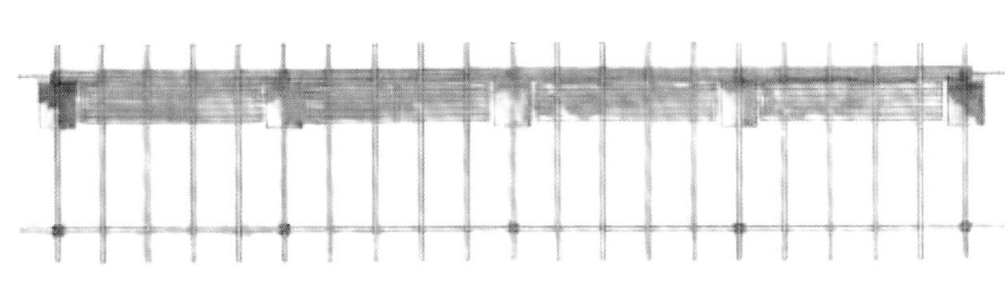

花架顶平面 1：50

花架头饰面

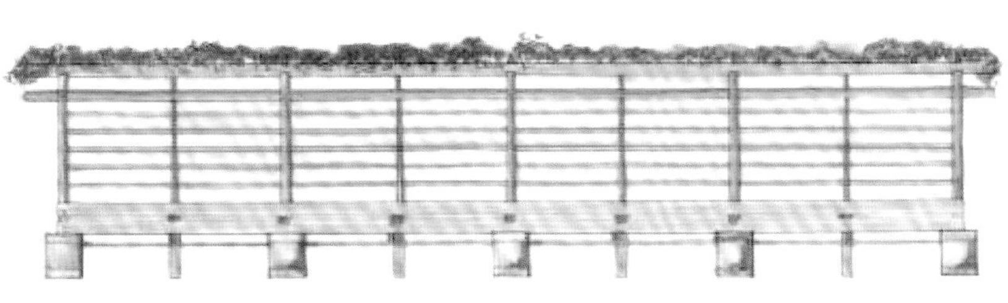

花架顶平面 1：50

花架侧立面 1：50

实例 3–53　北京林业大学 · 邓炀 · 花架设计 · 3 小时 · A3 图纸

优点：本方案花架中设置座椅，能起到休憩的功能；

立面图中通过配景人的出现，为花架的尺度提供比例参考。

缺点：效果图缺少层次，配景植物没能突出主体，没有近景的处理，图面显得过于单薄，

没有必要文字说明及尺寸、标高的标注。

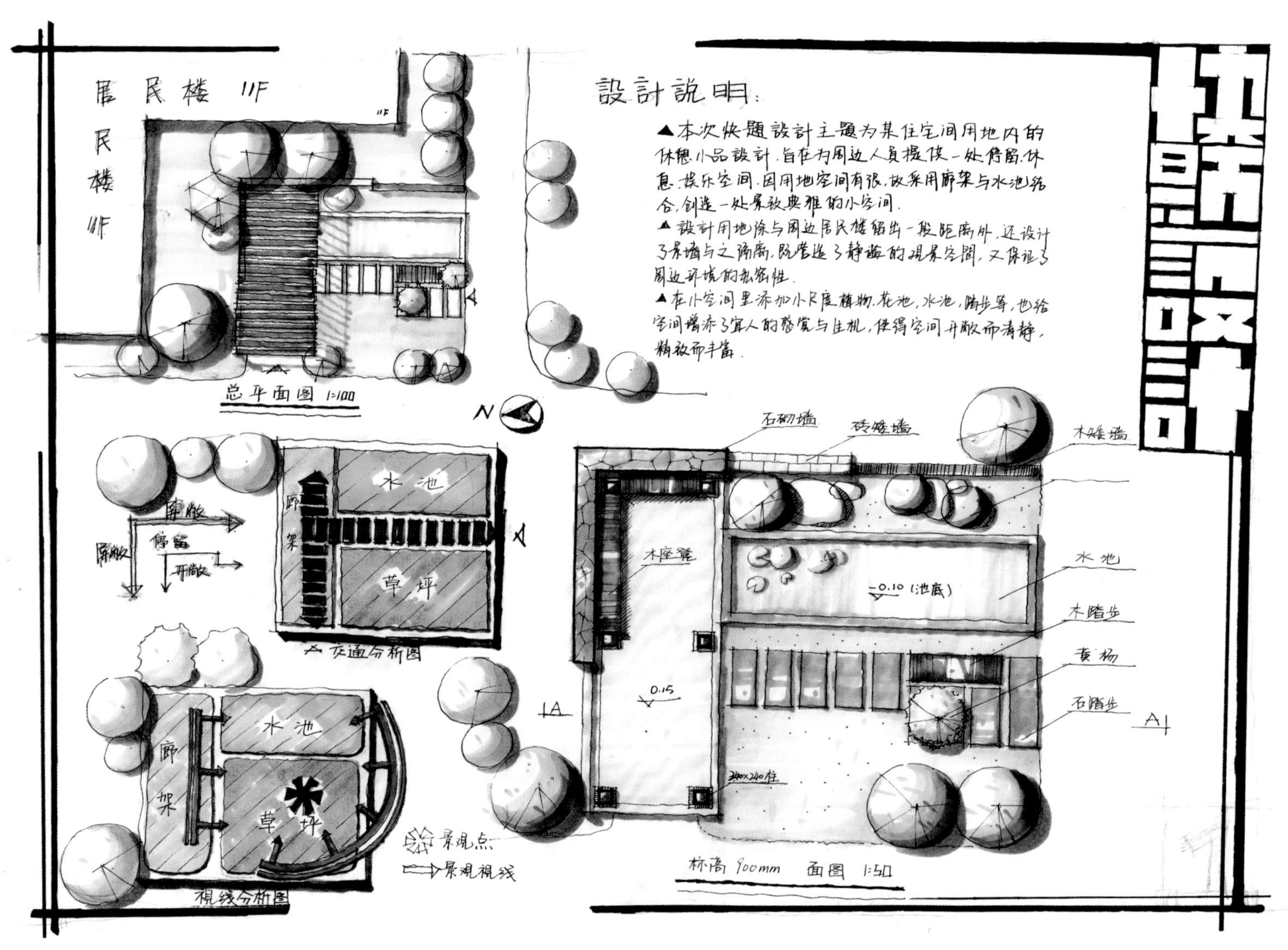

实例 3–54a 北京林业大学 · 薛然 · 景观小品快速设计 · 3 小时 · A3 图纸

优点： 依托居民楼围合的小环境营造休憩场地，注意了保护居民的私密性和休闲空间的开放性，利用具有通透感的花架，辅以景墙，完成了空间之间的良好过渡。

在景墙设计上注意了材质与高度的变化，平面上安排了水池、汀步和草地之间的搭配。

各元素之间的多种组合增添了景观的趣味性。

缺点： 平面图中阴影画在南部，不符合北半球的照射规律。

分析图不能准确体现设计意图，符号和色彩多而繁琐，导致图面表述不清。

标题字位置倾斜较明显。

实例 3–54b　北京林业大学·薛然·景观小品快速设计·3 小时·A3 图纸

优点：图面排版较为合理，将立面与效果图结合起来表达了完整的景观。

立面图掌握了不同尺度景墙与植物的节奏感，使得其错落有序。

缺点：效果图的透视关系不够准确，出檐距离出现部分错误，取景范围较小，不足以表现周边环境。

天空的表现较凌乱和随意，不能够很好突出景观。

透视图植物缺少落地阴影。立面图图名没写上。

注：

1 华东建筑设计院编 . 中华人民共和国行业标准——博物馆建筑设计规范 JGJ 66−91. 1991.8.1

2 中华人民共和国建设部编 . 中华人民共和国行业标准——住宅设计规范 GB 50096—1999(2003 年版). 1999.6.1.

参考文献

[1] 闫寒 . 建筑学场地设计（第三版）. 北京：中国建筑工业出版社， 2012.11

[2] 卢仁 金承藻主编 . 园林建筑设计 . 北京：中国林业出版社，1991.3

[3] 中国建筑东北设计院 . 饮食建筑设计规范（JGJ64–89）. 北京：中国建筑工业出版社，1990.05

[4] 中华人民共和国建设部 . 住宅设计规范（GB50096–1999）. 北京：中国建筑工业出版社，2003

[5] 中华人民共和国建设部 中华人民共和国质量监督检验检疫总局 . 民用建筑设计通则（GB50352—2005）. 北京：中国建筑工业出版社，2005

[6] 余卓群主编 . 博览建筑设计手册 . 北京：中国建筑工业出版社，2001.4

[7] 王晓俊等编著 . 园林建筑设计 . 南京：东南大学出版社，2003.12

[8] 黎志涛编 . 快速建筑设计 100 例 . 南京：江苏科学技术出版社，2001.8

[9] 邓雪娴编 . 餐饮建筑设计 . 北京：中国建筑工业出版社，1999

[10] 蔡镇钰 . 建筑设计资料集（第二版）[M]. 北京 : 中国建筑工业出版社 , 1994.

[11] 卢济威 . 大门建筑设计 [M]. 北京 : 中国建筑工业出版社 , 1983.

[12] 卢仁 , 金承藻 . 园林建筑设计 [M]. 北京 : 中国林业出版社 , 1991.

[13] CJJ14–2005. 城市公共厕所设计标准 [S].

[14] JGJ218–2010, 展览建筑设计规范 [S]

第四章　风景园林建筑快速设计题例

一、茶室设计

1. 选址

位于北京市某市级公园内，公园的主要功能是为游人提供休憩、饮茶的场所，地势平坦，略有起伏，占地 $8hm^2$，水面为全园面积的 1/3。茶室位于湖北岸临水的坡地内。

2. 设计要求

(1) **因地制宜**　根据选址的地理气候条件、环境特色，设计一处具有地方风格的风景建筑，即为游客提供凭眺湖光美景的驻足点，又能成为公园一景。通过设计了解一般茶室建筑的基本设计要求，合理有效地组织安排不同的功能空间，因地制宜地考虑地形的高差变化，并结合室外环境设计。

(2) **功能合理**　茶室主要为贵宾服务，茶室为一般游客服务，两种功能即各自独立又互相联系，除按规定面积设计室内空间外，还应充分利用室外空间作为露天茶座。

(3) 烧水间、茶具储存、小卖柜台及男女洗手间等服务设施设计。

(4) 建筑主要为一层，局部二层。

3. 建筑组成

(1) **建筑面积**　$240\ m^2 \pm 10\%$ 可供 80 人同时使用。

(2) **房间数量及使用面积**

入口前厅　$20\ m^2$

茶室　$80\ m^2$

小卖柜台　$6\ m^2$

备茶、烧水间　$30\ m^2$

游客洗手间　$24\ m^2$（男女便器各2个，男用小便器3个）

员工更衣室、浴厕　$20\ m^2$

游廊、亭、敞厅等　$\approx 40\ m^2$

贮藏间　$10\ m^2$

小品及其他设施自定

(3) **结构类型**　砖混结构，混凝土框架结构等，可以自选。

(4) **装修标准**　采用木门窗、塑钢窗，内部装修采用中等抹灰、水泥或水磨石、地面砖， 外装修可以采用全部装修或局部装修。

4. 设计成果要求

(1) 总平面图　1:300

(2) 首层、二层平面图　　1:100

(3) 立面图（南、东 2 个）　1:100

(4) 剖面图 2 个　　1:50

(5) 细部节点详图　　比例自定

(6) 透视图、鸟瞰图（或轴测图）表现手法不限。

(7) 设计说明包括 ①方案构思，②总建筑面积及各项指标

5. 图纸规格及数量

(1) **图幅规格**　　A3 号绘图纸

(2) **数量**　　幅数不限

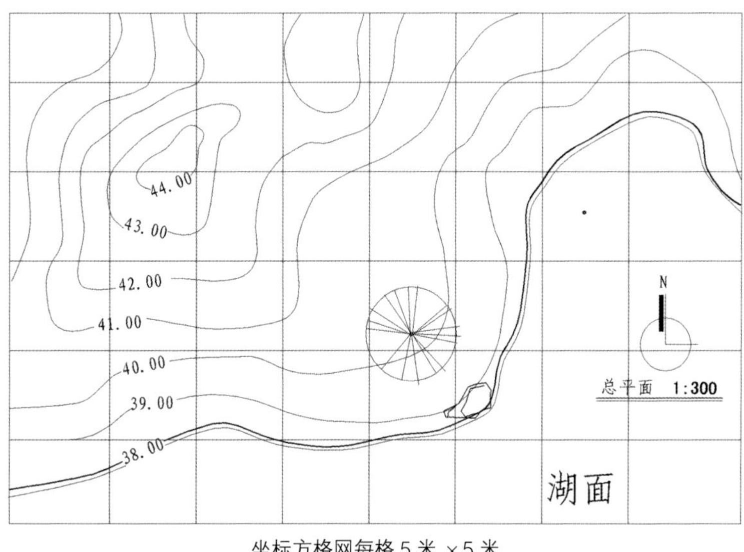

坐标方格网每格 5 米 ×5 米

二、游客服务中心设计

1. 选址

位于某风景区内，风景区的主要功能是为游人提供游憩、欣赏自然风光的场所，地形多样而丰富，接待室选址于半山腰地带，背山而立，地形坡度较大，地表有常绿和落叶乔木、裸露的岩石和峭壁，占地约 $0.5hm^2$，有机动车和步行道相连通。考生自行选择图中用地位置。

2. 设计要求

(1) 自选以下设计任务所在区域：北京西郊、广州白云山、吉林长白山、陕西终南山。

(2) 服务中心主要为游客提供咨询、休息、餐饮、住宿的服务，既可是赏景的场所，又要成为被欣赏的对象。

(3) 设计要充分利用原地形，保留大树和岩石。

(4) 根据选址的地形特点、自然环境特征，设计方案要充分考虑与环境的关系，建筑风格突出地域特征。

(5) 建筑造型要满足既可以为游客提供凭眺美景的驻足点，又能成为此地一景。

(6) 建筑高度以 1 层为主，局部可 2~3 层。

(7) 建筑面积 450~600 m^2。

3. 建筑组成

(1) 门厅	20 m^2
(2) 接待室（兼茶室）	40~60 m^2
(3) 餐厅（大餐厅 1 个、小餐室 2 个）	80~100 m^2
(4) 厨房一间	80~100 m^2
(5) 标准间客房 4 间	80~120 m^2
(6) 男女厕所各一间	20~30 m^2
(7) 办公、管理室、储藏	70~100 m^2
(8) 员工更衣室、浴厕	30 m^2
(9) 其它（游廊、敞厅等）	自定
建筑总面积	≦550 m^2

4. 设计成果要求（图纸内容）

(1) 总平面图　　1:500

(2) 平面图　　1:100

(3) 立面图　　1:100

(4) 剖面图　　1:100

(5) 透视图或鸟瞰图

(6) 说明书　　200~400 字

5. 图纸规格及数量

图纸大小：A1 号图纸 1~2 张，或 A2 号图纸若干张，表现方法不限。

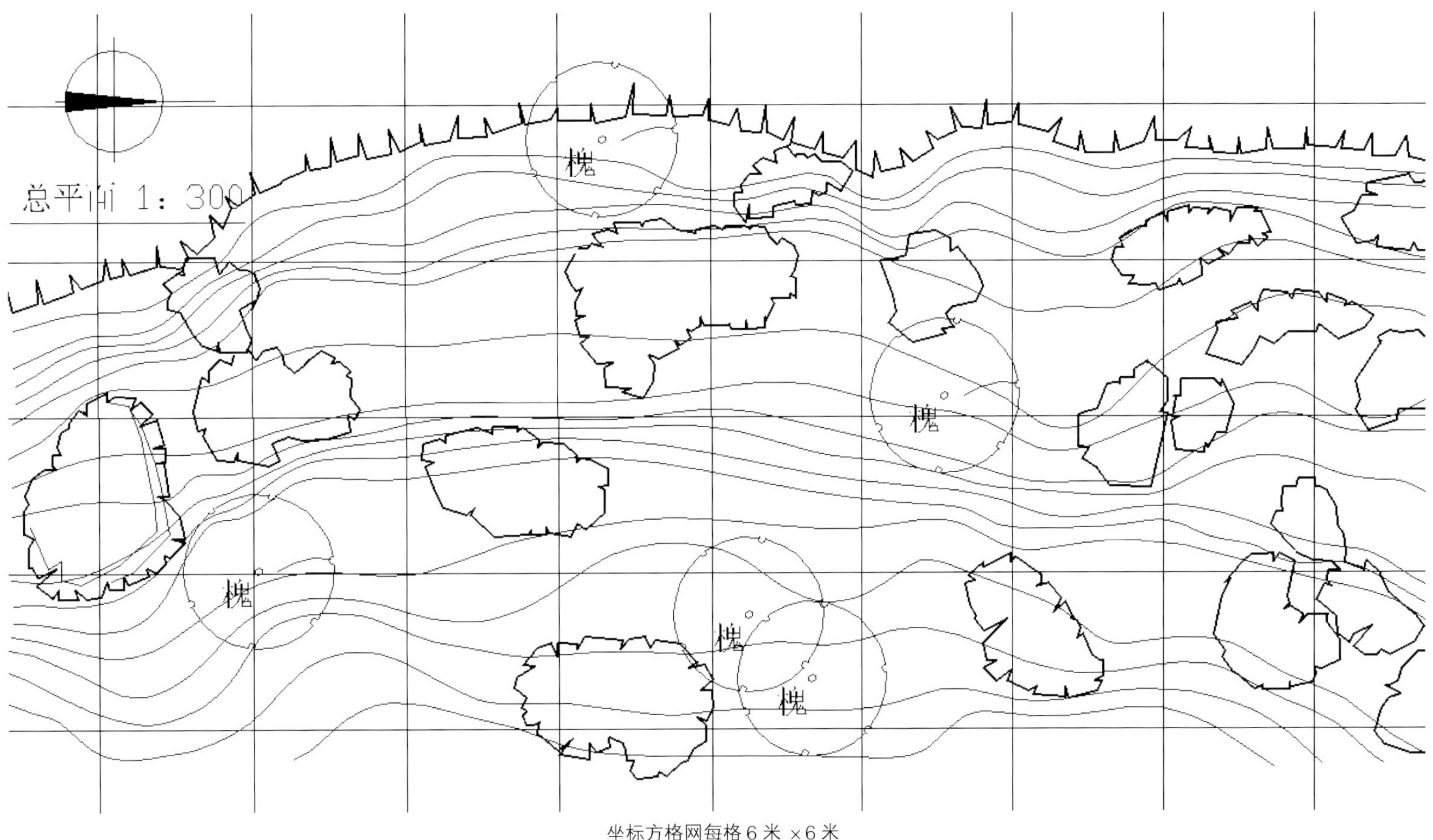

坐标方格网每格 6 米 ×6 米

三、科普展览馆设计

1. 设计任务

科普展览馆建筑是公园、风景区，甚至是社区内较为常见的类型，以宣传普及科学知识为首要任务，主要方式为展示有关的图片、实物和放映影片，展示的同时也提供短暂休息的场所，因而这类建筑在实际工作中常会遇到。

现给出供选择的建筑基地两种，均位于北京地区，基地上有需保留的乔木。由考生自行选择其中之一进行设计。

2. 设计要求

考生自行确定科普展示的主题，设计方案应满足自然条件的限制和社会生活的要求，注重以下几个方面的表达：

(1) 建筑与庭院的综合设计。（古典与现代）

(2) 建筑与所在地环境的协调，如气候、地形、人文。

(3) 建筑的造型设计。

(4) 建筑的室内外空间的设计。

(5) 细部的艺术处理，立面、室内、敞廊。

(6) 局部构造处理：建筑高度不超过二层，局部可设三层。

3. 建筑组成规模

总建筑面积	≦350 m^2；
门厅	20 m^2
展示厅	120~150m^2
放映室	30~40 m^2
休息厅	30 m^2
卫生间	30 m^2
加工室	15 m^2

储藏	15 m^2
办公、管理室	30 m^2
员工更衣室、浴厕	15 m^2
其它	自定
室外展区	≦100 m^2（不计入建筑面积内）

4. 完成图纸要求

(1) **总平面图：**（道路、广场、绿化布置等）1:500（10 分）

(2) **各层平面图：**（包括建筑小品、主要展品、家具的布置，首层平面图应包括建筑周边环境）1:100（50 分）

(3) **立面图：**二个　1:100（40 分）

(4) **剖面图：**一个　1:100（20 分）

(5) **透视图：**（普通人正常视高位置的透视效果图）（20 分）

(6) **说明文字：**200 字以内，包括立意构思分析图（10 分）。

5. 图纸规格及数量

图纸大小：A2（594×420mm）图纸若干张，表现方法不限。

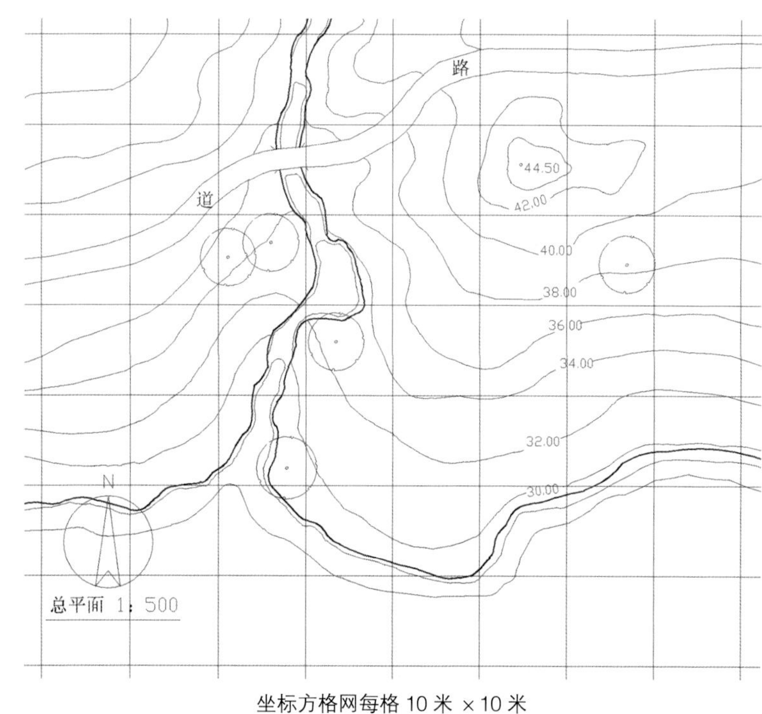

坐标方格网每格 10 米 ×10 米

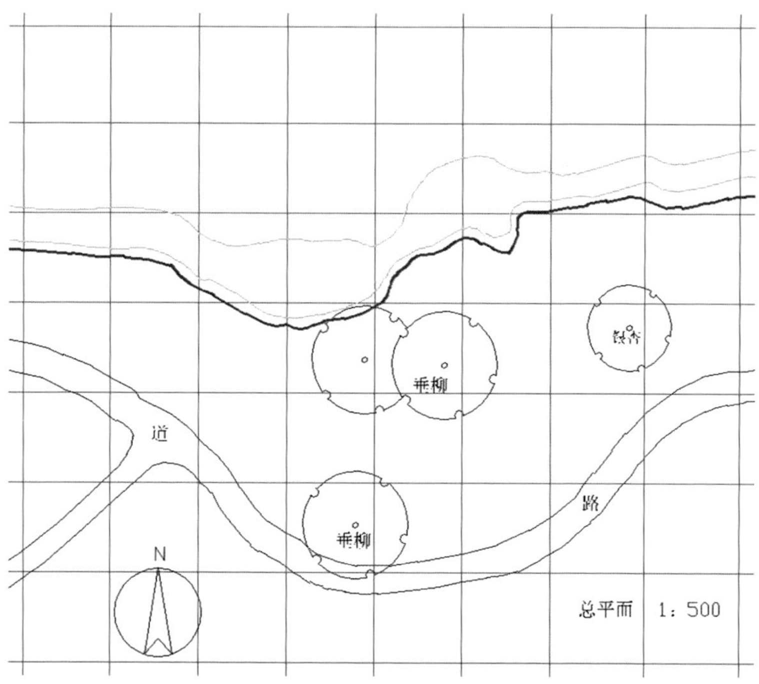

坐标方格网每格 5 米 ×5 米

四、公园入口大门设计

1. 选址

位于北京市某市级公园东部，与城市交通主干道相邻。公园的主要功能是为游人提供休憩、游览、饮茶的场所，地势平坦，略有起伏，占地 10hm2。公园入口大门选址于图中红色区域，现有建筑需拆除，同学要统筹设计安排有关功能。

2. 设计要求

(1) 公园大门处是城市与公园之间的过渡空间，使城市街景的组成部分，也是公园游览的起点，要有优美和谐的造型，还有能够体现公园的规模、性质，代表公园的形象，突出公园的游览主题。

(2) 公园大门是公园的主要出入口和游人集散场所，要合理安排游人路线和车辆交通，保证安全。

(3) 建筑设计中既要满足门卫管理的需要，还要安排为游客提供一定的游览服务的设施。

(4) 符合基地的地理、气候条件要求。

(5) 建筑主要为一层。

3. 建筑组成

(1) **建筑面积**　150 m² ± 10%

(2) **建筑内容及面积**

出入口

门卫、管理及内部使用厕所　30 m²

茶室　30 m²

游客服务部　30 m²

游客洗手间　24 m²（男女便器各2个，男用小便器3个）

自行车存放处　≈ 40 m²

公园出入口内外广场及游人等候空间

小品及其他内容和设施自定

4. 设计成果要求

(1) 总平面图　1:500（含入口区总体设计内容）

(2) 平面图　1:100

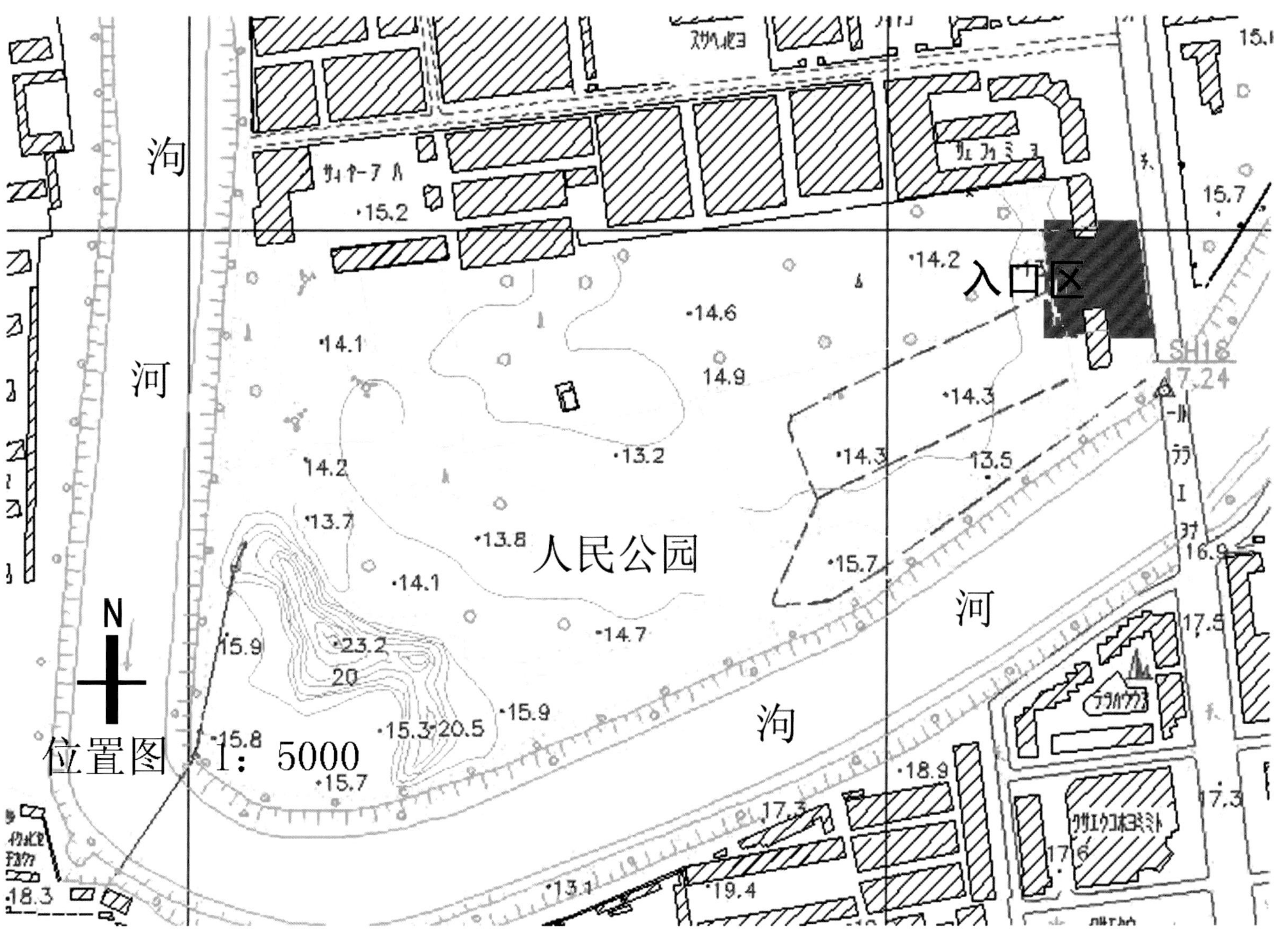

(3) 立面图（南、东二个） 1:100

(4) 剖面图二个 1:50

(5) 细部节点详图 比例自定

(6) 透视图、鸟瞰图（或轴测图）表现手法不限，透视要正确。

(7) 设计说明可包括图示

5. 图纸规格及数量

(1) 图幅规格 A3 号绘图纸

(2) 数量 幅数不限（其中 1 幅绘有透视图）

五、游船码头设计

1. 选址

位于北京地区某水域岸边，水域部分主要是为游客提供划船游赏、水上游戏的场所，水面较为宽阔，码头基地所处驳岸略有凸凹变化。

2. 设计要求

(1) 建筑设计应充分满足游客使用安全、方便的要求，除具有游船停靠的功能外，还安排有游客临时休息的空间，要保证管理人员的工作程序顺畅便捷，合理有效地组织安排不同的功能空间。

(2) 整个建筑应当成为滨水景观的一部分，并结合建筑内外环境着手设计。

(3) 因地制宜地考虑地形的高差变化，

(4) 建筑主要为 1 层，局部 2~3 层。

3. 建筑组成

(1) 建筑面积 200 m^2 ± 10%

(2) 建筑内容及面积

售票处 10 m^2

收票处 6 m^2

工作人员休息室 15 m^2

游人候船茶室 60 m^2

游客洗手间 24 m^2（男用便器 2 个、小便器 2 个，女用便器 3 个）

上下码头甲板 30 m^2

停泊游船位 40 只（可以利用附近水面）

贮藏间 10 m^2

游廊、亭、敞厅等 ≈ 40 m^2

小品及其他设施自定

4. 设计成果要求

(1) 总平面图 1:500

(2) 首层、二层平面图 1:100

(3) 立面图（南、东二个） 1:100

(4) 剖面图二个 1:50

(5) 细部节点详图 比例自定

(6) 透视图、鸟瞰图（或轴测图）表现手法不限，透视要正确。

(7) 设计说明包括：①方案构思，可加图示；②建筑面积及各项指标。

5. 图纸规格及数量

(1) 图幅规格 二号绘图纸

(2) 数量 幅数不限

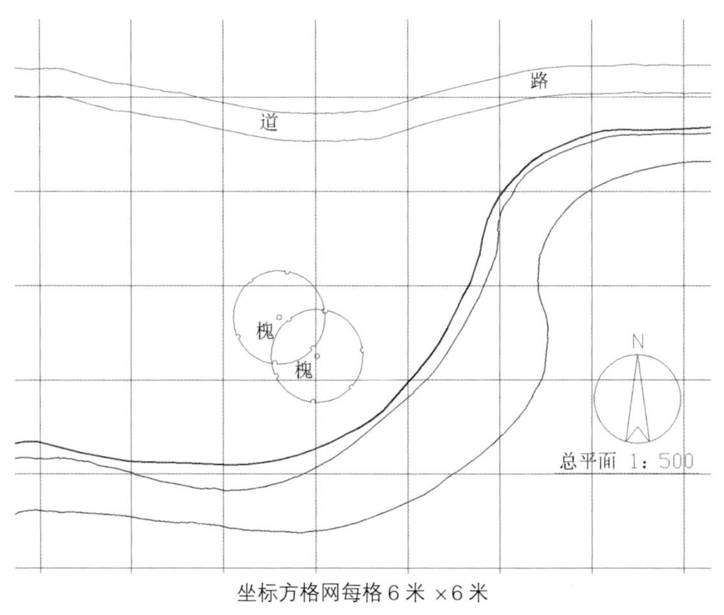

坐标方格网每格 6 米 ×6 米